U0337954

普通高等院校规划教材

断 裂 力 学

主　编　张慧梅

副主编　刘向东

中国矿业大学出版社

内 容 提 要

本书融合国内外最新教材的发展趋势,强化基本理论,注重工程应用。在教学基本要求范围内,知识体系结构完整,逻辑结构清晰,层次性强,重点难点突出,教学目标明确。其主要内容为:裂纹尖端附近应力场强度、裂纹尖端的能量变化率、三维裂纹问题、裂纹尖端附近的小范围屈服、裂纹尖端张开位移理论、J 积分理论、弹塑性断裂分析的工程方法、复合型裂纹问题、断裂韧度测试原理、疲劳裂纹扩展、断裂力学中的工程应用及数值计算方法。各章后均有习题,可供读者使用。

本书可作为工科院校力学、安全工程、采矿工程、土木工程、机械类等专业的本科生及研究生教材,也可作为相关专业工程科技工作者、本科自学考试及教师的参考用书。

图书在版编目(CIP)数据

断裂力学/张慧梅主编. —徐州:中国矿业大学出版社,2018.1(2020.8 重印)

ISBN 978 - 7 - 5646 - 3883 - 2

Ⅰ. ①断… Ⅱ. ①张… Ⅲ. ①断裂力学—高等学校—教材 Ⅳ. ①O346.1

中国版本图书馆 CIP 数据核字(2018)第 005493 号

书　　名	断裂力学
主　　编	张慧梅
责任编辑	黄本斌
出版发行	中国矿业大学出版社有限责任公司
	(江苏省徐州市解放南路　邮编 221008)
营销热线	(0516)83885307　83884995
出版服务	(0516)83885767　83884920
网　　址	http://www.cumtp.com　E-mail:cumtpvip@cumtp.com
印　　刷	江苏凤凰数码印务有限公司
开　　本	787×1092　1/16　印张 11.75　字数 293 千字
版次印次	2018 年 1 月第 1 版　2020 年 8 月第 2 次印刷
定　　价	22.00 元

(图书出现印装质量问题,本社负责调换)

前　言

　　断裂力学是力学、安全工程、采矿工程、土木工程、机械类等专业的基础课,因其理论严密、概念抽象、公式繁多、推导复杂,并涉及较多的数学知识,被认为是一门具有挑战性的课程。本书结合编者们多年从事工程断裂力学教学的实践经验,并融合国内外各种断裂力学教材和论著的特点编写而成,旨在系统地介绍工程断裂力学的基本理论和基本方法,并结合工程断裂力学的工程应用和断裂力学的最新进展,提高学生的学习兴趣以增强学生对今后工作的适应能力。

　　本书在内容选取上体现实用性。其主要内容包括:裂纹尖端附近应力场强度、裂纹尖端的能量变化率、三维裂纹问题、裂纹尖端附近的小范围屈服、裂纹尖端张开位移理论、J 积分理论、弹塑性断裂分析的工程方法、复合型裂纹问题、断裂韧度测试原理、疲劳裂纹扩展、断裂力学中的工程应用及数值计算方法等。这样的内容安排既重视基本理论,又注重与工程实际相结合。此外,本书在例题和习题的选取上,突出了重点和难点,并尽量与工程实际相结合。

　　本书由西安科技大学张慧梅担任主编,刘向东担任副主编。具体编写分工:张慧梅编写第 1~6 章以及附录部分,刘向东编写第 7~12 章。

　　承蒙韩江水教授在本书知识体系的编排中提出的宝贵意见,感谢在日常教学中对我们的悉心指导。在此表示衷心感谢!

　　在编写过程中,西安科技大学力学学科研究生庞步青、刘小宁、孟祥振做了大量校对工作,在此一并表示感谢。

　　由于作者水平有限,书中错误、疏漏及不妥之处难以避免,敬请广大读者赐教和指正。

作　者

2017 年 7 月

目　　录

第1章 绪 论

　　断裂力学作为一门正式的学科,虽然只有短短几十年的历史,但由于生产实践及工程技术等方面的需要,发展非常迅速,已经成为固体力学的一个重要组成部分。目前已广泛应用于航空及宇航工程、土木工程、机械制造工程、采矿工程、地质工程、核能工程、电力工程、化工工程、容器管道工程、造船工程等领域。近年来,更渗透到生化工程、生物工程、细胞生物学等领域。工程实际的迫切需要,成为断裂力学迅速发展的强大动力。

1.1　断裂力学的产生

　　长期以来,为了保证工程结构的稳定性,人们进行了大量的理论分析和实验研究,建立了传统的控制构件不被破坏而能够安全工作的理论,称为强度条件或安全设计。其基本思想是保证构件的工作应力不超过材料的许用应力,即:

$$\sigma \leqslant [\sigma] = \begin{cases} \sigma_b/n_b & (\text{对脆性材料}) \\ \sigma_0/n_0 & (\text{对塑性材料}) \\ \sigma_\tau/n_\tau & (\text{在交变应力作用下}) \end{cases} \tag{1-1}$$

式中,σ 为由外载计算的工作应力;$[\sigma]$ 为许用应力;$\sigma_b, \sigma_0, \sigma_\tau$ 分别为材料的强度极限、屈服极限和持久极限,由实验测得;n_b, n_0, n_τ 为对应于 $\sigma_b, \sigma_0, \sigma_\tau$ 的安全系数。

　　这种传统的经典强度理论在生产实践中起到了很大的作用,在相当长的时期内,成功地保证了构件的安全。但是随着历史的推移,先进科学技术蓬勃发展,对经典强度理论提出了挑战,主要表现在:

　　(1) 高强度材料和超高强度材料的使用(屈服极限 $\sigma_0 \geqslant 1\,400$ MPa);

　　(2) 工程构件的大型化;

　　(3) 全焊接结构的使用。

　　在这种情况下,对于一系列十分重要的工程结构,尽管人们采用了高强度与超高强度材料,小心翼翼地严格按照经典强度理论进行设计,可是许多灾难性的事故还是发生了。

　　1975 年 5 月一个晴朗的下午,一架美国麦克唐纳·道格拉斯公司制造的 DC-10 型宽体客机从芝加哥国际机场起飞。突然,地面上有人看见飞机机翼下的一个发动机脱落,不到几秒钟,飞机就从低空坠落。飞机上 270 多人全部遇难,美国历史上最大的空难事件就这样发生了。

　　在国外,类似 DC-10 型飞机失事的事故并不少见。据统计,从 1938~1942 年期间,全世界约有 40 座焊接铁桥,按传统的设计理论没有发现任何异常现象的情况下突然断裂倒塌。其中,比利时有 3 座桥是在低温(−14 ℃)下发生脆性断裂破坏的。

第二次世界大战期间,美国建造的近 5 000 艘全焊接"自由轮",连续发生 1 000 多起脆性断裂事故。其中,238 艘完全报废,有 10 艘是在平静的海面上突然被折成两段。1943 年 1 月,一艘游轮在码头交付使用时突然断裂成两段,当时的气温为 −5 ℃,然而经过分析计算发现,断裂破坏时船体构件所受到的最大拉应力仅为 70 MPa,而船体材料为低碳钢,其屈服极限为 250 MPa,强度极限为 400~500 MPa。

尤其引人注目的是,20 世纪 50 年代初美国的北极星导弹固体燃料发动机壳,材料为 D6AC 高强度钢,屈服极限为 1 400 MPa,经传统方法检验合格,但在试验发射时发生爆炸事故,然而机壳破坏时的工作应力却不到材料屈服极限的一半。1949 年,东俄亥俄州煤气公司的圆柱形液态天然气罐发生爆炸,使周围的街市化为废墟。

类似的意外断裂事故发生比较频繁,这些事故发生时,事前并无明显预兆,破坏非常突然,以致造成重大损失,甚至灾难。特别是发生事故时工作应力低于屈服应力,是用传统设计准则无法解释的,这就引起了人们的普遍重视,引起力学界的高度关注。

人们对这些事故进行了大量的调查研究发现,无论是中、低强度钢,还是高强度材料,都可能发生脆性断裂,并具有以下共同点:

(1)断裂时的工作应力都较低,不仅低于材料的屈服极限,甚至低于常规设计的许用应力。

(2)尽管是典型的塑性材料,也常常在应力不高甚至低于屈服极限的情况下发生突然的脆性断裂现象,因此,通常称这类破坏为"低应力脆断"。

(3)用显微镜对断口或碎片进行观察,发现"低应力脆断"总是从构件内部存在的、长度为 0.01~1 cm 以上的裂纹源扩展引起的。也就是说,破坏构件都存在初始缺陷,这里的缺陷是指宏观裂纹,而不考虑晶粒大小的缺陷。这种宏观裂纹源可能是在加工、制造和使用过程中产生的,出现这样的裂纹是难以避免的。

(4)中、低强度钢的脆断事故,一般发生在较低的温度下(15 ℃以下),而高强度材料则没有明显的温度效应。

于是人们通过广泛深入的研究,特别是从大量低应力脆断事故分析中发现,之所以传统的经典强度理论无法对上述现象做出合理的解释,是因为这个传统的设计思想存在一个严重的问题,就是它把材料视为无缺陷的均匀连续体,这与工程实际中的构件情况是不相吻合的。随着科学技术的高度发展,特别是高强度材料的使用,一般说来,材料的强度愈高,抵抗裂纹扩展的能力相对要下降;其次是结构物构件的不断大型化,使得在制造时存在裂纹以及在使用中产生裂纹的可能性大为增加,裂纹尺寸一般也较大,引起低应力脆断的临界应力就会降低。尤其是普遍采用焊接结构,在焊接部分,由于温度的急剧变化及溶渣夹杂,极易出现裂纹型缺陷。此外,构件经常在复杂的使用条件下工作,例如在较为极端的高温和低温下工作、承受交变荷载、在腐蚀环境下工作,所有这些情况都对裂纹的形成及其扩展创造了必要的条件。因此,对于工程实际中的构件,总是不可避免地存在各种不同形式的缺陷,正是由于这些缺陷的客观存在,使材料的实际强度大大低于理论模型的强度。

综上所述,裂纹(缺陷)是造成构件低应力脆性断裂的主要原因。

这里提出第一个问题:是否可以使构件中不存在裂纹呢?这是不可能的。即使有了先进的冶炼技术和制造工艺,也很难消除构件中的全部缺陷。另外,构件中有些缺陷,也不是能够发现的。现有的各种探伤手段都具有一定的灵敏范围,细小裂纹难以探出,即使构件不存在宏观裂纹,材料内部也会存在微观和亚微观裂纹,这类裂纹受到疲劳载荷或应力腐蚀作用,也会逐步发展成为宏观裂纹。

第二个问题:是否构件存在裂纹就一定会发生断裂? 不一定。许多情况下裂纹对构件的使用是没有多大影响的,重要的是应该区分有危险和无危险的裂纹,制定出合理的产品质量检验标准,估算工程结构服役期限。

因而为了保证构件的安全工作,首先根据构件存在裂纹这一现实情况出发,研究反映裂纹存在条件下新的断裂准则,以适应工程需要。于是以含裂纹体为研究对象的一门新兴学科——断裂力学产生了。20 世纪 50 年代正式形成断裂力学。

1.2 断裂力学的任务和分类

1.2.1 断裂力学的基本任务

断裂力学的基本任务,就是利用连续介质力学的理论和方法,应用弹塑性力学理论,研究裂纹体的裂纹扩展规律,以便解决构件的断裂破坏问题。

按照断裂力学观点,构件断裂过程包括微观裂纹的形成、生长,成为宏观裂纹,直至断裂。一般把裂纹长度 $2a < 0.05 \sim 0.1$ mm 的裂纹扩展阶段称为微观裂纹扩展阶段;把裂纹长度 $2a > 0.05 \sim 0.1$ mm 的裂纹扩展阶段称为宏观裂纹扩展阶段。以宏观裂纹体为研究对象的断裂力学,称为宏观断裂力学,简称断裂力学。

作为研究裂纹体的断裂力学,首先需要研究清楚,在一定的外力作用下,裂纹会不会开裂,在断裂力学中称为起裂条件。起裂以后,裂纹的扩展方式是怎么样的呢? 在不增加外力的情况下,裂纹以极高的速度持续扩展,称为失稳扩展,简称失稳。在这种情况下,构件已完全失去承载能力。如果起裂以后,还需要增加外力,裂纹才会继续扩展,称为裂纹的稳定扩展,或称为亚临界扩展。经过一定的稳定扩展,裂纹最后失稳,造成构件断裂。研究裂纹的稳定扩展是断裂力学中一个十分重要的问题,一般情况下,还必须探讨裂纹的扩展方向,所有这些,统称为裂纹扩展规律。

工程应用上,建立断裂判据:

(1) 安全评定:构件含裂纹后能否安全工作,是否存在危险?

(2) 承载能力:可求得材料的容许载荷。

(3) 临界裂纹尺寸的确定:根据裂纹特性,使用一定的加工工艺,选择恰当的寿命,满足经济与安全的矛盾。

1.2.2 断裂力学的分类

由于研究的出发点不同,断裂力学可分为微观断裂力学和宏观断裂力学。

微观断裂力学研究原子位错等晶体尺度内的断裂过程,位错可以看作是晶体原子的一种错排,是一种特殊的晶体缺陷,根据对这些过程的了解,建立起支配裂纹扩展和断裂的判据。目前这方面的研究还难于定量地解释宏观裂纹中的各种现象。宏观断裂力学是在不涉及材料内部断裂机理的条件下,通过连续介质力学分析和实验研究做出对断裂强度的估算与控制。宏观断裂力学目前已有了很大的发展,可以广泛地应用成熟的弹塑性理论,成功地解释由裂纹造成的宏观断裂现象,所得结果可直接用实验验证,并与工程实际紧密结合。

宏观断裂力学按其在外载荷作用下,裂纹尖端塑性区的大小,可以分为线弹性断裂力学和弹塑性断裂力学。

线弹性断裂力学研究的对象是线弹性含裂纹固体,认为材料的物理关系是线性的,只需利用弹性力学的理论和方法。线弹性断裂力学发展得比较成熟、严谨,已广泛用于工程实际。弹塑性断裂力学是应用弹性力学、塑性力学的理论和方法,研究物体裂纹扩展规律和断裂准则,适用于裂纹尖端附近有较大范围塑性区的情况。虽然弹塑性断裂力学在工程应用中具有更大的意义,但由于在用弹塑性分析方法处理具体问题时存在较大的数学上的困难,所以目前这一领域的研究虽然最活跃,但并不如线弹性断裂力学那样充分,仍处于蓬勃发展阶段。

1.3　断裂力学的基本概念

1.3.1　裂纹的基本形式

实际构件存在的缺陷是多种多样的,除了裂纹,还可能是冶炼中产生的夹渣、气孔,加工中引起的刀痕、刻槽,焊接中的气泡、未焊透的部分等。在断裂力学中,常把这些缺陷都简化成裂纹,并统称"裂纹"。

1. 按裂纹的几何特征分类

根据裂纹在构件中所处的位置,可将裂纹分为穿透裂纹、表面裂纹和深埋裂纹,如图1-1所示。

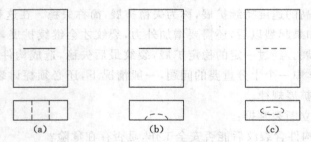

图 1-1　裂纹的几何特征分类图
(a) 穿透裂纹;(b) 表面裂纹;(c) 深埋裂纹

(1) 穿透裂纹

贯穿构件厚度的裂纹称为穿透裂纹。通常把裂纹延伸到构件厚度一半以上的裂纹称为穿透裂纹,并常作理想尖裂纹处理,即裂纹尖端的曲率半径趋近于零。这种简化是偏安全的。穿透裂纹可以是直线的、曲线的或其他形状的。

(2) 表面裂纹

裂纹位于构件表面,或裂纹深度相对构件厚度比较小就作为表面裂纹处理。对于表面裂纹常简化成半椭圆形裂纹,肉眼可观察到。

（3）深埋裂纹

裂纹位于构件内部,常简化为椭圆片状裂纹或圆片裂纹。

2. 按裂纹的力学特性分类

根据裂纹的力学特性,可将裂纹分为张开型、滑开型和撕开型,如图1-2所示。

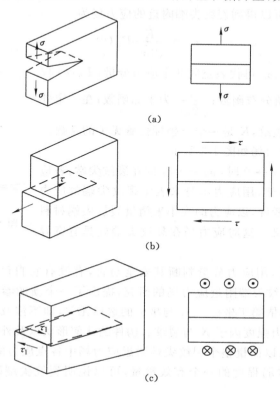

(a)

(b)

(c)

图 1-2　裂纹的力学特征分类图

(a) 张开型(Ⅰ型);(b) 滑开型(Ⅱ型);(c) 撕开型(Ⅲ型)

（1）张开型(Ⅰ型)

受到垂直于裂纹面的拉应力作用,裂纹面产生张开位移而形成的一种裂纹。张开位移与裂纹面正交,即沿拉应力方向。

（2）滑开型(Ⅱ型)

受到平行于裂纹面,并且垂直于裂纹前缘的剪应力作用,裂纹面产生沿垂直于裂纹前缘方向(沿作用的剪应力方向)的相对滑动而形成的一种裂纹。这种类型的裂纹又称错开型。

（3）撕开型(Ⅲ型)

受到平行于裂纹面,并且平行于裂纹前缘的剪应力作用,裂纹面产生沿平行于裂纹前缘方向(沿作用的剪应力方向)的相对滑动而形成的一种裂纹。

实际裂纹体中的裂纹可能不是上述单一形式,而是两种或两种以上基本类型的组合,这种裂纹称为复合型裂纹。在三类裂纹基本形式中,以张开型(Ⅰ型)裂纹最常见、最危险,在技术上最重要,是研究的重点。

1.3.2　应力强度因子

存在于构件中的裂纹,常常是导致构件断裂的"发源地"。在一定外荷载作用下,裂纹是否扩展,以怎样的方式扩展,显然与裂纹尖端附近的应力场直接相关。假设裂纹体为线弹性材料,由弹性力学方法可以得到裂纹尖端附近的应力场为

$$\sigma_{ij} = \frac{K}{\sqrt{2\pi r}} F_{ij}(\theta) \tag{1-2}$$

式中,i,j 均可取 1、2、3;σ_{ij} 可代表空间 9 个应力分量;$F_{ij}(\theta)$ 仅为极角 θ 的函数,称为角分布函数;$\dfrac{1}{\sqrt{2\pi r}}$ 为坐标函数;在一定外力作用下,对于给定的裂纹,K 是一个与坐标位置无关的常数。

裂纹尖端附近的应力场如图 1-3 所示。

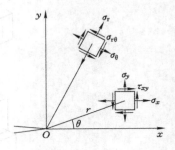

图 1-3　裂纹尖端应力场

由式(1-2)可知,当 $r \to 0$ 时,$\sigma_{ij} \to \infty$,即在裂纹尖端,各应力分量都无限增大。显然,用应力本身来表示裂纹尖端的应力场强度是不适宜的,或者说,以应力的大小来衡量裂纹尖端材料是否安全,已经毫无意义。这时应力场在裂纹尖端处具有奇异性,称为奇异性应力场。

那么在裂纹尖端处,用应力分量判断其安全与否,有没有它自己的准则呢? 欧文(Irwin,1957 年)通过对裂纹尖端附近应力场的研究,提出了一个新的参量——应力强度因子 K。应力强度因子 K 不依赖于坐标 r、θ,与坐标的选择无关,即不涉及应力和位移在裂纹尖端近旁的分布情况;应力强度因子 K 与裂纹和构件的几何形状以及外力的大小和作用方式有关,因而 K 的大小可以衡量整个裂纹尖端附近应力场中各点应力的大小,是表征裂纹尖端附近奇异性应力场强弱程度的一个有效参量,可以说明裂纹尖端附近整个区域的安全程度。

因此,应力强度因子 K 是线弹性断裂力学中的一个重要的基本概念,求解裂纹体中的应力强度因子是线弹性断裂力学中很重要的一项工作。其国际制单位为 MPa $\sqrt{m}$。对于 Ⅰ、Ⅱ、Ⅲ 型裂纹,应力强度因子分别记为 K_{I},K_{II},K_{III}。

1.3.3　断裂韧度

既然应力强度因子 K 是描述裂纹尖端附近局部区域应力场强弱程度的物理量,那么当应力强度因子 K 达到什么程度时裂纹体才会破坏? 这就需要确定构件正常工作时所允许的最大值。

由实验可以证实,对于理想脆性材料,随着外力的不断增加,当应力强度因子 K 达到某一临界值时,即使外力不再增加,裂纹也会急剧地高速扩展,即失稳扩展。将应力强度因子的这一临界值记作 K_c。显然这一临界值越大,裂纹越不容易失稳。因此,K_c 是材料抵抗裂纹失稳扩展能力的度量,是材料抵抗断裂的一个韧性指标,称之为材料的断裂韧度,这是断裂力学中又一个重要的物理量,是材料的一种机械性能参量。

断裂韧度 K_c 是材料韧性的度量,是材料的固有特性,与材料的性质、热处理、温度等因素有关。一般来说,与构件和裂纹的几何因素及外加应力的大小无关。

应该注意,断裂韧度 K_c 和应力强度因子 K 是两个不同的物理量。应力强度因子 K 是荷载大小、物体和裂纹的几何构形及尺寸的函数,它是一个变量,完全反映裂纹尖端附近应力场的强弱。但是,由于断裂韧度 K_c 是应力强度因子 K 的临界值,因而,两者有着密切的联系。

1.3.4 断裂准则

对于带裂纹的构件,了解裂纹在什么条件下失稳,显然是一个非常重要的问题。判断裂纹体失稳的条件称为断裂准则。

（1）线弹性情况

应用时,一般当裂纹尖端附近的塑性区尺寸小于裂纹尺寸的 1/10 时,认为是线弹性条件的断裂问题。这时,当 $K < K_c$ 时,裂纹不会发生失稳扩展。失稳扩展的临界条件可表示为:

$$K = K_c \tag{1-3}$$

上式称为线弹性条件下的断裂准则,又称为应力场强度准则。由于它是在分析裂纹尖端附近应力场强弱程度的基础上提出的,认为当裂纹尖端的应力强度因子达到其临界值——材料的断裂韧度时就会发生失稳断裂,通常也叫作应力强度因子准则。

式(1-3)中,断裂韧度 K_c 一般通过实验测定;应力强度因子 K 可通过解析方法、数值方法确定,也可通过实验测定。

（2）弹塑性情况

若裂纹尖端附近的塑性区尺寸大于裂纹尺寸的 1/10 时,必须考虑塑性区的影响,不再是弹性断裂问题,应视为弹塑性条件的断裂问题。这时应选择其他的物理量作为其判据参量,如裂纹尖端张开位移 COD 和 J 积分等。

由于各种材料性质不同,外力作用的大小和方式不同,裂纹扩展的形式也不同。因此,在断裂力学中,不仅用应力强度因子的临界值,还要用其他的参量来作为材料抵抗裂纹扩展能力的度量,在以下各章中都会一一讲到。

习 题

1.1 什么是断裂力学?断裂力学是怎样产生的?

1.2 试说明断裂力学的研究对象和基本任务。

1.3 经典弹性力学有哪些基本假设?这些假设有何用处?

1.4 试说明断裂力学中的断裂准则和经典强度理论中的强度条件的主要区别和联系。

1.5 试说明应力强度因子和断裂韧度的物理意义以及它们之间的联系和区别。

1.6 某一合金钢构件,在 275 ℃ 回火时,$\sigma_0 = 1\,780$ MPa,$K_{Ic} = 52$ MPa$\sqrt{m}$。600 ℃ 回火时,$\sigma_0 = 1\,500$ MPa,$K_{Ic} = 100$ MPa$\sqrt{m}$,应力强度因子的表达式为 $K_I = 1.1\sigma\sqrt{\pi a}$,裂纹长度 $a = 2$ mm,工作应力 $\sigma = 0.5\sigma_0$。试按断裂力学的观点评价两种情况下构件的安全性。

第 2 章 裂纹尖端附近应力场强度

第 1 章已经提到,裂纹尖端附近的应力场强度,可以衡量裂纹尖端附近整个区域的安全程度。因此,裂纹尖端附近应力场强度的研究是断裂力学中的一个基本问题,这个思想是欧文(Irwin)在 1957 年提出来的。在本章中,假设裂纹体为线弹性材料,用威斯特葛尔德(Westergaard)复变应力函数研究无限大平板的平面二维裂纹问题,求解裂纹尖端区域的应力场、位移场和应力场强度因子等。

2.1 Westergaard(威斯特葛尔德)方法

2.1.1 Westergaard 应力函数

Westergaard 应力函数主要针对无限大平板,具有长度为 $2a$ 的中心对称贯穿裂纹,在无限远处受双向等值拉伸应力作用构成的 I 型裂纹问题,又称为 Griffith 问题,如图 2-1 所示。沿铅直方向的荷载使裂纹扩展,水平荷载对裂纹有闭合作用,水平方向加载应考虑边界条件。

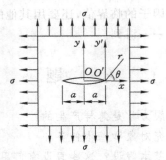

图 2-1 双向受拉的无限大裂纹板

对于这类问题,用复变应力函数求解较为方便,只要所求二维问题的应力函数满足边界条件与双调和方程即可。那么对于 I 型裂纹问题,如何选择一个满足双调和方程的复变应力函数呢?

由复变函数理论,解析函数的实部和虚部都是调和函数,且共轭,它们的线性组合满足双调和方程;解析函数的导数和积分仍为解析函数;调和函数的线性组合仍为调和函数,且一定为双调和函数。Westergaard 选取某一解析函数 $Z_I(z)$ 的一次和二次积分作线性组

合,作为应力函数,并称 Westergaard 应力函数,表示为:

$$\varPhi_{\mathrm{I}} = \mathrm{Re}\,\tilde{\tilde{Z}}_{\mathrm{I}}(z) + y\mathrm{Im}\tilde{\tilde{Z}}_{\mathrm{I}}(z) \tag{2-1}$$

式中,$\tilde{Z}_{\mathrm{I}}(z)$、$\tilde{\tilde{Z}}_{\mathrm{I}}(z)$ 分别为解析函数 $Z_{\mathrm{I}}(z)$ 的一次和二次积分。可以证明 $\varPhi_{\mathrm{I}}$ 为双调和函数。

2.1.2　应力和位移的应力函数表示

（1）应力分量

根据应力函数与应力分量的关系,不计体力时,有:

$$\sigma_x = \frac{\partial^2 \varPhi_{\mathrm{I}}}{\partial y^2},\sigma_y = \frac{\partial^2 \varPhi_{\mathrm{I}}}{\partial x^2},\tau_{xy} = -\frac{\partial^2 \varPhi_{\mathrm{I}}}{\partial x \partial y} \tag{2-2}$$

可得到与 Westergaard 应力函数相应的应力分量为:

$$\begin{aligned}
\sigma_x &= \frac{\partial^2 \varPhi_{\mathrm{I}}}{\partial y^2} = \frac{\partial^2}{\partial y^2}(\mathrm{Re}\,\tilde{\tilde{Z}}_{\mathrm{I}} + y\mathrm{Im}\tilde{\tilde{Z}}_{\mathrm{I}}) = \frac{\partial}{\partial y}\left(\frac{\partial \mathrm{Re}\,\tilde{\tilde{Z}}_{\mathrm{I}}}{\partial y} + y\frac{\partial \mathrm{Im}\tilde{\tilde{Z}}_{\mathrm{I}}}{\partial y} + \mathrm{Im}\tilde{Z}_{\mathrm{I}}\right) \\
&= \frac{\partial}{\partial y}(-\mathrm{Im}\tilde{Z}_{\mathrm{I}} + y\mathrm{Re}Z_{\mathrm{I}} + \mathrm{Im}\tilde{Z}_{\mathrm{I}}) = \mathrm{Re}Z_{\mathrm{I}} + y\frac{\partial \mathrm{Re}Z_{\mathrm{I}}}{\partial y} \\
&= \mathrm{Re}Z_{\mathrm{I}} - y\mathrm{Im}Z'_{\mathrm{I}} \tag{2-3}
\end{aligned}$$

同理可得:

$$\sigma_y = \frac{\partial^2 \varPhi_{\mathrm{I}}}{\partial x^2} = \mathrm{Re}Z_{\mathrm{I}} + y\mathrm{Im}Z'_{\mathrm{I}} \tag{2-4}$$

$$\tau_{xy} = -\frac{\partial^2 \varPhi_{\mathrm{I}}}{\partial x \partial y} = -y\mathrm{Re}Z'_{\mathrm{I}} \tag{2-5}$$

由式(2-3)～式(2-5),可将应力函数表示成复数形式:

$$\sigma_x + \sigma_y = 2\mathrm{Re}Z_{\mathrm{I}} \tag{2-6}$$

$$(\sigma_y - \sigma_x) + 2\tau_{xy}i = -2yZ'_{\mathrm{I}}i \tag{2-7}$$

可以看出:在实际求解应力分量时,并不需要直接找出应力函数 $\varPhi_{\mathrm{I}}$,只需找出解析函数 Z_{I} 即可。

（2）位移分量

应力分量确定之后,由平面应力状态下的物理方程可以得到形变分量:

$$\begin{aligned}
\varepsilon_x &= \frac{1}{E'}(\sigma_x - \mu'\sigma_y) = \frac{1}{E'}[(\mathrm{Re}Z_{\mathrm{I}} - y\mathrm{Im}Z'_{\mathrm{I}}) - \mu'(\mathrm{Re}Z_{\mathrm{I}} + y\mathrm{Im}Z'_{\mathrm{I}})] \\
&= \frac{1}{E'}[(1-\mu')\mathrm{Re}Z_{\mathrm{I}} - y(1+\mu')\mathrm{Im}Z'_{\mathrm{I}}] \tag{2-8}
\end{aligned}$$

$$\varepsilon_y = \frac{1}{E'}(\sigma_y - \mu'\sigma_x) = \frac{1}{E'}[(1-\mu')\mathrm{Re}Z_{\mathrm{I}} + y(1+\mu')\mathrm{Im}Z'_{\mathrm{I}}] \tag{2-9}$$

再由几何方程:

$$\varepsilon_x = \frac{\partial u}{\partial x},\varepsilon_y = \frac{\partial v}{\partial y},\gamma_{xy} = \frac{\partial u}{\partial y} + \frac{\partial v}{\partial x} \tag{2-10}$$

则可确定位移分量:

$$u = \int \varepsilon_x \mathrm{d}x = \frac{1}{E'}\int[(\mathrm{Re}Z_{\mathrm{I}} - y\mathrm{Im}Z'_{\mathrm{I}}) - \mu'(\mathrm{Re}Z_{\mathrm{I}} + y\mathrm{Im}Z'_{\mathrm{I}})]\mathrm{d}x$$

$$= \frac{1}{E'} \int \left[(1 - \mu') \frac{\partial \mathrm{Re}\tilde{Z}_{\mathrm{I}}}{\partial x} - y(1 + \mu') \frac{\partial \mathrm{Im}\tilde{Z}_{\mathrm{I}}}{\partial x} \right] \mathrm{d}x$$

$$= \frac{1}{E'} \left[(1 - \mu') \mathrm{Re}\tilde{Z}_{\mathrm{I}} - y(1 + \mu') \mathrm{Im}Z_{\mathrm{I}} \right] \tag{2-11}$$

同理

$$v = \int \varepsilon_y \mathrm{d}y = \frac{1}{E'} \left[2\mathrm{Im}\tilde{Z}_{\mathrm{I}} - y(1 + \mu') \mathrm{Re}Z_{\mathrm{I}} \right] \tag{2-12}$$

式中,弹性常数 E' 为弹性模量, μ' 为泊松比, G 为剪切弹性模量。在平面应力情况下: $E' = E, \mu' = \mu$;在平面应变情况下: $E' = E/(1 - \mu^2), \mu' = \mu/(1 - \mu)$。

式(2-11)和式(2-12)也可分别表示为:

$$u = \frac{1 + \mu}{E} \left(\frac{\kappa - 1}{2} \mathrm{Re}\tilde{Z}_{\mathrm{I}} - y\mathrm{Im}Z_{\mathrm{I}} \right) \tag{2-13}$$

$$v = \frac{1 + \mu}{E} \left(\frac{\kappa + 1}{2} \mathrm{Im}\tilde{Z}_{\mathrm{I}} - y\mathrm{Re}Z_{\mathrm{I}} \right) \tag{2-14}$$

$$\kappa = \begin{cases} \dfrac{3 - \mu}{1 + \mu} & \text{(平面应力)} \\ 3 - 4\mu & \text{(平面应变)} \end{cases} \tag{2-15}$$

2.1.3 解析函数 Z_{I} 的确定

现在的目的是要找一个具体的解析函数 $Z_{\mathrm{I}}(z)$,代入式(2-3)～式(2-5)中得到的应力分量应能满足图 2-1 所示问题的全部边界条件。

设裂纹中心为坐标原点,将 x 坐标轴置于裂纹面上,则该问题的边界条件为:

(1) $|z| \to \infty$ 时, $\sigma_x = \sigma_y = \sigma, \tau_{xy} = 0$。

(2) $y = 0$ 时,在 $|x| < a$ 的裂纹自由表面上, $\sigma_y = \tau_{xy} = 0$;对 $|x| > a$ 的裂纹体,随 $|x| \to a, \sigma_y \to \infty$。

下面利用上述边界条件确定解析函数 $Z_{\mathrm{I}}(z)$。

由应力表达式(2-3)～式(2-5)可知,当 $y = 0$ 时,有 $\sigma_x = \sigma_y = \mathrm{Re}Z_{\mathrm{I}}(z), \tau_{xy} = 0$。

为满足无穷远处边界条件(1)以及 $|x| > a$ 时,随 $|x| \to a, \sigma_y \to \infty$ 的条件,并考虑问题的对称性,可选应力函数为:

$$Z_{\mathrm{I}}(x) = \frac{\sigma}{1 - \left(\dfrac{a}{x}\right)^2}$$

又为满足裂纹面自由的边界条件,即要求 $|x| < a$ 时, $\sigma_y = 0$, 即 $Z_{\mathrm{I}}(x)$ 必为一纯虚数。故选用平方根函数,即:

$$Z_{\mathrm{I}}(z) = \frac{\sigma}{\sqrt{1 - \left(\dfrac{a}{x}\right)^2}} = \frac{x\sigma}{\sqrt{x^2 - a^2}} \tag{2-16}$$

注意上述解析函数 $Z_{\mathrm{I}}(z)$ 是在 $y = 0$ 的特殊情况下导出的。可以证明:对于 $y \neq 0$ 的一般情况,只需用 $z = x + iy$ 代替上式中的 x 即可,从而有:

$$Z_{\mathrm{I}}(z) = \frac{z\sigma}{\sqrt{z^2 - a^2}} \tag{2-17}$$

可以验证,式(2-17)满足问题的全部边界条件。

对于图 2-1 的情形,当 $|z| \to \infty$,有 $\sigma_x = \sigma_y = \sigma$,$\tau_{xy} = 0$。证明如下:

裂纹尖端附近坐标系如图 2-2 所示。

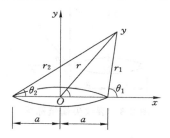

图 2-2　裂纹尖端坐标系

由 $z = re^{i\theta}$

令 $z - a = r_1 e^{i\theta_1}$,$z + a = r_2 e^{i\theta_2}$

当 $|z| \to \infty$ 时,$r_1 \approx r_2 \approx r$,$\theta_1 \approx \theta_2 \approx \theta$, 则

$$Z_{\mathrm{I}} = \frac{\sigma z}{\sqrt{z^2 - a^2}} = \frac{\sigma r}{\sqrt{r_1 r_2}} \left[\cos\left(\theta - \frac{\theta_1 + \theta_2}{2}\right) + i\sin\left(\theta - \frac{\theta_1 + \theta_2}{2}\right) \right]$$

$$\lim_{|z| \to \infty} Z_{\mathrm{I}} = \sigma$$

则

$$\mathrm{Re} Z_{\mathrm{I}} = \sigma, \mathrm{Im} Z_{\mathrm{I}} = 0$$

因为

$$Z'_{\mathrm{I}} = \frac{\mathrm{d}Z_{\mathrm{I}}}{\mathrm{d}z} = \frac{-\sigma a^2}{\sqrt{(z^2 - a^2)^3}} = \frac{-\sigma a^2}{(r_1 r_2)^{3/2} e^{i\frac{3}{2}(\theta_1 + \theta_2)}}$$

$$= \frac{-\sigma a^2}{(r_1 r_2)^{3/2}} \left[\cos\frac{3}{2}(\theta_1 + \theta_2) - i\sin\frac{3}{2}(\theta_1 + \theta_2) \right]$$

$$y\mathrm{Re} Z'_{\mathrm{I}} = \frac{-\sigma a^2}{(r_1 r_2)^{3/2}} \cos\frac{3(\theta_1 + \theta_2)}{2} \cdot r\sin\theta$$

$$y\mathrm{Im} Z'_{\mathrm{I}} = \frac{\sigma a^2}{(r_1 r_2)^{3/2}} \sin\frac{3(\theta_1 + \theta_2)}{2} \cdot r\sin\theta$$

注意到 $|z| \to \infty$ 时,$r_1 \approx r_2 \approx r$,$\theta_1 \approx \theta_2 \approx \theta$,有:

$$\lim_{|z| \to \infty} y\mathrm{Re} Z'_{\mathrm{I}}(z) = 0, \lim_{|z| \to \infty} y\mathrm{Im} Z'_{\mathrm{I}}(z) = 0$$

故当 $|z| \to \infty$ 时,有:

$$\begin{cases} \sigma_x = \mathrm{Re} Z_{\mathrm{I}}(z) - y\mathrm{Im} Z'_{\mathrm{I}}(z) = \sigma \\ \sigma_y = \mathrm{Re} Z_{\mathrm{I}}(z) + y\mathrm{Im} Z'_{\mathrm{I}}(z) = \sigma \\ \tau_{xy} = -y\mathrm{Re} Z'_{\mathrm{I}}(z) = 0 \end{cases}$$

2.1.4　裂纹尖端区域的应力场和位移场

在断裂力学中,如果能够像弹性力学一样,找到满足问题基本方程和全部边界条件的应力场和位移场,显然,这种解答对裂纹体的任意一点都成立,称为全场解,这是最理想的情况。但在实际问题中存在两种情况:第一,并非所有问题都能很容易地找到全场解;第二,裂纹尖端附近的应力场强度,主要决定于裂纹尖端局部区域的应力场。如果能够找到这样的解,它不能满足问题的全部边界条件,但能描述裂纹尖端局部区域的应力场和位移场,这样

的解称为局部解,也称为 $r \to 0$ 时的渐近解。

1. 裂纹尖端应力强度因子

为计算方便,将坐标原点从裂纹中心 O 移至裂纹右端点 O' 处,如图 2-3 所示。

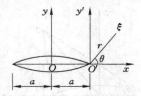

图 2-3 裂纹尖端坐标系

采用新坐标系 $x—y'$,以 ξ 表示新坐标:

$$\xi = (x-a) + iy = z - a \text{ 或 } z = \xi + a$$

经坐标变换后,式(2-17)解析函数 $Z_{\mathrm{I}}(z)$ 可写成:

$$Z_{\mathrm{I}}(\xi) = \frac{(\xi+a)\sigma}{\sqrt{\xi(\xi+2a)}} = \frac{1}{\sqrt{\xi}} \frac{(\xi+a)\sigma}{\sqrt{\xi+2a}} \tag{2-18}$$

令 $f_{\mathrm{I}}(\xi) = \dfrac{(\xi+a)\sigma}{\sqrt{\xi+2a}}$,则

$$Z_{\mathrm{I}}(\xi) = \frac{1}{\sqrt{\xi}} f_{\mathrm{I}}(\xi) \tag{2-19}$$

断裂力学的研究中,最关心裂纹尖端附近的应力场。在裂纹右尖端附近,即当 $|\xi| \to 0$ 时,$f_{\mathrm{I}}(\xi)$ 有一极限值,为一实常数。若用 $K_{\mathrm{I}}/\sqrt{2\pi}$ 表示此常数,即令

$$\lim_{|\xi| \to 0} f_{\mathrm{I}}(\xi) = K_{\mathrm{I}}/\sqrt{2\pi}$$

则

$$\lim_{|\xi| \to 0} \sqrt{\xi} Z_{\mathrm{I}}(\xi) = K_{\mathrm{I}}/\sqrt{2\pi} \tag{2-20}$$

故有

$$K_{\mathrm{I}} = \lim_{|\xi| \to 0} \sqrt{2\pi\xi} Z_{\mathrm{I}}(\xi) \tag{2-21}$$

上式中的 K_{I} 便是 Griffith I 型裂纹尖端应力场强度因子,该式是用解析函数求解 I 型裂纹尖端应力强度因子的定义式。

2. 裂纹尖端附近的局部解

(1) 应力解

由式(2-19)和式(2-21)可知,在裂纹尖端附近,即当 $|\xi|$ 很小时,解析函数 $Z_{\mathrm{I}}(\xi)$ 可近似地写成:

$$Z_{\mathrm{I}}(\xi) = \lim_{|\xi| \to 0} f_{\mathrm{I}}(\xi) \frac{1}{\sqrt{\xi}} = \frac{K_{\mathrm{I}}}{\sqrt{2\pi\xi}} \tag{2-22}$$

采用极坐标表示,取 $\xi = re^{i\theta} = r(\cos\theta + i\sin\theta)$,于是上式变为:

$$Z_{\mathrm{I}}(\xi) = \frac{K_{\mathrm{I}}}{\sqrt{2\pi re^{i\theta}}} = \frac{K_{\mathrm{I}}}{\sqrt{2\pi r}} e^{-i\frac{\theta}{2}} = \frac{K_{\mathrm{I}}}{\sqrt{2\pi r}} \left(\cos\frac{\theta}{2} - i\sin\frac{\theta}{2} \right)$$

即有

$$\begin{cases} \mathrm{Re}Z_{\mathrm{I}}\left(\xi\right) = \dfrac{K_{\mathrm{I}}}{\sqrt{2\pi r}}\cos\dfrac{\theta}{2} \\[3mm] \mathrm{Im}Z_{\mathrm{I}}\left(\xi\right) = -\dfrac{K_{\mathrm{I}}}{\sqrt{2\pi r}}\sin\dfrac{\theta}{2} \end{cases} \tag{2-23}$$

又　　$Z'_{\mathrm{I}}\left(\xi\right) = \left(\dfrac{K_{\mathrm{I}}}{\sqrt{2\pi\xi}}\right)' = -\dfrac{K_{\mathrm{I}}}{2\sqrt{2\pi}}\xi^{-\frac{3}{2}} = -\dfrac{K_{\mathrm{I}}}{2\sqrt{2\pi}}r^{-3/2}\left(\cos\dfrac{3\theta}{2} - i\sin\dfrac{3\theta}{2}\right)$

可得

$$\begin{cases} \mathrm{Re}Z'_{\mathrm{I}}\left(\xi\right) = -\dfrac{K_{\mathrm{I}}}{2\sqrt{2\pi r^3}}\cos\dfrac{3}{2}\theta \\[3mm] \mathrm{Im}Z'_{\mathrm{I}}\left(\xi\right) = \dfrac{K_{\mathrm{I}}}{2\sqrt{2\pi r^3}}\sin\dfrac{3}{2}\theta \end{cases} \tag{2-24}$$

又

$$y = r\sin\theta = 2r\sin\dfrac{\theta}{2}\cos\dfrac{\theta}{2} \tag{2-25}$$

将式(2-23)~式(2-25)代入式(2-3)~式(2-5),得到裂纹尖端附近各应力分量表达式:

$$\begin{cases} \sigma_x = \dfrac{K_{\mathrm{I}}}{\sqrt{2\pi r}}\cos\dfrac{\theta}{2}\left(1 - \sin\dfrac{\theta}{2}\sin\dfrac{3\theta}{2}\right) \\[3mm] \sigma_y = \dfrac{K_{\mathrm{I}}}{\sqrt{2\pi r}}\cos\dfrac{\theta}{2}\left(1 + \sin\dfrac{\theta}{2}\sin\dfrac{3\theta}{2}\right) \\[3mm] \tau_{xy} = \dfrac{K_{\mathrm{I}}}{\sqrt{2\pi r}}\sin\dfrac{\theta}{2}\cos\dfrac{\theta}{2}\cos\dfrac{3\theta}{2} \end{cases} \tag{2-26}$$

(2) 位移解

由于

$$\widetilde{Z}_{\mathrm{I}}\left(\xi\right) = \int Z_{\mathrm{I}}\left(\xi\right)\mathrm{d}\xi = \int \dfrac{K_{\mathrm{I}}}{\sqrt{2\pi\xi}}\mathrm{d}\xi = \dfrac{2K_{\mathrm{I}}}{\sqrt{2\pi}}\xi^{\frac{1}{2}} = \dfrac{2K_{\mathrm{I}}}{\sqrt{2\pi}}r^{\frac{1}{2}}\left(\cos\dfrac{\theta}{2} + i\sin\dfrac{\theta}{2}\right)$$

可得

$$\begin{cases} \mathrm{Re}\widetilde{Z}_{\mathrm{I}}\left(\xi\right) = \dfrac{2K_{\mathrm{I}}}{\sqrt{2\pi}}r^{\frac{1}{2}}\cos\dfrac{\theta}{2} \\[3mm] \mathrm{Im}\widetilde{Z}_{\mathrm{I}}\left(\xi\right) = \dfrac{2K_{\mathrm{I}}}{\sqrt{2\pi}}r^{\frac{1}{2}}\sin\dfrac{\theta}{2} \end{cases} \tag{2-27}$$

将式(2-25)和式(2-27)代入式(2-13)和式(2-14),得到裂纹尖端附近各位移分量表达式:

$$\begin{cases} u = \dfrac{K_{\mathrm{I}}}{4G}\left(\dfrac{r}{2\pi}\right)^{\frac{1}{2}}\left[(2\kappa - 1)\cos\dfrac{\theta}{2} - \cos\dfrac{3\theta}{2}\right] \\[3mm] v = \dfrac{K_{\mathrm{I}}}{4G}\left(\dfrac{r}{2\pi}\right)^{\frac{1}{2}}\left[(2\kappa + 1)\sin\dfrac{\theta}{2} - \sin\dfrac{3\theta}{2}\right] \end{cases} \tag{2-28}$$

式中,$G = \dfrac{E}{2(1+\mu)}$,其他符号含义同前。

根据以上推导可以看出,所得应力场、位移场的表达式(2-26)和式(2-28),只有在 $r \to 0$ 时,才是精确成立的。当 $(r/a) \ll 1$ 时,即在裂纹尖端附近,近似成立。因此,称为局部解,

或称为当 $r \rightarrow 0$ 的渐进解。显然,局部解可以满足裂纹表面自由的边界条件,但不能满足无穷远处的边界条件。由于局部解可以描述裂纹尖端 ($r \rightarrow 0$) 解的性状,因此,在断裂力学中具有很重要的意义。

裂纹尖端附近的应力及位移分量可用张量缩记为:

$$\begin{cases} \sigma_{ij} = \dfrac{K_{\mathrm{I}}}{\sqrt{2\pi r}} f_{ij}(\theta) \\ \varepsilon_{ij} = \dfrac{K_{\mathrm{I}}}{\sqrt{2\pi r}} \varphi_{ij}(\theta) \end{cases} \tag{2-29}$$

式中,$f_{ij}(\theta)$ 及 $\varphi_{ij}(\theta)$ 仅为极角 θ 的函数,称为角分布函数。

(3) 解的说明

由于在推导应力场及位移场的过程中,应用了 $|\xi| \rightarrow 0$ 这一条件,因此,对于在裂纹尖端稍远处,式(2-26)和式(2-28)不再适用,应该用应力函数 $Z_{\mathrm{I}} = \dfrac{\sigma(\xi + a)}{\sqrt{\xi(\xi + 2a)}}$ 来确定各应力分量和位移分量,这样的解称为全场解。以应力场为例,全场解的形式可表示为:

$$\sigma_{ij} = K_m(r^{-\frac{1}{2}}) f_{ij}(\theta) + o(r^0) \tag{2-30}$$

式中,$m = 1, 2, 3$,K_m 可表示 I、II、III 型裂纹的应力强度因子;$o(r^0)$ 为 r^0 的高阶无穷小量。

式(2-29)与式(2-30)的差值反映了裂纹尖端局部解与全场解的区别。全场解是弹性力学平面问题的完整解答,但它的形式一般比较复杂,不能直观地看出外荷载和裂纹尺寸对裂纹尖端应力场强度的影响,而这正是断裂力学所需要了解的。由于局部解可以描述裂纹尖端 ($r \rightarrow 0$) 解的性状,所以在裂纹尖端区域,局部解是全场解的良好近似,局部解在断裂力学中具有很重要的意义。

局部解表示的仅是全场解中的首项,又称为主奇项。随着 r 的增大,全场解中首项以后的各项,即附加项 $o(r^0)$ 等非奇异项将迅速增大,这时若再用裂纹尖端解代替全解,误差就会太大而失去意义。将裂纹尖端附近的应力场或位移场可以用 K_m 来描述的区域,称为 K 主导区。K 主导区的大小,应根据问题的不同和要求的精度来确定,控制误差在允许的范围之内即可。

这样,对于裂纹尖端附近区域内某一定点 (r, θ),其应力的大小取决于应力强度因子 K_{I} 的大小,因而 K_{I} 能够反映裂纹尖端附近区域应力场的强弱程度,而且是表征奇异性应力场强弱的唯一参量,外荷载和裂纹尺寸的影响都通过 K_{I} 表现出来。在应力场的局部解中,含有因子 $r^{-\frac{1}{2}}$,即当 $r \rightarrow 0$ 时,$\sigma_{ij} \rightarrow \infty$,称应力场在裂纹尖端具有 $\dfrac{1}{\sqrt{r}}$ 的奇异性,只要是 I 型裂纹问题,裂纹尖端区域的应力场都具有相同的奇异性。$f_{ij}(\theta)$ 为 θ 的单变量函数,反映着裂纹尖端处的应力分布性质。

于是应力分量可视为由两部分来描述:一部分是关于场分布的描述,它随点的坐标而变化,通过 r 的奇异性及角分布函数 $f_{ij}(\theta)$ 来体现;另一部分是关于场强度的描述,通过应力强度因子 K_{I} 来表示,它与裂纹体的几何尺寸及外加荷载有关。

归纳起来,线弹性断裂力学局部解具有如下性质:满足裂纹面自由的边界条件,但不能满足无限远处的边界条件;能够反映 $r \rightarrow 0$ 时的应力、应变奇异性;它的大小取决于应力强

度因子 K_I 且能反映裂纹处的应力状态。

2.2　应力强度因子的计算

裂纹尖端附近的应力场和位移场、应力强度因子的确定是线弹性断裂力学的要点。在线弹性断裂力学中,由于裂纹尖端应力场强弱程度主要由 K_m 这个参量来描述,通过它可以建立 $K_m = K_{mc}(m = I,II,III)$ 的断裂准则(亦称 K 准则),以解决工程实际的脆断问题,因此人们更关心应力强度因子 K_m 的求解,这是线弹性断裂力学的又一重要内容。

K_m 的大小与外载荷的性质、裂纹及弹性体几何形状等因素有关,写成统一的表达式为:

$$K_m = \lim_{|\xi| \to 0} \sqrt{2\pi\xi} Z_m(\xi) \tag{2-31}$$

可见,求解应力强度因子 K_m 的关键在于找到满足所研究裂纹问题的全部边界条件的解析函数 $Z_m(\xi)$,将其代入 K_m 表达式即可求解。

确定应力强度因子的方法大体可分为解析法、数值法和实验法。在几何形状比较简单的情况下,可用解析法。但在较复杂的情况下,往往难以得到严格的解析解,故常用数值法。在某些情况下,还可以用实验来测定应力强度因子。

2.2.1　确定应力强度因子 K_I 的解析法

确定应力强度因子的解析法是其他方法的基础,用解析法推出的裂纹尖端附近区域应力场的基本方程是许多其他解的出发点。目前在解析法中,广泛应用的是复变函数法和积分变换法。一般来说,解析法要精确地满足边界条件,通常是很难做到的,目前仅仅在无限板或无限体的情况下,才获得了解答。对有限尺寸的裂纹体,K_I 的精确解析解现在还没有找到。因此能用解析法求出的 K_I 只占很小一部分,而更大的部分需要用数值法才能得到。由此可见,断裂力学的发展与计算数学关系十分密切。

解析法又分为基本解析法和叠加法。对于基本解析法来说,只要能找到一个满足裂纹问题全部边界条件的解析函数 $Z_I(\xi)$,K_I 即可由其定义式 $K_I = \lim_{|\xi| \to 0}\sqrt{2\pi\xi} Z_I(\xi)$ 求得。线弹性断裂力学认为材料的物理关系是线性的,对线性齐次函数可用叠加方法进行计算。以下针对无限大平板中的 I 型裂纹问题,介绍 K_I 因子的解答方法。

(1)受二向均匀拉应力作用的无限大平板,具有长度为 $2a$ 的中心穿透裂纹(图 2-1),确定应力强度因子 K_I 的表达式。

对于图 2-1 所示的裂纹问题,前面已经进行过研究,当坐标原点移至裂纹右尖端时,满足全部边界条件的解析函数为 $Z_I(\xi) = \dfrac{\sigma(\xi + a)}{\sqrt{\xi(\xi + 2a)}}$。将其代入式(2-31)可得:

$$K_I = \lim_{|\xi| \to 0}\sqrt{2\pi\xi}\,\frac{\sigma(\xi + a)}{\sqrt{\xi(\xi + 2a)}} = \lim_{|\xi| \to 0}\sqrt{2\pi}\,\frac{\sigma(\xi + a)}{\sqrt{(\xi + 2a)}} = \sigma\sqrt{\pi a} \tag{2-32}$$

(2)无限大平板中,在长度为 $2a$ 的中心贯穿裂纹表面上,距裂纹中点为 $x = \pm b$ 处,各作用一对集中力 P(图 2-4),确定应力强度因子 K_I 的表达式。

对图示裂纹问题,取解析函数为:

$$Z_I(z) = \frac{2Pz\sqrt{a^2 - b^2}}{\pi(z^2 - b^2)\sqrt{z^2 - a^2}} \tag{2-33}$$

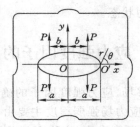

图 2-4　受集中力作用的无限大裂纹板

可以证明,该解析函数满足此裂纹问题的下述边界条件:

① $z \to \infty$ 时,$\sigma_x = \sigma_y = \tau_{xy} = 0$。

② 当 $y = 0$ 时,在 $|x| < a$,除 $|x| = b$ 外的裂纹面上,$\sigma_y = \tau_{xy} = 0$,即除去 4 个力作用点外,裂纹面自由。

③ 如切出 xy 坐标系第一象限的薄平板,在 x 轴所在的截面上,沿 y 方向内力的总和应该等于劈开力 P,即 $\int_0^\infty \sigma_y \mathrm{d}x = P$。

将坐标原点移至裂纹右尖端后,新坐标 $\xi = z - a$,则式(2-33)可写为:

$$Z_{\mathrm{I}}(\xi) = \frac{2P(\xi + a)\sqrt{a^2 - b^2}}{\pi[(\xi + a)^2 - b^2]\sqrt{\xi(\xi + 2a)}} \tag{2-34}$$

将式(2-34)代入式(2-31),则有:

$$
\begin{aligned}
K_{\mathrm{I}} &= \lim_{|\xi| \to 0} \sqrt{2\pi\xi}\, Z_{\mathrm{I}}(\xi) = \lim_{|\xi| \to 0} \sqrt{2\pi\xi}\, \frac{2P(\xi + a)\sqrt{a^2 - b^2}}{\pi[(\xi + a)^2 - b^2]\sqrt{\xi(\xi + 2a)}} \\
&= \lim_{|\xi| \to 0} \frac{2\sqrt{2\pi}\,P(\xi + a)\sqrt{a^2 - b^2}}{\pi[(\xi + a)^2 - b^2]\sqrt{\xi + 2a}} = \frac{2P\sqrt{a}}{\sqrt{\pi(a^2 - b^2)}}
\end{aligned} \tag{2-35}
$$

(3) 在无限大平板的裂纹表面上,从 $x = -a$ 到 $x = -a_1$ 和从 $x = a_1$ 到 $x = a$ 的这两部分裂纹面上,受均匀分布的张力 p 作用,如图 2-5(a)所示,确定裂纹尖端应力强度因子 K_{I} 的表达式。

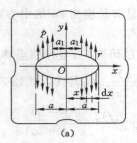
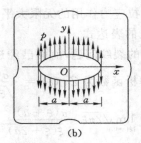

(a)　　　　　　　　　　(b)

图 2-5　受均布张力作用的无限大裂纹板

在此情况下,在距坐标原点任意距离 x 处取一微分段 $\mathrm{d}x$,其上张力 $\mathrm{d}P = p\mathrm{d}x$,可视为集中力。利用集中力作用下的计算结果式(2-35),积分可得:

$$K_{\mathrm{I}} = \int_{a_1}^{a} \frac{2(p\,\mathrm{d}x)\sqrt{a}}{\sqrt{\pi(a^2 - x^2)}} \tag{2-36}$$

为便于积分,令 $x = a\sin\theta$,则 $\sqrt{a^2 - x^2} = a\cos\theta, \mathrm{d}x = a\cos\theta\mathrm{d}\theta$ 代入式(2-36)可得:

$$K_{\mathrm{I}} = 2p\sqrt{\frac{a}{\pi}} \int_{a_1}^{a} \frac{\mathrm{d}x}{\sqrt{a^2 - x^2}} = 2p\sqrt{\frac{a}{\pi}} \int_{\arcsin\left(\frac{a_1}{a}\right)}^{\arcsin\left(\frac{a}{a}\right)} \frac{a\cos\theta\mathrm{d}\theta}{a\cos\theta}$$

$$= 2p\sqrt{\frac{a}{\pi}}\left[\frac{\pi}{2} - \arcsin\left(\frac{a_1}{a}\right)\right] = 2p\sqrt{\frac{a}{\pi}}\arccos\left(\frac{a_1}{a}\right) \tag{2-37}$$

推论:若在 $x = -a$ 到 $x = a$ 的整个裂纹表面上都承受均匀分布的张应力 p 作用,如图 2-5(b)所示,即 $a_1 = 0$,裂纹尖端的应力强度因子为:

$$K_{\mathrm{I}} = 2p\sqrt{\frac{a}{\pi}}\arccos\left(\frac{0}{a}\right) = 2p\sqrt{\frac{a}{\pi}} \cdot \frac{\pi}{2} = p\sqrt{\pi a} \tag{2-38}$$

(4) 有一对集中力 P 作用在上、下裂纹面上,如图 2-6 所示,求应力强度因子 K_{I}。

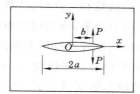

图 2-6　受集中力作用的无限大裂纹板

对图示裂纹问题,取解析函数为:

$$Z_{\mathrm{I}}(z) = \frac{P\sqrt{a^2 - b^2}}{\pi(z - b)\sqrt{z^2 - a^2}} \tag{2-39}$$

可以证明,该解析函数满足此裂纹问题的下述边界条件:

① $z \to \infty$ 时,$\sigma_x = \sigma_y = \tau_{xy} = 0$。

② 当 $y = 0$ 时,在 $|x| < a$,除 $x = b$ 外的裂纹面上,$\sigma_y = \tau_{xy} = 0$,即除去 2 个力作用点外,裂纹面自由。

③ 如切出 xy 坐标系第一象限的薄平板,在 x 轴所在的截面上,沿 y 方向内力的总和应该等于劈开力 P,即 $\int_0^{\infty} \sigma_y\mathrm{d}x = P$。

坐标系平移 $\xi = z - a$,则

$$Z_{\mathrm{I}}(\xi) = \frac{P\sqrt{a^2 - b^2}}{\pi(\xi + a - b)\sqrt{(\xi^2 + 2a\xi)}}$$

$$K_{\mathrm{I}} = \lim_{|\xi| \to 0}\sqrt{2\pi\xi}\frac{P\sqrt{a^2 - b^2}}{\pi(\xi + a - b)\sqrt{(\xi^2 + 2a\xi)}} = \frac{P}{\sqrt{\pi a}}\sqrt{\frac{a + b}{a - b}} \tag{2-40}$$

2.2.2　叠加原理

由于线弹性理论的基本关系是线性的,因此,应力的叠加原理是成立的。也就是说,若干个外力在某一点产生的应力分量,等于各个外力分别单独作用时在该点产生的应力分量

的代数和。根据应力强度因子的定义式 $K = \lim\limits_{\xi \to 0}\sqrt{2\pi\xi} Z(\xi)$，应力强度因子也应满足叠加原理。

事实上，以 I 型裂纹为例，若外力 $P_1, P_2, \cdots, P_n$ 在裂纹尖端产生的应力强度因子分别为 $K_{\mathrm{I}}^{(1)}, K_{\mathrm{I}}^{(2)}, \cdots, K_{\mathrm{I}}^{(n)}$，在裂纹尖端附近产生的应力为 $\sigma_y^{(1)}, \sigma_y^{(2)}, \cdots, \sigma_y^{(n)}$。因此，总应力为：

$$\sigma_y = \sigma_y^{(1)} + \sigma_y^{(2)} + \cdots + \sigma_y^{(n)}$$

由式(2-21)可知，总应力强度因子为：

$$
\begin{aligned}
K_{\mathrm{I}} &= \lim\limits_{r \to 0}\sqrt{2\pi r}\, (\sigma_y)_{\theta=0} \\
&= \lim\limits_{r \to 0}\sqrt{2\pi r}\, (\sigma_y^{(1)} + \sigma_y^{(2)} + \cdots + \sigma_y^{(n)})_{\theta=0} \\
&= K_{\mathrm{I}}^{(1)} + K_{\mathrm{I}}^{(2)} + \cdots + K_{\mathrm{I}}^{(n)}
\end{aligned}
\tag{2-41}
$$

那么应力强度因子也应满足叠加原理。

因此，可以得出，裂纹体在若干外力作用下，裂纹尖端产生的应力强度因子等于各个外力单独作用下产生的应力强度因子的代数和。这样，计算某一裂纹问题的应力强度因子时，并非每次都要找到满足边界条件的应力函数，而是可以利用某些应力强度因子的已知结果通过叠加原理求解。以下介绍应用叠加原理求解应力强度因子的方法。

(1) 无限大平面板具有长为 $2a$ 的中心贯穿裂纹，在无穷远处受到单向均匀拉应力 σ 的作用，如图 2-7 所示。求该裂纹尖端应力强度因子 K_{I} 的表达式。

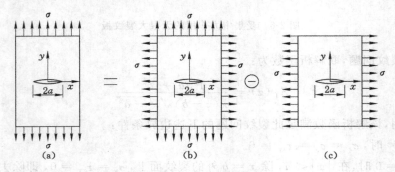

图 2-7　受单向拉伸的无限大裂纹板(1)

图 2-7(b)所示的裂纹板的受力可看作图 2-7(a)和图 2-7(c)两种受力情况的叠加。图 2-7(c)所示的情况，裂纹线方向的拉伸应力 σ 不会使裂纹扩展，对裂纹来说具有闭合作用，裂纹尖端不产生奇异性，因此 $K_{\mathrm{I}} = 0$。所以，单向拉伸与双向拉伸的应力强度因子是一样的，均为：

$$K_{\mathrm{I}} = \sigma\sqrt{\pi a} \tag{2-42}$$

(2) 裂纹表面上受到均匀分布拉应力 σ 的无限大平板，图 2-8(c)所示，求应力强度因子 K_{I}。

不难看出，图 2-8 所表示的叠加原理是成立的。注意到图 2-8(b)实际上是无裂纹板，因此图 2-8(c)的应力强度因子与图 2-8(a)一样，仍为 $K_{\mathrm{I}} = \sigma\sqrt{\pi a}$。

由图 2-8 可以看出，对无限大平板而言，在无穷远处作用均匀拉应力和在裂纹本身作用均匀拉应力产生的应力强度因子 K_{I} 相同。因此可以认为：在 K 因子表达式中的应力项 σ，

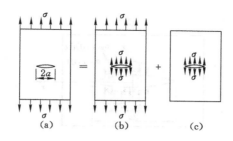

图 2-8　受单向拉伸的无限大裂纹板(2)

就是将构件作为无裂纹板,当受到外力作用时,在裂纹位置处所引起的应力,习惯上称之为"当地应力"。"当地"指的是裂纹位置处,用它可以方便地求解应力强度因子 K_m,这种概念在复杂应力状态下很重要,因为"当地应力"可以用材料力学或线弹性力学的方法求得。在一般情况下,"当地应力"并非均匀,但由于裂纹尺寸往往远小于结构物或构件的尺寸,所以非均匀应力中的最大值和最小值差异并不大,习惯上就用"当地应力"中的最大值作为 K 因子表达式中的应力项,这是偏于安全的做法。

(3) 有一始于铆钉孔的穿透裂纹,如图 2-9(a)所示,求应力强度因子 K_{I}。

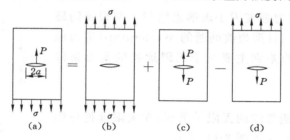

图 2-9　铆钉孔的穿透裂纹

图 2-9(a)可视为由图 2-9(b)、(c)、(d)叠加而成。其中,图 2-9 (a) 与图 2-9(d)对称,它们的应力强度因子相同,即 $K_{\mathrm{I}}^{(a)} = K_{\mathrm{I}}^{(d)}$。图 2-9(b)的应力强度因子已知,图 2-9(c)的应力强度因子可由式(2-40)得到,令 $b=0$,$K_{\mathrm{I}}^{(c)} = \dfrac{P}{\sqrt{\pi a}}$。

故有

$$K_{\mathrm{I}}^{(a)} = \frac{1}{2}(K_{\mathrm{I}}^{(b)} + K_{\mathrm{I}}^{(c)}) = \frac{1}{2}\left(\sigma\sqrt{\pi a} + \frac{P}{\sqrt{\pi a}}\right)$$

(4) 在裂纹上、下表面的某一部分对称作用着任意分布的正应力和剪应力,如图 2-10 所示,求应力强度因子 K_{I}。

考虑距 y 轴为 x 处、长度为 $\mathrm{d}x$ 的上、下裂纹面的一对力 $\sigma_y(x,0)\mathrm{d}x$,其应力强度因子可利用式(2-40)求出:

$$\mathrm{d}K_{\mathrm{I}} = -\frac{\sigma_y(x,0)\mathrm{d}x}{\sqrt{\pi a}}\left(\frac{a+x}{a-x}\right)^{\frac{1}{2}}$$

对于 $-b \leqslant x \leqslant c$ 上的分布力,利用叠加原理,积分可得:

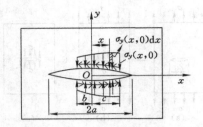

图 2-10 表面受对称分布荷载作用的无限大裂纹板

$$K_{\mathrm{I}} = -\frac{1}{\sqrt{\pi a}} \int_{-b}^{c} \sigma_y(x,0) \left(\frac{a+x}{a-x}\right)^{\frac{1}{2}} \mathrm{d}x$$

类似地,对于$-b \leqslant x \leqslant c$上任意分布的剪应力,可以得到:

$$K_{\mathrm{II}} = -\frac{1}{\sqrt{\pi a}} \int_{-b}^{c} \tau_{xy}(x,0) \left(\frac{a+x}{a-x}\right)^{\frac{1}{2}} \mathrm{d}x$$

2.2.3 Ⅱ、Ⅲ型裂纹的应力强度因子

Ⅱ、Ⅲ型裂纹的应力强度因子求解思路与Ⅰ型裂纹问题极为相似,这里介绍Ⅱ、Ⅲ型裂纹问题的 Westergaard 应力函数求解法,它们之间的差别主要在于无限远处的受力条件不同。

(1) Ⅱ型裂纹

考虑带有中心穿透裂纹的无限大平板,在无限远处作用有均匀分布的剪应力 τ_{xy},如图 2-11 所示。

Westergaard 选用的应力函数为:

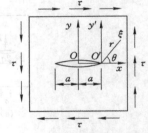

图 2-11 无限大板Ⅱ型裂纹

$$\Phi_{\mathrm{II}} = -y \mathrm{Re} \widetilde{Z}_{\mathrm{II}}(z) \tag{2-43}$$

式中,$Z_{\mathrm{II}}(z)$、$\widetilde{Z}_{\mathrm{II}}(z)$分别为解析函数及其一次积分。可以证明 Φ_{II} 为双调和函数。

利用与Ⅰ型裂纹完全类似的推导,可以得到Ⅱ型裂纹问题中应力分量用 $Z_{\mathrm{II}}(z)$ 表示的关系式:

$$\begin{cases} \sigma_x = 2\mathrm{Im}Z_{\mathrm{II}} + y\mathrm{Re}Z'_{\mathrm{II}} \\ \sigma_y = -y\mathrm{Re}Z'_{\mathrm{II}} \\ \tau_{xy} = -y\mathrm{Im}Z'_{\mathrm{II}} + \mathrm{Re}Z_{\mathrm{II}} \end{cases} \tag{2-44}$$

同样可得位移分量用 $Z_{\mathrm{II}}(z)$ 表示的关系式为:

$$\begin{cases} u = \frac{1+\mu}{E}\left(\frac{\kappa-1}{2}\mathrm{Im}\widetilde{Z}_{\mathrm{II}} + y\mathrm{Re}Z_{\mathrm{II}}\right) \\ v = \frac{1+\mu}{E}\left(-\frac{\kappa-1}{2}\mathrm{Re}\widetilde{Z}_{\mathrm{II}} - \mathrm{Im}Z_{\mathrm{II}}\right) \end{cases} \tag{2-45}$$

这样,用 Westergaard 方法求解Ⅱ型裂纹问题,最后也归结为寻求满足边界条件的解析函数。

Ⅱ型裂纹的边界条件为:

① 当 $y = 0, |x| < a$ 时，$\sigma_y = \tau_{xy} = 0$。

② 当 $|z| \to \infty$ 时，$\sigma_x = \sigma_y = 0, \tau_{xy} = \tau$。

选取如下形式的应力函数：

$$Z_{\mathrm{II}} = \frac{z\tau}{\sqrt{z^2 - a^2}} \tag{2-46}$$

与 I 型裂纹类似，容易验证，Z_{II} 能满足全部边界条件。

将坐标原点移至裂纹尖端，引入新坐标 $\xi = z - a$，则：

$$Z_{\mathrm{II}}(\xi) = \frac{(\xi + a)\tau}{\sqrt{\xi(\xi + 2a)}} = \frac{1}{\sqrt{\xi}} \frac{(\xi + a)\tau}{\sqrt{\xi + 2a}} = \frac{1}{\sqrt{\xi}} \cdot f_{\mathrm{II}}(\xi)$$

当 $|\xi| \to 0$ 时，$\lim\limits_{|\xi| \to 0} f_{\mathrm{II}}(\xi) = K_{\mathrm{II}} / \sqrt{2\pi}$ 为一实常数，即 $\sqrt{2\pi\xi} Z_{\mathrm{II}}(\xi)$ 存在极限，记此极限为：

$$K_{\mathrm{II}} = \lim_{|\xi| \to 0} \sqrt{2\pi\xi} Z_{\mathrm{II}}(\xi) = \tau\sqrt{\pi a} \tag{2-47}$$

在裂纹尖端附近，即当 $|\xi|$ 很小时，近似地有：

$$Z_{\mathrm{II}}(\xi) = \lim_{|\xi| \to 0} \frac{1}{\sqrt{\xi}} \cdot f_{\mathrm{II}}(\xi) \approx \frac{K_{\mathrm{II}}}{\sqrt{2\pi\xi}} = \frac{K_{\mathrm{II}}}{\sqrt{2\pi r}} \left(\cos \frac{\theta}{2} - i\sin \frac{\theta}{2} \right)$$

$$Z'_{\mathrm{II}}(\xi) \approx \left(\frac{K_{\mathrm{II}}}{\sqrt{2\pi\xi}} \right)' = -\frac{K_{\mathrm{II}}}{2\sqrt{2\pi r}} r^{-1} \left(\cos \frac{3\theta}{2} - i\sin \frac{3\theta}{2} \right)$$

$$\widetilde{Z}_{\mathrm{II}}(\xi) \approx \int \frac{K_{\mathrm{II}}}{\sqrt{2\pi\xi}} \mathrm{d}\xi = \frac{2K_{\mathrm{II}}}{\sqrt{2\pi}} r^{\frac{1}{2}} \left(\cos \frac{\theta}{2} + i\sin \frac{\theta}{2} \right)$$

将 Z_{II} 及 Z'_{II} 的实部和虚部分别代入式(2-44)，可得 II 型裂纹尖端的局部应力场：

$$\begin{cases} \sigma_x = \dfrac{K_{\mathrm{II}}}{\sqrt{2\pi r}} \sin \dfrac{\theta}{2} \left(-2 - \cos \dfrac{\theta}{2} \cos \dfrac{3\theta}{2} \right) \\[2mm] \sigma_y = \dfrac{K_{\mathrm{II}}}{\sqrt{2\pi r}} \sin \dfrac{\theta}{2} \cos \dfrac{\theta}{2} \cos \dfrac{3\theta}{2} \\[2mm] \tau_{xy} = \dfrac{K_{\mathrm{II}}}{\sqrt{2\pi r}} \cos \dfrac{\theta}{2} \left(1 - \sin \dfrac{\theta}{2} \sin \dfrac{3\theta}{2} \right) \end{cases} \tag{2-48}$$

类似地，将 Z_{II} 及 $\widetilde{Z}_{\mathrm{II}}$ 的实部和虚部分别代入式(2-45)，可得 II 型裂纹尖端附近的位移场：

$$\begin{cases} u = \dfrac{K_{\mathrm{II}}}{4G} \left(\dfrac{r}{2\pi} \right)^{\frac{1}{2}} \left[(2\kappa + 3)\sin \dfrac{\theta}{2} + \sin \dfrac{3\theta}{2} \right] \\[2mm] v = \dfrac{K_{\mathrm{II}}}{4G} \left(\dfrac{r}{2\pi} \right)^{\frac{1}{2}} \left[-(2\kappa - 3)\cos \dfrac{\theta}{2} - \cos \dfrac{3\theta}{2} \right] \end{cases} \tag{2-49}$$

由式(2-15)κ 的表达式可得平面应变问题的局部位移场：

$$\begin{cases} u = \dfrac{K_{\mathrm{II}}}{G} \left(\dfrac{r}{2\pi} \right)^{\frac{1}{2}} \sin \dfrac{\theta}{2} \left[2(1 - \mu) + \cos^2 \dfrac{\theta}{2} \right] \\[2mm] v = \dfrac{K_{\mathrm{II}}}{G} \left(\dfrac{r}{2\pi} \right)^{\frac{1}{2}} \cos \dfrac{\theta}{2} \left(-1 + 2\mu + \sin^2 \dfrac{\theta}{2} \right) \end{cases} \tag{2-50}$$

平面应力问题的局部位移场：

$$\begin{cases} u = \dfrac{2K_{II}}{E}\left(\dfrac{r}{2\pi}\right)^{\frac{1}{2}}\sin\dfrac{\theta}{2}\Big[(1-\mu)+(1+\mu)\cos^2\dfrac{\theta}{2}\Big] \\[3mm] v = \dfrac{2K_{II}}{E}\left(\dfrac{r}{2\pi}\right)^{\frac{1}{2}}\cos\dfrac{\theta}{2}\Big[-(1-\mu)+(1+\mu)\sin^2\dfrac{\theta}{2}\Big] \end{cases} \tag{2-51}$$

由 II 型裂纹尖端的应力场、位移场分析可以看出，与 I 型问题类似，裂纹尖端的应力场强度可以用 K_{II} 来度量，K_{II} 可直接由定义式(2-47)来计算。当 $r \to 0$，应力场有奇异性，以上所导出的应力场和位移场都只适合于裂纹尖端附近的局部区域。

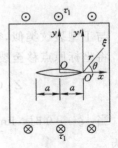

图 2-12　无限大板
III 型裂纹

(2) III 型裂纹

考虑带有中心穿透裂纹的无限大平板，在板的两端作用有均匀分布的平行于裂纹前缘线的剪应力 τ_1，如图 2-12 所示。III 型裂纹问题不再属于平面问题，有人称为反平面问题。

记 III 型裂纹问题的解析函数为 $Z_{III}(z)$，Westergaard 选择的位移函数为：

$$w = \frac{1}{G}\operatorname{Im}\widetilde{Z}_{III}(z) \tag{2-52}$$

则应力可用 Westergaard 应力函数 $Z_{III}(z)$ 表示为：

$$\begin{cases} \tau_{xz} = G\dfrac{\partial w}{\partial x} = \dfrac{\partial}{\partial x}(\operatorname{Im}\widetilde{Z}_{III}) = \operatorname{Im}Z_{III} \\[3mm] \tau_{yz} = G\dfrac{\partial w}{\partial y} = \dfrac{\partial}{\partial y}(\operatorname{Im}\widetilde{Z}_{III}) = \operatorname{Re}Z_{III} \end{cases} \tag{2-53}$$

III 型裂纹的边界条件为：

① 当 $|y| \to \infty$ 时，$\tau_{yz} = \tau_0$。

② 当 $|x| \to \infty$ 时，$\tau_{xz} = 0$。

③ 当 $y = 0$，$|x| < a$ 时，$\tau_{yz} = 0$。

满足边界条件的 $Z_{III}(z)$ 为：

$$Z_{III}(z) = \frac{z\tau_1}{\sqrt{z^2-a^2}} \tag{2-54}$$

把坐标原点移至裂纹尖端，采用新坐标 $\xi = z-a$，由式(2-54)得：

$$Z_{III}(\xi) = \frac{(\xi+a)\tau_1}{\sqrt{\xi(\xi+2a)}}$$

当 $|\xi| \to 0$ 时，$\sqrt{2\pi\xi}\,Z_{III}(\xi)$ 有极限值，令 K_{III} 代表这一极限值：

$$K_{III} = \lim_{|\xi|\to 0}\sqrt{2\pi\xi}\,Z_{III}(\xi) = \tau_1\sqrt{\pi a} \tag{2-55}$$

在裂纹尖端附近，即 $|\xi|$ 足够小，近似地有：

$$Z_{III}(\xi) \approx \frac{K_{III}}{\sqrt{2\pi\xi}} = \frac{K_{III}}{\sqrt{2\pi r}}\left(\cos\frac{\theta}{2} - i\sin\frac{\theta}{2}\right)$$

$$\widetilde{Z}_{III}(\xi) \approx \int\frac{K_{III}}{\sqrt{2\pi\xi}}\mathrm{d}\xi = \frac{2K_{III}}{\sqrt{2\pi}}\xi^{\frac{1}{2}} = \sqrt{\frac{2r}{\pi}}K_{III}\left(\cos\frac{\theta}{2} + i\sin\frac{\theta}{2}\right)$$

于是，可得裂纹尖端附近的局部应力场和位移场。

由式(2-53)可得裂缝尖端附近的局部应力场：

$$\begin{cases} \tau_{xy} = -\dfrac{K_{\text{III}}}{\sqrt{2\pi r}}\sin\dfrac{\theta}{2} \\[3mm] \tau_{yz} = \dfrac{K_{\text{III}}}{\sqrt{2\pi r}}\cos\dfrac{\theta}{2} \end{cases} \tag{2-56}$$

由式(2-52)可得裂纹尖端附近的局部位移场：

$$w = \frac{K_{\text{III}}}{G}\sqrt{\frac{2r}{\pi}}\sin\frac{\theta}{2} \tag{2-57}$$

通过对 III 型裂纹问题应力场和位移场的分析，仍然可以得出与 I 型、II 型裂纹类似的结论，即裂纹尖端应力场强度可以由 K_{III} 来度量，它就是 III 型裂纹问题的应力强度因子。所导出的应力场、位移场仍然属于裂纹尖端附近的局部解。

2.2.4　I、II 复合型裂纹的应力强度因子

前面介绍的 Westergaard 解为一种特殊情况的复变函数解，只能解决无限大平板中的一些简单裂纹问题。对于更一般的情况，例如复合型裂纹问题，可用普通形式的复变应力函数求解。

平面问题的应力函数总可用两个解析函数 $\varphi(z)$ 和 $\psi(z)$ 来表示，即 $\Phi = \mathrm{Re}\left[\overline{z}\varphi(z) + \psi(z)\right]$，让它满足问题的全部边界条件，得 $K = 2\lim\limits_{|\xi|\to 0}\sqrt{2\pi\xi}\,\varphi'(z)$。该式为用普遍形式的复变函数来计算 I、II 复合型裂纹尖端应力强度因子 K 的基本公式。关键在于选择满足边界条件的解析函数 $\varphi(z)$，但很不方便。

对于复合型裂纹问题，还可以利用复变函数中的共形映射原理，将 z 平面内的一条裂纹，映射为 ξ 平面内的一个单位圆，然后在 ξ 平面求解，这样可使求解过程大为简化。当然要找一个适当的映射函数 $z = \omega(\xi)$。

考虑在无限大平板中，有一长为 $2a$ 的贯穿裂纹，如图 2-13(a)所示，坐标原点取在裂纹中心，并以裂纹线为 x 轴。若在裂纹表面 $x = b$ 处作用着一个集中力 F，$F = P - iQ$，确定裂纹尖端应力强度因子 K 的表达式。

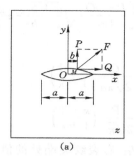 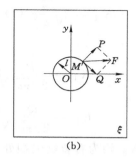

图 2-13　复合型裂纹

选择映射函数 $z = \omega(\xi) = \dfrac{a}{2}(\xi^{-1} + \xi)$，将图 2-13(a)中 z 平面里的裂纹映射成图 2-13(b)中 ξ 平面里的一个单位圆。

可以证明,如下的解析函数 $\varphi(\xi)$ 能满足此问题的全部边界条件:

$$\varphi(\xi) = \frac{P-iQ}{4\pi} \frac{a}{\sqrt{a^2-b^2}} \left\{ -\frac{1}{\xi} + \frac{\xi_0}{\xi_0-\xi} \left[\left(\xi+\frac{1}{\xi}\right) - \left(\xi_0+\frac{1}{\xi_0}\right) \right] + \left(\xi_0-\frac{1}{\xi_0}\right) \left[\frac{\kappa}{1+\kappa}\ln\xi - \ln(\xi_0-\xi) \right] \right\}$$

$$(2\text{-}58)$$

式中,ξ_0 为 ξ 平面上 M' 点的 ξ 值;M' 点与 z 平面上的 M 点相对应;κ 为与泊松比有关的常数,即:

$$\kappa = \begin{cases} (3-\mu)/(1+\mu) & \text{(平面应力)} \\ 3-4\mu & \text{(平面应变)} \end{cases}$$

将此函数对 ξ 求导,可得:

$$\varphi'(\xi) = \frac{P-iQ}{4\pi} \frac{a}{\sqrt{a^2-b^2}} \left\{ \frac{1}{\xi^2} + \frac{\xi_0}{(\xi_0-\xi)^2} \left[\left(\xi+\frac{1}{\xi}\right) - \left(\xi_0+\frac{1}{\xi_0}\right) \right] \right.$$
$$\left. + \frac{\xi_0}{\xi_0-\xi}\left(1-\frac{1}{\xi^2}\right) + \left(\xi_0-\frac{1}{\xi^2}\right)\left[\frac{\kappa}{1+\kappa}\frac{1}{\xi} + \frac{1}{\xi_0-\xi} \right] \right\}$$

$$(2\text{-}59)$$

因为 z 平面内 M 点的坐标为 $z_M = b + i0$,可得 ξ 平面上的 M' 的坐标 ξ_0 应满足:

$$z_M = \frac{a}{2}\left(\xi_0 + \frac{1}{\xi_0}\right)$$

即

$$b = \frac{a}{2}\left(\xi_0 + \frac{1}{\xi_0}\right)$$

或

$$\xi_0 + \frac{1}{\xi_0} = \frac{2b}{a}$$

将 $\xi=1$,$\xi_0+\dfrac{1}{\xi_0}=\dfrac{2b}{a}$ 代入式(2-59)并化简后得:

$$\varphi'(1) = \frac{P-iQ}{4\pi}\left[\sqrt{\frac{a+b}{a-b}} + i\frac{\kappa-1}{1+\kappa} \right]$$

$$(2\text{-}60)$$

由

$$K = K_{\text{I}} - iK_{\text{II}} = 2\sqrt{\frac{\pi}{a}}\varphi'(1) = 2\sqrt{\frac{\pi}{a}}\left[\frac{P-iQ}{4\pi i}\left(\sqrt{\frac{a+b}{a-b}} + i\frac{\kappa-1}{1+\kappa} \right) \right]$$

有

$$K_{\text{I}} = \frac{P}{2\sqrt{\pi a}}\sqrt{\frac{a+b}{a-b}} + \frac{Q}{2\sqrt{\pi a}}\left(\frac{\kappa-1}{1+\kappa}\right)$$

$$(2\text{-}61)$$

$$K_{\text{II}} = \frac{Q}{2\sqrt{\pi a}}\sqrt{\frac{a+b}{a-b}} - \frac{P}{2\sqrt{\pi a}}\left(\frac{\kappa-1}{1+\kappa}\right)$$

$$(2\text{-}62)$$

注意,K_{I} 和 K_{II} 均为右裂纹尖端处之值,而左、右裂纹尖端处的值是不同的,应严格区别。

利用上面两个关系,通过叠加原理,可以求出在裂纹表面上存在任何分布荷载时裂纹尖端的应力强度因子。

实质上是因为集中力 F 与裂纹线不垂直,故裂纹受到张开和错开两种作用,属Ⅰ、Ⅱ复合型断裂问题,用组合强度因子 $K(K=K_{\text{I}}-iK_{\text{II}})$。若 $Q=0$,只有荷载 P,则为Ⅰ型裂纹。

2.3　确定应力强度因子的数值方法

前面较为详细地介绍了用 Westergaard 应力函数求解裂纹尖端应力强度因子的方法,适用于无限大平板中的简单裂纹情况,而对于实际构件以及各种试样,当裂纹尺寸与构件或试样其他特征尺寸相比并不是很小时,应计其自由边界对裂纹尖端应力强度因子的影响。对于这类问题,很难获得严格的解析解,只能通过一些数值方法求得其近似解。在数值方法中,断裂力学广泛使用的是有限单元法和边界配位法。

2.3.1　有限单元法

有限单元法是求应力强度因子近似解的一种数值方法。由于有限元方法能够解决复杂几何形状、各种边界条件下的平面和空间问题以及各向异性、热应力和非线性问题,并能获得较高的精度,因而几乎已成为确定应力强度因子的最有效的方法。

所谓有限元方法,就是将连续体离散成有限单元来分析。每一个单元通过结点与周围的单元相连接,以此来替代原来的连续体。单元之间的相互联系力可以用节点位移来表达,而各节点的力又相互平衡,从而可以根据节点的平衡方程组求解出全部节点位移的近似解。然后利用节点位移求出应力分量,进而求出应力强度因子 K。用有限单元法确定裂纹体的应力强度因子 K,有其突出的优点,单元的布局灵活,节点的配置方式比较随意,对裂纹的形状、位置都没有特殊的限制。因此,对几何形状和荷载比较复杂的裂纹体能够给出比较符合实际的解答。

1. 常规有限元方法

常规有限元方法又称常应变元方法,是一种直接求法。其主要步骤为:

(1)用有限元刚度方程求出裂纹体裂纹尖端附近一些节点处的应力分量或位移分量数值(如沿 $\theta = 0°$ 的裂纹线上)。

(2)将步骤(1)得出的数值代入裂纹尖端应力或位移的渐进表达式,计算出这些节点处的表观应力强度因子。

(3)采用线性外推法外推到裂纹尖端而得到裂纹尖端 K 的数值解。

一般用直接法求解时可采用位移法和应力法。多采用位移法,因为其精度高于应力法。

2. 奇异有限元方法

奇异有限元方法可以反映裂纹尖端的奇异性。由于常规有限元法网格过细,且不能直接求出裂纹尖端处的应力强度因子,为克服这一缺点,20 世纪 70 年代国内外在这方面的研究工作十分活跃,提出了很多解决方法,发展较快且比较成熟的是奇异裂纹单元的应用,如图 2-14 所示。

(1)三角形奇异单元:围绕裂纹尖端取若干三角形单元构成奇异区,外层仍为常规单元[图 2-14(a)]。

(2)奇应变圆单元:在裂纹尖端附近取一个奇应变圆单元,圆心位于裂纹尖端[图 2-14(b)]。可在圆单元内采用一定的位移模式求解,可保证裂纹尖端应力具有 $\dfrac{1}{\sqrt{r}}$ 的奇异性,但圆单元必须取很小尺寸。Byskov 和 Wilson 提出高阶奇应变圆单元,增大奇应变圆

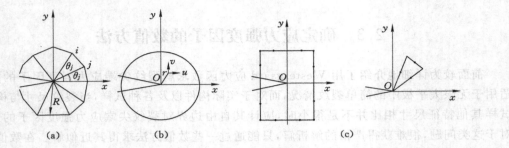

图 2-14 奇应变元

的半径。

(3) 等参数奇异元：可以不必采用特殊的裂纹尖端奇异性单元，只要把裂纹尖端周围的等参单元的边中的节点移至靠裂纹尖端的 1/4 分点处，就可使裂纹尖端角点的应力具有 $\frac{1}{\sqrt{r}}$ 奇异性。图 2-14(c)所示为裂纹尖端八节点四边形奇异性等参元。尤其后来提出在裂纹尖端采用退化的六节点三角单元等，使计算精度得到了提高。

2.3.2 边界配位法

所谓边界配位法，就是用一组线性代数方程去代替弹性力学的微分方程。它主要用于计算有限尺寸板的裂纹问题。目前二维问题的单边裂纹，试样的裂纹尖端应力强度因子等，很多都是用边界配位法来计算的。

1. Williams 应力函数

由 I 型裂纹尖端区域应力场表达式：

$$\begin{cases} \sigma_x = \dfrac{K_I}{\sqrt{2\pi r}}\cos\dfrac{\theta}{2}\left(1 - \sin\dfrac{\theta}{2}\sin\dfrac{3\theta}{2}\right) \\[3mm] \sigma_y = \dfrac{K_I}{\sqrt{2\pi r}}\cos\dfrac{\theta}{2}\left(1 + \sin\dfrac{\theta}{2}\sin\dfrac{3\theta}{2}\right) \end{cases}$$

可知，在 x 轴上，即 $\theta = 0$ 处，$\sigma_x = \sigma_y = \dfrac{K_I}{\sqrt{2\pi r}}(r \ll a)$，且当 $r \to 0$ 时，$\sigma_x \to \infty$，$\sigma_y \to \infty$，这就是所谓裂纹尖端应力场的奇异性，K_I 就是用来描述这种奇异性的场强度参量。若用应力的极限来定义 K_I，即：

$$K_I = \lim_{r \to 0}\sqrt{2\pi r}\sigma_y \mid_{\theta=0} \tag{2-63}$$

对于有限体内的贯穿裂纹问题，只要能求出裂纹线上 σ_y 的表达式，则由式(2-63)即可求得应力强度因子 K_I，但需确定相应的应力函数。

根据弹性力学应力函数的性质可知，凡满足双调和方程且满足边界条件的解析函数均可作为应力函数。为了得到单边裂纹试样的 K 因子，1957 年 Williams 提出一个由无穷级数表示的应力函数来处理有限尺寸的平面贯穿裂纹问题。对于I型裂纹，Williams 应力函数为：

$$\Phi(r,\theta) = \sum_{j=1}^{\infty} c_j r^{\frac{j}{2}+1}\left[-\cos\left(\frac{j}{2}-1\right)\theta + \frac{\frac{j}{2}+(-1)^j}{\frac{j}{2}+1}\cos\left(\frac{j}{2}+1\right)\theta\right] \tag{2-64}$$

式中，c_j 为待定系数。

该式只适用于试样的几何形状和荷载分布都与裂纹线对称的问题。可以证明：

（1）该应力函数满足双调和方程 $\nabla^4 \Phi = 0$。

（2）不论系数 c_j 取何值，总能满足裂纹面边界条件，即在裂纹面上、下表面 $\theta = \pm \pi$ 处，$\sigma_y = 0, \tau_{xy} = 0$。

（3）对于其余边界条件，只有当 c_j 取适当值时才能满足。

因此，只要利用有限尺寸试样的边界上足够多的点处的边界条件，反过来确定系数 c_j，从而使函数 $\Phi(r,\theta)$ 基本上满足有限板的其余边界条件，这样确定的函数 $\Phi(r,\theta)$ 就是所研究裂纹问题的近似解，此方法称为边界配位法。

为了保证近似解有足够的精度，必须选取相当数量的边界点的边界条件，以确定此无穷级数所截取的有限项的系数 c_j，这就需要解一个相当庞大的线性方程组，以求出 c_j，这项工作可借助于计算机来完成。

则在 $r \ll a$ 的尖端附近有：

$$\begin{cases} \sigma_x = -\dfrac{c_1}{\sqrt{r}}\left(\dfrac{3}{4}\cos\dfrac{\theta}{2} + \dfrac{1}{4}\cos\dfrac{5}{2}\theta\right) \\[2mm] \sigma_y = -\dfrac{c_1}{\sqrt{r}}\left(\dfrac{5}{4}\cos\dfrac{\theta}{2} - \dfrac{1}{4}\cos\dfrac{5}{2}\theta\right) \\[2mm] \tau_{xy} = -\dfrac{c_1}{\sqrt{r}}\left(-\dfrac{1}{4}\cos\dfrac{\theta}{2} + \dfrac{1}{4}\sin\dfrac{5}{2}\theta\right) \end{cases} \tag{2-65}$$

由应力强度因子的定义式：

$$K_{\mathrm{I}} = \lim_{r \to 0}\sqrt{2\pi r}\,\sigma_y\ |_{\theta=0} = \sqrt{2\pi r}\left(-\dfrac{c_1}{\sqrt{r}}\right) = -c_1\sqrt{2\pi} \tag{2-66}$$

可知，只要确定了无穷级数的第一项系数 c_1，即可求出应力强度因子。

2. 边界配位法原理

边界配位法的基本思想是在有限尺寸试样边界上，选取足够多的点，用这些点的边界条件来确定系数 c_j。由于根据此 c_j 所确定的应力函数 $\Phi(r,\theta)$ 近似地满足整个试样的边界条件，从而 $\Phi(r,\theta)$ 就是此裂纹问题的近似解，而由首项系数 c_1 按式（2-61）定义出的 K_{I} 就是所求应力强度因子的近似解。具体地说，边界配位法有以下要点：

（1）将无穷级数截成有限项，如 $2m$ 项，则有 $2m$ 个待定系数 $c_1, c_2, \cdots, c_{2m}$，需要 $2m$ 个条件确定，于是需在边界条件上选取 m 个点进行配位，而每个点可得到 2 个边界条件，从而得到 $2m$ 个线性代数方程组。

（2）每点处可建立两个边界条件。边界上任何一点的边界条件，一般用 $\left(\Phi, \dfrac{\partial \Phi}{\partial n}\right)$ 或 $\left(\dfrac{\partial \Phi}{\partial n}, \dfrac{\partial \Phi}{\partial t}\right)$ 来描述，其中 n 为边界外法线方向，t 为边界切向方向，如图 2-15 所示。

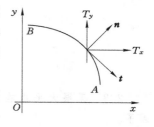

图 2-15　边界配位法

根据弹性力学的讨论可知：

$$\mathrm{d}\Phi = \dfrac{\partial \Phi}{\partial x}\mathrm{d}x + \dfrac{\partial \Phi}{\partial y}\mathrm{d}y$$

$$\Phi = \int \mathrm{d}\Phi = \int_A^B \left(\frac{\partial \Phi}{\partial x} \mathrm{d}x + \frac{\partial \Phi}{\partial y} \mathrm{d}y \right)$$

$$= \Phi_A + (x_B - x_A) \cdot \left. \frac{\partial \Phi}{\partial x} \right|_A + (y_B - y_A) \cdot \left. \frac{\partial \Phi}{\partial y} \right|_A + \int_A^B (y_B - y) T_x \mathrm{d}s + \int_A^B (x - x_B) T_y \mathrm{d}s$$

$$(2\text{-}67)$$

Φ 代表从点 A 到点 B 间力矩的增量,$\dfrac{\partial \Phi}{\partial n}$ 代表由点 A 到点 B 沿法向 n 力的增量。

(3) 建立线性方程组,求解系数 c_j。

在线弹性断裂力学中,裂纹尖端应力强度因子 K 的求解,尽管有解析法和数值法,但由于实际问题的多样性和复杂性,往往使计算遇到极大的困难,有时甚至无法解决。在这种情况下,实验测定不失为一种有用的手段。例如对三维问题、弹塑性断裂问题以及动态断裂问题等,常要依赖于实验提供科学依据,实测法还具有直观性和模拟性的特点。

求解裂纹尖端应力强度因子 K 的实测法有柔度法、光弹性法、网格法、激光全息法、激光散斑法和云纹法等。常用柔度法和光弹性法。

如光弹性法是选用透光材料(如有机玻璃)做成含裂纹构件的模型,当用激光源照射下,在照片上可以看到一组以裂纹尖端为中心的明暗交替的条纹,亮条纹处光的强度最大,暗条纹处光的强度为零。可以证明,条纹中光的强度与试样中主应力 σ_1 和 σ_2 存在着一定的关系,于是通过条纹分析,便得到应力强度因子。

习　题

2.1　试完成式(2-4)和式(2-5)中 σ_y 和 τ_{xy} 的推导以及式(2-12)中 v 的推导。

2.2　试证明 I 型裂纹和 II 型裂纹的局部解可以描述成如下形式:

$$\left\{ \begin{array}{c} \sigma_x \\ \sigma_y \\ \tau_{xy} \end{array} \right\} = \frac{K_{\mathrm{I}}}{\sqrt{2\pi r}} \left\{ \begin{array}{c} \dfrac{3}{4} \cos \dfrac{\theta}{2} + \dfrac{1}{4} \cos \dfrac{5\theta}{2} \\[2mm] \dfrac{5}{4} \cos \dfrac{\theta}{2} - \dfrac{1}{4} \cos \dfrac{5\theta}{2} \\[2mm] -\dfrac{1}{4} \sin \dfrac{\theta}{2} + \dfrac{1}{4} \sin \dfrac{5\theta}{2} \end{array} \right\}$$

$$\left\{ \begin{array}{c} \sigma_x \\ \sigma_y \\ \tau_{xy} \end{array} \right\} = \frac{K_{\mathrm{II}}}{\sqrt{2\pi r}} \left\{ \begin{array}{c} -\dfrac{5}{4} \sin \dfrac{\theta}{2} - \dfrac{1}{4} \cos \dfrac{5\theta}{2} \\[2mm] -\dfrac{1}{4} \sin \dfrac{\theta}{2} + \dfrac{1}{4} \sin \dfrac{5\theta}{2} \\[2mm] \dfrac{3}{4} \cos \dfrac{\theta}{2} + \dfrac{1}{4} \cos \dfrac{5\theta}{2} \end{array} \right\}$$

2.3　无限大平板在裂纹面上作用着对称的集中力 P,如图 2-16 所示,求应力强度因子。

提示:$Z_{\mathrm{I}}(z) = \dfrac{2Pz\sqrt{a^2 - b^2}}{\pi(z^2 - b^2)\sqrt{z^2 - a^2}}$。

2.4　裂纹中央作用着一对集中力 P,如图 2-17 所示,求应力强度因子。

提示:$Z_{\mathrm{I}}(z) = \dfrac{Pa}{\pi z \sqrt{z^2 - a^2}}$

图 2-16　　　　　　　　　　　　图 2-17

2.5　利用叠加原理,计算图 2-18 所示的应力强度因子。

2.6　在裂纹表面某一部分作用着上、下对称的均匀分布的压应力 σ 和剪应力 τ,如图 2-19 所示,试求应力强度因子 K_{I},K_{II}。

图 2-18　　　　　　　　　　　　图 2-19

2.7　压力容器所用材料的强度极限 $\sigma_{\mathrm{b}} = 2\,100$ MPa,断裂韧度 $K_{\mathrm{Ic}} = 38$ MPa $\sqrt{\mathrm{m}}$,厚度与平均直径之比 $t/D_0 = 1/15$。设有 $2a = 3.8$ mm 的纵向穿透裂纹,如图 2-20 所示。试求破坏时的临界压强。

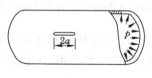

图 2-20

第3章 裂纹尖端的能量变化率

研究裂纹扩展规律有两种观点：一种是裂纹尖端应力场强度观点，认为裂纹扩展的临界状态是裂纹尖端应力强度因子达到材料的临界值，即断裂韧度，由此建立的脆性断裂准则称为 K 准则；一种是裂纹尖端能量平衡的观点，认为裂纹扩展的动力是构件在裂纹扩展中所释放出来的能量（用单位面积释放率 G 来度量），提供产生新裂纹表面所消耗的能量，由此建立的脆性断裂准则，称为 G 准则。从历史上看，最早提出这种观点的是 Griffith 的能量理论。两种准则的关系如图 3-1 所示。

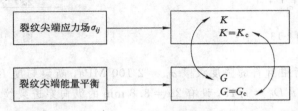

图 3-1　裂纹尖端应力强度因子和能量的关系

本章着重介绍能量释放率理论，首先有必要阐述弹性系统的总势能。先介绍保守系统的概念：保守系统即在加载和卸载过程中，无摩擦、无热能释放、无耗散功、不计能量损失的系统。

3.1　弹性系统的总势能

势能也称为位能。如图 3-2 所示，理论力学中质点势能的定义为：在势力场中具有重力 P 的质点，在位置 $M(x,y)$ 相对于某个参考位置 M_0 的势能等于质点从 M 到 M_0 重力所做的功，即等于 Ph，而与运动的路径无关。

弹性系统受力变形后，作用在系统上的力分为外力和内力两大类。因此，系统相对于某一参考状态的势能也分为外力势能和内力势能，它们的总和称为总势能。通常取弹性系统未受力状态作为参考状态，外力势能和内力势能的大小分别用系统从现有状态到参考状态时作用在其上的外力和内力所做的功来度量。

考虑任一弹性体，为了便于理解，以图 3-3 所示的上端固定，下端自由，并在自由端受一外力 P 作用的等直杆为例。取弹性体未受力的状态作为参考状态，当外力由 0 缓慢加载到终值 P 时，位移由 0 增加到 Δ，在此过程中，外力 P 对弹性体做了功，记为 W_P。因等直杆从现有状态回到参考状态时，外力作用点的位移 Δ 与外力 P 方向相反，所以外力势能为：

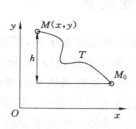

图 3-2　质点的势能

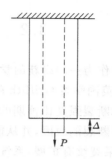

图 3-3　静力加载弹性体

$$W_P = -P\Delta$$

在受力过程中,弹性体每一点将产生内力和形变。当外力去除后,形变将完全恢复,内力在形变恢复的过程中要做功。因此,图 3-3 所示的弹性体在外力 P 作用下具有形变能,或称应变能,记为 U,此即内力势能。如果弹性体的加载过程非常缓慢,以致这种加载过程可以看作是准静态的,系统与外界无任何热量交换,则外力对弹性体所做的全部功,等于弹性体所储存的应变能。

对于非线性弹性体:

$$U = \int_0^\Delta P \mathrm{d}\Delta$$

对于线性弹性体:

$$U = \frac{1}{2}P\Delta$$

应变能函数 U 是一个状态函数,也就是说只决定于弹性体的初始状态和最终状态,与状态变化的具体过程无关。

这样,图 3-2 所示弹性体相对于未受力状态的总势能为:

$$\Pi = U - P\Delta \tag{3-1}$$

应当指出,这一结果同样适用于弹性杆件的任意受力情况。如图 3-4 所示,受 n 个集中力 $P_1, P_2, \cdots, P_n$ 作用的简支梁,在相应荷载作用点产生的位移为 $\delta_1, \delta_2, \cdots, \delta_n$,则简支梁在变形状态相对于未变形状态的总势能为:

$$\Pi = U - \sum_{i=1}^n P_i \delta_i$$

图 3-4　弹性变形简支梁

如果把载荷 P 理解为广义载荷,Δ 为相应的广义位移,记外力 P 在位移 Δ 上做的功为 W_P,于是在一般情况下,系统总势能可写成:

$$\Pi = U - W_P \tag{3-2}$$

3.2 裂纹扩展时的能量变化率

断裂力学作为一门崭新的学科是 20 世纪 50 年代才建立和发展起来的,但远在 20 世纪 20 年代初期,英国学者 Griffith 就对玻璃、陶瓷等脆性材料进行了断裂分析,研究为什么这类材料的实际断裂强度比预期的理论强度低得多的问题。他推测玻璃内部的细小缺陷或裂纹是低应力下断裂的原因,并从能量的观点出发,提出了裂纹失稳的条件。Griffith 的能量观点认为,如果裂纹有扩展,系统必然会释放一定的能量;与此同时,形成新裂纹表面也需要消耗能量,根据这两种能量的关系可以解释低应力脆断现象。

3.2.1 Griffith 理论

定义 I:裂纹扩展单位面积系统所释放的能量,称为能量释放率,用 G 表示,记为:

$$G = \lim_{\Delta A \to 0} \left(\frac{-\Delta \Pi}{\Delta A} \right) = -\frac{\partial \Pi}{\partial A} \qquad (3-3)$$

式中,Π 为系统总势能;A 为裂纹面积;由于 G 的量纲为[力/长度],又将其称为裂纹扩展单位长度的裂纹扩展力。

定义 II:裂纹扩展单位面积需要消耗的表面能,称为裂纹扩展阻力,用 G_c 表示,记为:

$$G_c = \lim_{\Delta A \to 0} \frac{\Delta \Gamma}{\Delta A} = \frac{\partial \Gamma}{\partial A} \qquad (3-4)$$

式中,Γ 为系统的表面能。

假设裂纹扩展面积为 δA,在此过程中,外载荷所做的功为 δW_P,弹性应变能的变化为 δU,形成新裂纹表面所消耗的表面能为 $\delta \Gamma$。由能量守恒原理,对给定的弹性系统,若不计能量损失(如热量损失或动载荷影响),在裂纹扩展时应有如下能量平衡关系:

$$\delta W_P = \delta U + \delta \Gamma \qquad (3-5)$$

由式(3-2)可知,系统的势能变化为:

$$\delta \Pi = \delta U - \delta W_P \qquad (3-6)$$

则系统势能损失为:

$$-\delta \Pi = \delta W_P - \delta U$$

由式(3-5)可得:

$$-\delta \Pi = \delta \Gamma \qquad (3-7)$$

式(3-7)两端对面积 A 取偏导数,有:

$$G = G_c \qquad (3-8)$$

式(3-8)即 Griffith 能量释放率断裂准则。它不过是能量平衡方程的不同表达形式。

它表明,当弹性体的能量释放率等于形成新裂纹表面的能量消耗率时,裂纹扩展处于临界状态。当 $G < G_c$ 时,裂纹不会扩展;当 $G > G_c$ 时,裂纹必将扩展。

3.2.2 裂纹临界尺寸及临界应力

(1)G_c 的计算

设 γ 为形成单位面积裂纹表面所需要消耗的表面能,即表面能密度。A 为裂纹处两个

自由表面的单面面积,则两个自由表面总的表面能为:

$$\Gamma = 2A\gamma \tag{3-9}$$

根据式(3-4)可知,裂纹扩展阻力为:

$$G_{\mathrm{c}} = \frac{\partial \Gamma}{\partial A} = 2\gamma \tag{3-10}$$

（2） G 的计算

考虑厚度为 B 的无限大平板,如图 3-5 所示。先在板的上、下两端施加均匀分布的拉应力 σ,使板受到均匀拉伸,当处于平衡状态后,将板的上、下两端固定,使之构成能量封闭系统[图 3-5(a)]。

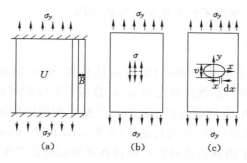

图 3-5　Griffith 平板

由于板的两端固定,整个板沿 y 方向的总位移 $\Delta = 0$,此时系统的外力势能 $W_{\mathrm{p}} = 0$。则总势能:

$$\Pi = U \tag{3-11}$$

式中, U 为此时板内储存的总变形能。

图 3-5(b)中,在系统无裂纹的状态下,则在假想裂纹处的当地应力为 $\sigma_y = \sigma$,又由于无裂纹,故位移为零。此时系统的初态条件为: $\sigma_y = \sigma, v = 0$。

图 3-5(c)中,设想在板中沿垂直于 σ 的方向切开一条长度为 $2a$ 的贯穿裂纹,裂纹的长度 $2a$ 远小于板的面内尺寸,此板可视为无限大平板。切开贯穿裂纹后,裂纹就形成了上、下两个自由表面,原来作用在两个表面位置的拉应力 σ 消失,与此同时,上、下两个自由表面发生相对张开位移 v',消失掉的拉应力 σ 对此张开位移做负功,使板内应变能减小。此时系统的末态条件为: $\sigma_y = 0, v = v'$。

再考虑到线性弹性体的应力与位移呈线性关系,故系统的总势能为:

$$\Pi = U = -4\int_0^a \int_0^{v'} \sigma_y \mathrm{d}v B \mathrm{d}x$$
$$= -\frac{\pi a^2 B}{E}\sigma^2 = -\frac{\pi A^2}{4EB}\sigma^2 \tag{3-12}$$

根据 G 的定义式(3-3),有:

$$G = -\left(\frac{\partial \Pi}{\partial A}\right)_\Delta = -\left(\frac{\partial U}{\partial A}\right)_\Delta = \frac{\pi a}{E}\sigma^2 \tag{3-13}$$

式中,角标 Δ 表示系统为固定位移的情况。

由 Griffith 断裂准则,对给定的裂纹长度 a,可求得裂纹扩展的临界应力值 σ_{c}；对给定

的荷载 σ，可求得临界裂纹半长 a_c。

临界应力：

$$\sigma_c = \sqrt{\frac{2E\gamma}{\pi a}} \qquad (3\text{-}14)$$

临界尺寸：

$$a_c = \frac{2E\gamma}{\pi\sigma^2} \qquad (3\text{-}15)$$

Griffith 理论仅适用于完全脆性材料。实际上对绝大多数金属材料，在断裂前和断裂过程中，裂纹尖端总是存在塑性区，裂纹尖端也因为塑性变形而钝化，此时 Griffith 理论失效，这就是 Griffith 理论长期得不到重视和发展的原因。

3.2.3 Irwin-Orowan 理论

将 Griffith 理论应用于金属材料时，Orowan 注意到，用 X 射线衍射检查钢的低温脆断所形成的断面，发现有很薄的塑性变形层覆盖，这意味着裂纹扩展时发生了塑性变形。与此同时，Irwin 也考虑将 Griffith 理论应用于能够产生塑性变形的情况。

因此，在 Griffith 理论提出 30 年之后的 1948 年，Irwin 及 Orowan 通过对金属材料裂纹扩展过程的进一步研究，正确地指出裂纹扩展前在其尖端附近产生一个塑性区，提出理想脆性材料的 Griffith 理论需要修正，修正后的理论既适用于脆性材料，又适用于塑性材料。

Irwin-Orowan 理论认为，裂纹扩展系统所释放的能量不仅用于形成新裂纹表面所需要的表面能，而且还用于裂纹尖端区域产生塑性变形所需要的能量——塑性功。并定义：裂纹扩展单位面积时，内力对塑性变形所做的"塑性功"称为"塑性功率"，用 γ_p 表示。于是总的塑性功为：$U' = 2A\gamma_p$。

故 Griffith 断裂准则改写为：

$$G = -\frac{\partial \Pi}{\partial A} = \frac{\partial \Gamma}{\partial A} + \frac{\partial U'}{\partial A} \qquad (3\text{-}16)$$

即

$$\frac{\pi a \sigma^2}{E} = 2(\gamma + \gamma_p)$$

临界应力和临界尺寸为：

$$\sigma_c = \sqrt{\frac{2E(\gamma + \gamma_p)}{\pi a}}$$

$$a_c = \frac{2E(\gamma + \gamma_p)}{\pi\sigma^2}$$

实验表明：对于金属材料，通常 γ_p 比 γ 大三个数量级，因而 γ 可忽略不计，于是 Griffith 断裂准则、临界应力和临界尺寸改写为：

$$\frac{\pi a}{E}\sigma^2 = 2\gamma_p \qquad (3\text{-}17)$$

$$\sigma_c = \sqrt{\frac{2E\gamma_p}{\pi a}} \qquad (3\text{-}18)$$

$$a_c = \frac{2E\gamma_p}{\pi\sigma^2} \qquad (3\text{-}19)$$

这样修正后的 Griffith 理论——Irwin-Orowan 理论,可使 Griffith 理论推广应用于金属材料中。

值得注意的是,以上讨论以一薄平板为例,属于平面应力问题。对于平面应变情况,只需做相应的弹性常数代换。

3.3　两种特殊情况下 G 的表达式

在实际工程结构中,经常遇到两种重要的特殊情况,也就是通常所说的固定位移和固定荷载情况。

3.3.1　固定位移情况

考虑一块厚度为 B 的无限大平板,在板的上、下两端施加均匀分布的拉应力 σ,使板受到均匀拉伸,然后固定两端,构成恒位移的能量封闭系统,如图 3-6 所示。此时裂纹扩展过程中外载荷作用点处不产生位移,即 $\delta\Delta = 0$,故外力功 $\delta W_{\mathrm{P}} = 0$。

系统总势能变化为:

$$\delta\Pi = \delta U - \delta W_{\mathrm{P}} = \delta U \tag{3-20}$$

能量释放率为:

$$G = \lim_{\Delta A \to 0} \left(\frac{-\Delta\Pi}{\Delta A} \right) = -\left(\frac{\partial \Pi}{\partial A} \right)_{\Delta} = -\left(\frac{\partial U}{\partial A} \right)_{\Delta} \tag{3-21}$$

式中,角标 Δ 表示在裂纹扩展过程中位移始终不变。

式(3-21)表明,在固定位移的情况下,弹性体的能量释放率等于弹性应变能释放率,系统释放的应变能用于推动裂纹扩展。

3.3.2　固定载荷情况

如图 3-7 所示,有一端固定,一端自由,具有长度 $2a$ 的穿透裂纹板。当施加载荷 P 时,载荷作用点位移为 Δ。现在保持载荷不变,即 $\mathrm{d}P = 0$,当裂纹扩展 δa 时,载荷作用点位移增加 $\delta\Delta$。现在讨论在此过程中裂纹体的能量变化情况。

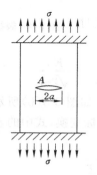

图 3-6　固定位移

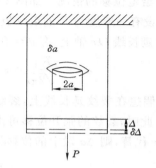

图 3-7　固定荷载

应变能的大小仅决定于弹性体的最后变形状态,而与加载次序无关。对于线性弹性体,此时应变能增量为:

$$\delta U = \frac{1}{2}P(\Delta + \delta\Delta) - \frac{1}{2}P\Delta = \frac{1}{2}P \cdot \delta\Delta$$

外力势能增量为：

$$\delta W_P = P \cdot \delta\Delta = 2\delta U$$

总势能增量为：

$$\delta\Pi = \delta U - \delta W_P = \delta U - 2\delta U = -\delta U$$

能量释放率为：

$$G = -\left(\frac{\partial\Pi}{\partial A}\right)_P = \left(\frac{\partial U}{\partial A}\right)_P \tag{3-22}$$

式中,角标 P 表示在裂纹扩展过程中荷载始终不变。

式(3-22)表明,在固定载荷的情况下,系统释放的能量由载荷所做的功来提供,其大小等于应变能力的增加。也就是说,用于裂纹扩展的能量是外力功扣除弹性应变能增加后,所剩余的能量。

在固定位移及固定载荷的情况下,能量释放率的统一表达式为：

$$G = -\frac{\partial\Pi}{\partial A} = \frac{\partial W_P}{\partial A} - \frac{\partial U}{\partial A} = -\left(\frac{\partial U}{\partial A}\right)_\Delta = \left(\frac{\partial U}{\partial A}\right)_P \tag{3-23}$$

由式(3-23)可知,尽管两种特殊情况下能量释放率的物理意义不同,但都可以用应变能 U 的变化率来计算。

3.4 能量释放率与应力强度因子的关系

前面从裂纹尖端附近区域应力场的分析可知,给出了裂纹失稳扩展的 K 准则 $K = K_c$,又从能量的观点给出了裂纹失稳扩展的 G 准则 $G = G_c$。显然这两个准则描述的是同一问题,只是出发点不同而已,它们之间不可能是孤立的,必然有内在的联系,现在以 I 型裂纹为例寻找这种关系。

研究线弹性含裂纹体,并假设裂纹在固定边界下扩展,即边界条件为给定位移的情况。如图 3-8 所示。

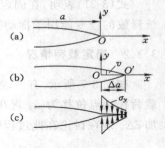

图 3-8 裂纹尖端的扩展

(1)设有一厚度为 B 的裂纹板,裂纹如图 3-8(a)所示,此时在沿裂纹延长线 Ox 轴上,有 $\theta = 0, r = x$,由式(2-26)可得：

$$\sigma_y = \frac{K_I}{\sqrt{2\pi r}}\cos\frac{\theta}{2}\left(1 + \sin\frac{\theta}{2}\sin\frac{3\theta}{2}\right)\bigg|_{\theta=0} = \frac{K_I}{\sqrt{2\pi r}} \tag{3-24}$$

(2)假想在裂纹延长线上,裂纹从 O 点向前扩展了 Δa,如图 3-8(b)所示,新裂纹的端点为 O'。此时,裂纹的张开位移可由式(2-28)确定,但需作坐标变换,式中的 θ 和 r 需用 $\pm\pi$ 和 $\Delta a - r$ 代替,则 Δa 段上的位移为：

$$v = \pm\frac{\kappa+1}{2G}K_I(a+\Delta a)\sqrt{\frac{\Delta a - r}{2\pi}} \tag{3-25}$$

(3)现要计算裂纹扩展 Δa 系统所释放的应变能,只需计算在裂纹扩展过程中内力所做的功。于是,需要将内力以外力的形式暴露出来。为此,如图 3-8(c)所示,将新裂纹扩展前 Δa 段上作用的内力等值反向施加,使裂纹闭合,仍然与未扩展时一样。内力所做的功为：

$$W = \Delta U = -2\int_0^{\Delta a}\int_0^v \sigma_y B\,\mathrm{d}v\mathrm{d}x$$

对线弹性情况,应力和位移呈线性关系,上式成为:

$$W = \Delta U = -2B\int_0^{\Delta a}\frac{\sigma_y v}{2}\mathrm{d}x = -B\int_0^{\Delta a}\sigma_y v\,\mathrm{d}x$$

对固定位移的情况,由式(3-21)得:

$$G = -\left(\frac{\partial U}{\partial A}\right)_\Delta = \lim_{\Delta A \to 0}\frac{1}{\Delta A}\int_0^{\Delta a}\sigma_y v B\,\mathrm{d}x = \lim_{\Delta a \to 0}\frac{1}{\Delta a}\int_0^{\Delta a}\sigma_y v\,\mathrm{d}x \tag{3-26}$$

将式(3-24)式(3-25)代入式(3-26),可得:

$$G_{\mathrm{I}} = \frac{(\kappa + 1)K_{\mathrm{I}}^2}{8G} \tag{3-27}$$

由式(2-15)可得:

$$G_{\mathrm{I}} = \frac{1}{E'}K_{\mathrm{I}}^2 \tag{3-28}$$

式中:

$$E' = \begin{cases} E & \text{(平面应力)} \\ E/(1-\mu^2) & \text{(平面应变)} \end{cases}$$

$$\kappa = \begin{cases} \dfrac{3-\mu}{1+\mu} & \text{(平面应力)} \\[2mm] 3-4\mu & \text{(平面应变)} \end{cases}$$

$$G = \frac{E}{2(1+\mu)}$$

所以,在线弹性情况下,与 K 一样,G 也可用作表征裂纹尖端附近应力场强度。因此,应力强度因子断裂准则和能量释放率断裂准则是完全等价的。

以上讨论的是 I 型裂纹情况,对于 II 型裂纹有:

$$G_{\mathrm{II}} = \frac{K_{\mathrm{II}}^2}{E'} \tag{3-29}$$

对于 III 型裂纹有:

$$G_{\mathrm{III}} = \frac{(1+\mu)}{E'}K_{\mathrm{III}}^2 \tag{3-30}$$

注意:上述关系是在假定裂纹沿原裂纹方向直线扩展下导出,对 II 型裂纹,实际上并不沿裂纹线方向扩展,只能理解为一种名义上的关系。

对复合型裂纹情况,可以作类似的考虑,此时,在图 3-8(c)中加于切口 Δa 上的应力有 $\sigma_y, \tau_{xy}, \tau_{yz}$,相应的位移有 v, u, w。假定裂纹沿 x 方向扩展,与式(3-26)类似,能量释放率可由下式求出:

$$G = \lim_{\Delta a \to 0}\frac{1}{\Delta a}\int_0^{\Delta a}(\sigma_y v + \tau_{xy}u + \tau_{yz}\omega)\mathrm{d}r \tag{3-31}$$

将相应的 I、II、III 型裂纹尖端应力场、位移场的局部解代入式(3-31),可得:

$$G = \frac{1}{E'}(K_{\mathrm{I}}^2 + K_{\mathrm{II}}^2) + \frac{1}{2G}K_{\mathrm{III}}^2 \tag{3-32}$$

但是应当注意,实验测定和理论分析都指出,对于复合型裂纹,一般来说,裂纹并不沿 x 方向扩展。因此,式(3-32)并不代表实际裂纹扩展的能量释放率,只代表裂纹沿 x 方向扩展的能量释放率。

有了上述关系,就可以通过计算应力强度因子来确定能量释放率,或者相反。

例 3-1   如图 3-9 所示,设有一无限长板条,高为 $2h$,当 $y = \pm h$ 处产生位移 $v = \pm v_0$,然后予以固定。设 x 方向位移 u 不受约束,板处于平面应变状态,现有一半无限长裂纹,试求能量释放率和应力强度因子。

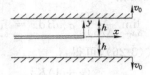

图 3-9   具有半无限裂纹的无限长板条

根据本题的约束条件,在裂纹前方离裂纹尖端足够远的地方,可以略去裂纹对应力场的影响,故有 $\sigma_x = \tau_{xy} = 0$,对平面应变状态:

$$\varepsilon_z = \frac{1}{E} [\sigma_z - \mu(\sigma_x + \sigma_y)] = 0, \sigma_z = \mu \sigma_y$$

$$\varepsilon_y = \frac{1}{E} [\sigma_y - \mu(\sigma_x + \sigma_z)] = \frac{1 - \mu^2}{E} \sigma_y, \sigma_y = \frac{E}{1 - \mu^2} \varepsilon_y$$

因此,可求出应变能密度。由线性弹性体的应变能密度公式可得:

$$W = \frac{1}{2} \sigma_{ij} \varepsilon_{ij} = \frac{1}{2} \sigma_y \varepsilon_y = \frac{1}{2} \frac{E}{1 - \mu^2} \varepsilon_y{}^2 = \frac{1}{2} \frac{E}{1 - \mu^2} \left(\frac{v_0}{h} \right)^2$$

裂纹扩展时,在裂纹尖端后方足够远的地方,可近似认为应力为零。因此,随着裂纹扩展面积为 ΔA,应力场就平行移动相应的距离。释放出的应变能为:

$$\Delta U = \Delta A \cdot W \cdot 2h$$

于是

$$G_{\mathrm{I}} = \lim_{\Delta A \to 0} \frac{\Delta U}{\Delta A} = W \cdot 2h = \frac{E}{1 - \mu^2} \frac{v_0^2}{h}$$

由公式(3-28)可得:

$$K_{\mathrm{I}} = \left(\frac{E}{1 - \mu^2} G_{\mathrm{I}} \right)^{\frac{1}{2}} = \frac{E}{1 - \mu^2} \frac{v_0}{\sqrt{h}}$$

3.5   能量释放率的柔度表示

在线弹性裂纹体中,能量释放率 G 可以通过系统的柔度表示出来,从而可以比较方便地用实验来测定 G。这个工作最早由 Irwin 和 Kies 提出。

3.5.1   柔度的概念

假设裂纹体的加载点位移 Δ 与载荷 P 成线性变化:

$$\Delta = CP \tag{3-33}$$

式中比例系数 C 称为系统的柔度,即 $C = \frac{\Delta}{P}$。柔度 C 表示单位外载荷引起的位移,它依赖于材料性质以及构件和裂纹的几何尺寸。当裂纹扩展时，C 随裂纹扩展面积的变化而变化，可写成函数形式 $C = C(A)$。

值得一提的是，弹簧刚度为产生单位位移所需的力，与柔度是一个相反的概念，可相互表达。统一用柔度表示，并设弹簧的柔度为 C_M。

3.5.2　系统的弹性势能

图 3-10 所示为一般加载条件的系统。裂纹长度为 a，A 点固定，B 点连接一个弹簧，弹簧柔度为 C_M，外载荷 P 通过弹簧作用于裂纹体上，使裂纹体的 B 点产生位移 Δ，在弹簧的另一端 D 产生总位移为 Δ_T，然后予以固定。显然，在这样的加载系统中：

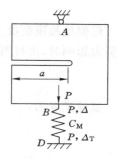

图 3-10　一般加载条件

（1）当 $C_M = 0$ 时，弹簧实际上为一不变形刚体，$\Delta = \Delta_T$，裂纹体属于固定位移情况。

（2）当 $C_M = \infty$ 时，加载点实际上无约束，这时为固定载荷情况。

（3）当 C_M 取其他有限值时，可以代表固定位移和固定载荷之间的任何中间状态。在实际中，C_M 可以看作试验机的柔度。

现在把裂纹体和弹簧一起看作固定位移 Δ_T 的系统，于是系统的总势能等于系统的应变能，在线弹性情况下：

$$\Pi = U = \frac{1}{2}P\Delta_T = \frac{1}{2}P\Delta + \frac{1}{2}P(\Delta_T - \Delta) = \frac{1}{2}\frac{\Delta^2}{C} + \frac{1}{2}\frac{(\Delta_T - \Delta)^2}{C_M} \tag{3-34}$$

式中，C_M 与裂纹扩展无关。

则可求得能量释放率：

$$
\begin{aligned}
G &= -\left(\frac{\partial \Pi}{\partial A}\right)_{\Delta_T} = -\left(\frac{\partial U}{\partial A}\right)_{\Delta_T} = -\left\{\frac{\partial}{\partial A}\left[\frac{1}{2}\frac{\Delta^2}{C} + \frac{1}{2}\frac{(\Delta_T - \Delta)^2}{C_M}\right]\right\}_{\Delta_T} \\
&= -\left\{\left[\frac{\Delta}{C} - \frac{(\Delta_T - \Delta)}{C_M}\right]\frac{\partial \Delta}{\partial A} - \frac{1}{2}\frac{\Delta^2}{C^2}\frac{\mathrm{d}C}{\mathrm{d}A}\right\} \\
&= \frac{1}{2}P^2\frac{\mathrm{d}C}{\mathrm{d}A} = \frac{1}{2B}P^2\frac{\mathrm{d}C}{\mathrm{d}a}
\end{aligned}
\tag{3-35}
$$

式中，B 为板的厚度，$\mathrm{d}A = B\mathrm{d}a$。

式（3-35）是试验测定能量释放率的基础。由此式可知：

（1）G 表达式中不包含试验机的柔度 C_M。说明进行能量释放率测定试验时，与试验机的柔度无关，试验机本身并不影响测取的 G。G 和裂纹体本身的柔度 C 有关，依赖于由裂纹扩展而引起的裂纹体柔度的变化。在实测中，只需测定柔度 C 随裂纹长度 a 的变化率即可由式（3-35）计算 G，通过 $K\text{-}G$ 关系，可得出应力强度因子 K 的大小。

（2）G 表达式中不包含弹性常数，说明能量释放率与被测材料的弹性常数无关。这样在做实验时可以选择容易加工、价格低廉的材料比拟作相似模型，只要位移、边界及载荷条件和裂纹体一致即可，不可能用实际的真实物体去做。至于材料的性质均反映到柔度 C 随裂纹长度 a 的变化率 $\frac{\mathrm{d}C}{\mathrm{d}a}$ 中。

例 3-2　图 3-11 所示为一双悬臂梁试件，试求 G_I 和 K_I。该试件为美国宇航局做韧度及能量释放率测试时所用。

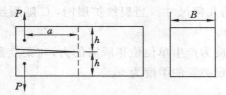

图 3-11 双悬臂梁试件

近似地假设裂纹尖端所在平面为固定端,则裂纹面上、下部分可看作两个悬臂梁。当不计剪力影响时,由材料力学可知,两加载点的相对位移为:

$$\Delta = 2\frac{Pa^3}{3EJ} = \frac{8Pa^3}{Eh^3B}$$

试件柔度为:

$$C = \frac{\Delta}{P} = \frac{8a^3}{Eh^3B}$$

由式(3-35)得:

$$G_{\mathrm{I}} = \frac{1}{2B}P^2\frac{dC}{da} = \frac{12P^2a^2}{Eh^3B^2} = \frac{M^2}{EBJ}$$

式中,J 为悬臂梁的惯性矩;M 为固定端的弯矩,$M = Pa$。

由式(3-28)可知应力强度因子:

$$K_{\mathrm{I}} = \sqrt{E'G_{\mathrm{I}}} = \frac{2\sqrt{3}\,Pa}{h^{3/2}B}\sqrt{\frac{E'}{E}} = M\sqrt{\frac{E'}{BJE}}$$

显然,如果用第 2 章介绍的方法计算上述问题的应力强度因子是很不方便的。

习　　题

3.1　在线弹性裂纹体中,作用着外力 $P_1, P_2, P_3, \cdots$,分别产生能量释放率 $G_{\mathrm{I}}^{(1)}, G_{\mathrm{I}}^{(2)}, G_{\mathrm{I}}^{(3)}, \cdots$。试证明总的能量释放率满足下列关系式:

$$G_2 = \left[\sqrt{G_{\mathrm{I}}^{(1)}} + \sqrt{G_{\mathrm{I}}^{(2)}} + \sqrt{G_{\mathrm{I}}^{(3)}} + \cdots\right]^2$$

3.2　设有一无限长板条,高为 $2h$,在无应力状态下,使上、下边界产生位移 $v = \pm v_0$,然后予以固定,如图 3-9 所示。有一半无限长裂纹,假设为平面应变情况,在 $y = \pm h$ 处,$u = 0$。试计算能量释放率和应力强度因子。

3.3　在例 3-2 中,用楔子强制给出位移 δ,并保持固定(图 3-12),试求能量释放率。

3.4　在例 3-2 中,更精确地分析是假定悬臂梁在长度 $a + a_0$ 处固定,根据试验测定 a_0 取 $h/3$ 较合适,如图 3-13 所示。并考虑剪切变形引起的位移,取 $\mu = \frac{1}{3}$。试求能量释放率。

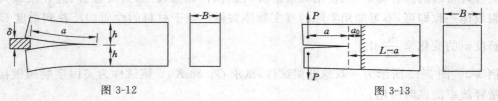

图 3-12　　　　　　　　　　　　　　　　图 3-13

第 4 章　三维裂纹问题

　　前面研究的都是二维裂纹问题,但是在工程结构中还大量存在着构件内部或表面这样的非贯穿缺陷问题。在断裂力学中,常将内部缺陷视为深埋裂纹,将存在于表面上的缺陷视为表面裂纹。深埋裂纹的模型是"无限大体"中的片状裂纹,表面裂纹的模型则是"半无限大体"中在一个自由表面上露头的片状裂纹,二者均属于三维裂纹。自断裂力学兴起后,三维裂纹问题有了很大进展,但由于数学上的困难和计算的复杂性,一般采用近似解法,至今只有深埋裂纹的少数几个问题获得了精确解。

　　在本章中,限于篇幅,不详细讨论这类问题,仅直接给出已经获得精确解的、也是比较典型的无限体内椭圆形裂纹问题的应力强度因子的计算公式,以便了解三维裂纹问题分析的某些特点。同时,为了工程应用的需要,介绍了表面裂纹问题的近似处理方法,经验公式也直接给出。

4.1　无限体内的椭圆形裂纹

4.1.1　应力强度因子的确定

　　图 4-1 为无限体内的椭圆形裂纹,裂纹面处在 xy 平面内,a 和 c 分别为椭圆形裂纹的短半轴和长半轴。在无限远处,沿垂直于裂纹面的 z 轴方向作用均匀的拉应力 σ,形成张开型裂纹。实际中,这类裂纹常常是在铸造时有气泡或杂质而形成的。对于这类问题,Green 和 Sneddon 等学者都进行过研究,已经获得了精确解。

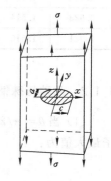

图 4-1　无限大体
椭圆形裂纹

　　这类问题中,虽然远场垂直于裂纹面的均匀拉应力形成张开型裂纹,但由于裂纹前后材料都对裂纹变形有限制,裂纹尖端附近任一点的强度会降低,所以须根据中心贯穿裂纹应力强度因子的公式进行修正。注意,此时裂纹前缘不能用一个点来代表,而是一个椭圆形的封闭曲线。

　　Green 通过大量的数学推导,对含中心贯穿裂纹板应力强度因子进行修正,给出修正系数 α,则含椭圆形裂纹无限大体的应力强度因子为:

$$K_{\mathrm{I}} = \alpha\sigma\sqrt{\pi a} \tag{4-1}$$

式中,$\alpha = \dfrac{1}{E(k)}\,(1 - k^2\cos^2\theta)^{\frac{1}{4}}$;$k^2 = 1 - \left(\dfrac{a}{c}\right)^2$;$E(k) = \displaystyle\int_{0}^{\frac{\pi}{2}}\sqrt{1 - k^2\sin^2\theta}\,\mathrm{d}\theta$。$E(k)$ 为以 k

为参数的第二类完整椭圆积分,积分非常困难,可查表 4-1 得到。

只要用探伤仪探测出椭圆形裂纹的短半轴和长半轴 a、c,即可查表得出 $E(k)$,算出 k,进而求得 α 和 K_{I}。

表 4-1   **第二类完整椭圆积分表**

a/c	$E(k)$	a/c	$E(k)$	a/c	$E(k)$	a/c	$E(k)$	a/c	$E(k)$
1.000	1.571	0.914	1.504	0.719	1.359	0.438	1.173	0.170	1.039
0.999	1.570	0.906	1.498	0.707	1.351	0.423	1.164	0.167	1.038
0.998	1.569	0.899	1.492	0.695	1.342	0.407	1.155	0.160	1.035
0.996	1.568	0.891	1.486	0.682	1.333	0.391	1.145	0.153	1.033
0.995	1.567	0.883	1.480	0.669	1.324	0.375	1.136	0.146	1.031
0.993	1.565	0.875	1.474	0.656	1.315	0.358	1.127	0.139	1.028
0.990	1.562	0.866	1.468	0.643	1.306	0.342	1.118	0.132	1.026
0.985	1.557	0.857	1.461	0.629	1.296	0.326	1.110	0.125	1.023
0.978	1.554	0.848	1.454	0.616	1.287	0.309	1.101	0.118	1.021
0.974	1.551	0.839	1.447	0.602	1.278	0.292	1.093	0.111	1.019
0.970	1.548	0.829	1.440	0.588	1.268	0.276	1.084	0.105	1.017
0.966	1.544	0.819	1.432	0.574	1.259	0.259	1.076	0.094	1.014
0.961	1.541	0.809	1.425	0.559	1.249	0.242	1.069	0.084	1.012
0.956	1.537	0.799	1.417	0.545	1.240	0.225	1.061	0.073	1.009
0.951	1.533	0.788	1.409	0.534	1.230	0.216	1.057	0.066	1.008
0.946	1.528	0.777	1.401	0.515	1.221	0.208	1.054	0.056	1.006
0.940	1.524	0.766	1.393	0.500	1.211	0.199	1.050	0.042	1.004
0.934	1.519	0.755	1.385	0.485	1.202	0.191	1.047	0.031	1.002
0.928	1.514	0.743	1.377	0.469	1.192	0.182	1.043	0.017	1.001
0.921	1.510	0.731	1.368	0.454	1.183	0.174	1.040	0.000	1.000

4.1.2 几种特殊情况

(1)当 $\theta = \pi/2$ 时,α 最大,$E(k)$ 最小,K_{I} 取最大值,发生在短半轴端点。应力强度因子最大值为:

$$K_{\mathrm{I\,max}} = \frac{\sigma\sqrt{\pi a}}{E(k)} \tag{4-2}$$

(2)当 $\theta = 0°$ 时,α 最小,$E(k)$ 最大,K_{I} 取最小值,在长半轴端点。应力强度因子最小值为:

$$K_{\mathrm{I\,min}} = \frac{(1-k^2)^{\frac{1}{4}}}{E(k)}\sigma\sqrt{\pi a} = \frac{\sigma\sqrt{\pi a}}{E(k)}\sqrt{\frac{a}{c}} \tag{4-3}$$

(3)当 $a = c$ 时,椭圆形裂纹变为圆片裂纹,此时,$k=0$,$E(k)=E(0)=\pi/2$,$\alpha=2/\pi$。应力强度因子为:

$$K_{\mathrm{I}} = \frac{2}{\pi} \sigma \sqrt{\pi a} \tag{4-4}$$

（4）当 $c \gg a$ 时，可认为 $a/c \to 0$，椭圆形裂纹变为中心穿透裂纹，$k = 1$，$E(k) = 1$，$\alpha = \sqrt{\sin \theta}$。应力强度因子为：

$$K_{\mathrm{I}} = \sqrt{\sin \theta} \sigma \sqrt{\pi a} \tag{4-5}$$

由式(4-5)可得：当 $\theta = \pi/2$ 时，K_{I} 取最大值，$K_{\mathrm{I} \max} = \sigma \sqrt{\pi a}$，即当 $a/c \to 0$ 时，无限大体中的片状裂纹可作为中心贯穿裂纹处理。

4.2　表　面　裂　纹

在许多情况下，裂纹往往首先从构件表面开始，因此，工程上更多遇到的是表面裂纹问题，目前一般把表面裂纹看成长半轴为 c、短半轴为 a 的半椭圆裂纹考虑。该问题迄今尚未获得精确解析解，一般根据上述无限大体内椭圆形裂纹的解经过修正做近似处理。本节仅介绍基本上满足工程需要的近似结果。基本思想是利用上面得到的无限大体内椭圆形裂纹问题的解答，然后进行自由表面的修正，从而得到表面裂纹应力强度因子的近似结果。

根据平面边裂纹（半无限大板边裂纹）的处理方法，将椭圆形裂纹无限大体沿 xz 面一分为二，便出现表面裂纹，如图 4-2 所示。切开后原侧面对裂纹的限制消失，含裂纹面成为无约束自由表面，扩展更容易；又由于前后自由表面不对称，所以对裂纹有影响，故应在椭圆片裂纹解中加入修正系数，作为表面裂纹问题的近似解。

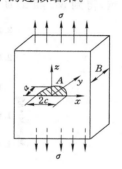

图 4-2　表面裂纹

由上一节分析可知，对于椭圆形裂纹，在短半轴端点 A 的应力强度因子最大，按照应力场强度断裂准则，在该点最容易出现失稳扩展。对表面裂纹，也同样认为 A 点的应力场强度因子最大。由于这里有前后两个自由表面，因此，需要分别考虑前后两个自由表面的影响进行修正。

4.2.1　前表面修正

仅考虑前自由表面的影响，对应力强度因子做出修正，以消除裂纹前缘的影响。设修正系数为 M_1，修正时一般采用二维半无限大板自由边界对裂纹应力强度因子 K 的修正值 1.12，于是半无限大体表面半椭圆裂纹最深点 A 处的应力强度因子 K 的近似表达式为：

$$K_{\mathrm{I}} = M_1 \frac{\sigma \sqrt{\pi a}}{E(k)} = 1.12 \frac{\sigma \sqrt{\pi a}}{E(k)} \tag{4-6}$$

式中，a 和 c 分别为表面裂纹的短半轴和长半轴；$E(k)$ 为第二类完整椭圆积分。

巴里斯-薛昌明(Paris-Sih)等进一步研究表明，对 $a/2c$ 不是很小的深裂纹，应该考虑 M_1 随 a/c 的变化，更能体现自由表面对 K 因子的影响。这里介绍柯可巴亚西-莫斯(Koba-yashi-Moss)根据由交替迭代法得到的半圆形表面裂纹的比较精确的数值结果，建议的经验公式为：

$$M_1 = 1.0 + 0.12 \left(1 - \frac{a}{2c}\right)^2 \tag{4-7}$$

此外,还有 Koiter 建议的经验公式:

$$M_1 = 1.0 + 0.12\left(1 - \frac{a}{c}\right) \tag{4-8}$$

4.2.2 后表面修正

若裂纹深度 a 与板厚度 W 之比不是很小,且另一侧不对称,必须考虑后表面对裂纹前缘应力场的影响。Paris-Sih 建议采用有限宽板中心穿透裂纹的宽度修正系数,称后表面修正系数 M_2。

$$M_2 = \left(\frac{W}{\pi a}\tan\frac{\pi a}{W}\right)^{\frac{1}{2}} \tag{4-9}$$

式中,W 为板的厚度。式(4-9)是对双边裂纹而言,$W = 2B$。

综合考虑前后自由表面的影响,总的修正系数为:

$$M_e = M_1 \cdot M_2 \tag{4-10}$$

精细理论和实验研究表明,一般情况下由于存在前自由表面,必然对 M_2 有影响,即 M_2 不仅与 a/B 有关,而且与 a/c 有关。Shah-Kobayashi 采用交替迭代法综合考虑了这种影响,得到 M_e 随 a/B 及 a/c 的关系曲线,如图 4-3 所示。

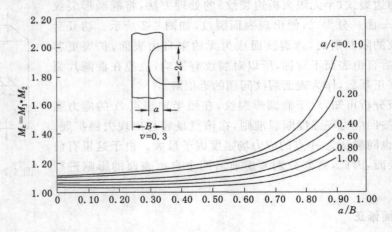

图 4-3 M_e 随 a/B 和 a/c 的变化规律

在进行表面裂纹的修正时,尽管有一定的理论依据,但也采用了很多假设,大多数采用经验来处理,目前还没有精确理论解。这些结果尽管有误差,但都已经过试验的验证,并偏于安全,故对于大多数工程都适用。

例 4-1 某歼击机的副翼液压动力控制单元由 4 个平行的燃烧室组成。已知燃烧室的最大工作压力 $p_{max} = 20.7\,\text{MPa}$,现发现有一液压缸的内镗孔有一椭圆形表面裂纹,深 $a = 6.4\,\text{mm}$,长 $2c = 14.2\,\text{mm}$,液压缸直径 $D = 55.6\,\text{mm}$,液压缸壁厚 $t = 8.4\,\text{mm}$,断裂韧度 $K_{Ic} = 19.8\,\text{MPa}\sqrt{\text{m}}$。试分析液压缸的安全性。(忽略液压缸曲率的影响)

解 从偏于安全考虑,因液压缸环向应力大于轴向应力,可认为裂纹沿轴向。环向应力可按薄壁容器计算,即:

$$\sigma_{max} = \frac{p_{max}D}{2t} = \frac{20.7 \times 55.6 \times 10^{-3}}{2 \times 8.4 \times 10^{-3}} = 68.5 \ (MPa)$$

由 $a/c = 6.4/7.1 = 0.9$，查表 4-1，得 $E(k) = 1.493$。由式(4-8)和式(4-9)可得：

$$K_I = \left[1 + 0.12\left(1 - \frac{a}{c}\right) \right] \left[\frac{2t}{\pi a} \tan \frac{\pi a}{2t} \right]^{\frac{1}{2}} \frac{\sigma\sqrt{\pi a}}{E(k)}$$

$$= \left[1 + 0.12\left(1 - \frac{6.4}{7.1}\right) \right] \left[\frac{2 \times 8.4}{\pi \times 6.4} \tan \frac{\pi \times 6.4}{2 \times 8.4} \right]^{\frac{1}{2}} \frac{68.5 \times \sqrt{\pi \times 6.4 \times 10^{-3}}}{1.493}$$

$$= 8.8 \ (MPa\sqrt{m}) < K_{Ic}$$

可见，在存在表面裂纹的情况下，液压缸是安全的。

习 题

4.1 对于图 4-4 所示的三维轴对称裂纹问题，试用柔度表示能量释放率和应力强度因子。

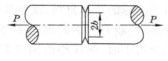

图 4-4

4.2 某发电机转子在动平衡时发生断裂。断裂后发现垂直于最大拉应力方向有一个圆形片状缺陷，直径为 $2.5 \sim 3.8$ cm。缺陷处的最大拉应力为 350 MPa。经测定，转子材料的断裂韧度 $K_{Ic} = 34 \sim 59$ MPa$\sqrt{m}$。试估算转子的临界裂纹尺寸。

4.3 某发电机转子轴，在超速试验时发生断裂。断裂后，发现断裂起源于一个椭圆形非金属夹杂物缺陷，缺陷的 $2a/2c = 5$ cm$/12.5$ cm。经计算，断裂时缺陷处的应力为 165 MPa，材料的断裂韧度 $K_{Ic} = 37 \sim 45$ MPa$\sqrt{m}$，材料的屈服极限为 $\sigma_0 = 510$ MPa。试分析断裂的原因。

4.4 某容器内径 $D = 1$ m，壁厚 $t = 20$ mm，受内压 $p = 50$ MPa。沿纵向有表面裂纹，深度 $a = 1$ mm，$a/c = 0.6$，现选用如下两种钢材：

钢 A：$\sigma_0 = 1\,700$ MPa，$K_{Ic} = 77$ MPa$\sqrt{m}$；

钢 B：$\sigma_0 = 2\,100$ MPa，$K_{Ic} = 46$ MPa$\sqrt{m}$。

试分析容器的安全性。

第5章 裂纹尖端附近的小范围屈服

在前面的研究中,假定裂纹体是线弹性体,材料处于完全线弹性状态,直到断裂以前,应力、应变仍保持线性关系;并假定裂纹形状是理想的数学尖裂纹,没有考虑在裂纹尖端可能出现的塑性区;在裂纹尖端处,应力应变无限增大,出现奇异性。对于实际受载的裂纹体,这些情况都是不可能的,随着外加荷载的不断增大,在裂纹尖端附近,必然会出现塑性区,应力应变呈现非线性关系。

这样,就出现了一个问题,对于实际的工程材料,线弹性断裂力学是否适用?严格地讲,当裂纹尖端附近出现了塑性区,线弹性断裂力学的理论不再适用。但当裂纹尖端屈服区半径与裂纹长度及某个特征尺寸相比很小时,即在小范围屈服的情况下,经修正后,线弹性断裂力学的方法和结果仍然可以近似适用。

5.1 小范围屈服下裂纹尖端的屈服区

裂纹尖端附近塑性屈服区的大致形状,可以通过线弹性情况下裂纹尖端附近的应力场公式并考虑屈服条件近似得到。

5.1.1 裂纹尖端附近的主应力

由材料力学可知,对于平面问题中受力体内的任何一点,其原始单元体的应力状态如图5-1所示。

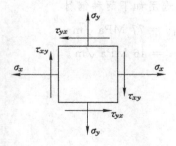

图 5-1 原始单元体应力状态

屈服区域内或边界上一定存在以下的关系式:

$$\begin{cases} \left.\begin{matrix} \sigma_1 \\ \sigma_2 \end{matrix}\right\} = \dfrac{\sigma_x + \sigma_y}{2} \pm \sqrt{\left(\dfrac{\sigma_x - \sigma_y}{2}\right)^2 + \tau_{xy}{}^2} \\[4mm] \sigma_3 = \begin{cases} 0 \\ \mu(\sigma_1 + \sigma_2) \end{cases} \end{cases} \tag{5-1}$$

式中，σ_1，σ_2，σ_3 为主应力，当为平面应力问题时，σ_3 取 0；当为平面应变问题时，σ_3 取 $\mu(\sigma_1 + \sigma_2)$。

由式(2-26)可知，Ⅰ型裂纹尖端附近的应力场为：

$$\begin{cases} \sigma_x = \dfrac{K_{\rm I}}{\sqrt{2\pi r}} \cos\dfrac{\theta}{2}\left(1 - \sin\dfrac{\theta}{2}\sin\dfrac{3\theta}{2}\right) \\[4mm] \sigma_y = \dfrac{K_{\rm I}}{\sqrt{2\pi r}} \cos\dfrac{\theta}{2}\left(1 + \sin\dfrac{\theta}{2}\sin\dfrac{3\theta}{2}\right) \\[4mm] \tau_{xy} = \dfrac{K_{\rm I}}{\sqrt{2\pi r}} \cos\dfrac{\theta}{2}\sin\dfrac{\theta}{2}\cos\dfrac{3\theta}{2} \end{cases}$$

代入式(5-1)可得：

$$\begin{cases} \sigma_1 = \dfrac{K_{\rm I}}{\sqrt{2\pi r}} \cos\dfrac{\theta}{2}\left(1 + \sin\dfrac{\theta}{2}\right) \\[4mm] \sigma_2 = \dfrac{K_{\rm I}}{\sqrt{2\pi r}} \cos\dfrac{\theta}{2}\left(1 - \sin\dfrac{\theta}{2}\right) \\[4mm] \sigma_3 = \begin{cases} 0 \\ 2\mu \dfrac{K_{\rm I}}{\sqrt{2\pi r}} \cos\dfrac{\theta}{2} \end{cases} \end{cases} \tag{5-2}$$

式中，当为平面应力问题时，σ_3 取 0；当为平面应变问题时，σ_3 取 $2\mu \dfrac{K_{\rm I}}{\sqrt{2\pi r}} \cos\dfrac{\theta}{2}$。

5.1.2　小范围屈服下裂纹尖端的屈服区

一般情况下，材料由初始弹性状态进入塑性状态的界限，称为屈服条件。对于一般的应力状态，常用 Tresca 和 Mises 两个屈服准则。实验表明：Mises 屈服准则比 Tresca 屈服准则更接近实验结果。

要确定塑性区域的形状和大小，可利用 Mises 屈服准则：

$$(\sigma_1 - \sigma_2)^2 + (\sigma_2 - \sigma_3)^2 + (\sigma_3 - \sigma_1)^2 = 2\sigma_0{}^2 \tag{5-3}$$

式中，σ_0 为材料在单向拉伸时的屈服极限。

（1）平面应力状态

将式(5-2)中平面应力状态下的 σ_1，σ_2，σ_3 代入式(5-3)并化简后得：

$$\frac{K_{\rm I}{}^2}{2\pi r}\left[\cos^2\frac{\theta}{2}\left(1 + 3\sin^2\frac{\theta}{2}\right)\right] = \sigma_0{}^2 \tag{5-4}$$

或

$$r_y = \frac{1}{2\pi}\left(\frac{K_{\rm I}}{\sigma_0}\right)^2\left[\cos^2\frac{\theta}{2}\left(1 + 3\sin^2\frac{\theta}{2}\right)\right] \tag{5-5}$$

式(5-5)表示在平面应力状态下，裂纹尖端塑性区的边界曲线方程，式中 r_y 表示屈服区半径。在裂纹延长线上，即在 $\theta = 0°$ 的 x 轴上，塑性区边界到裂纹尖端的距离为：

$$r_0 = r \mid_{\theta=0°} = \frac{1}{2\pi} \left(\frac{K_{\mathrm{I}}}{\sigma_0} \right)^2 \qquad (5\text{-}6)$$

裂纹尖端塑性区的边界形状,由图 5-2 的实线示出。

(2) 平面应变状态

将式(5-2)中平面应变状态下的 σ_1,σ_2,σ_3 代入式(5-3)并化简后得:

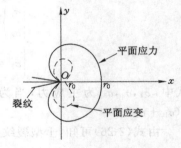

$$\frac{K_{\mathrm{I}}^2}{2\pi r} \left[\frac{3}{4} \sin^2\theta + (1-2\mu)^2 \cos^2\frac{\theta}{2} \right] = \sigma_0^2 \qquad (5\text{-}7)$$

或

$$r_y = \frac{1}{2\pi} \left(\frac{K_{\mathrm{I}}}{\sigma_0} \right)^2 \cos^2\frac{\theta}{2} \left[(1-2\mu)^2 + 3\sin^2\frac{\theta}{2} \right] \qquad (5\text{-}8)$$

图 5-2　裂纹尖端塑性区
形状示意图

式(5-8)表示在平面应变状态下,裂纹尖端塑性区的边界曲线方程,其边界形状如图 5-2 的虚线所示。在裂纹延长线上,即在 $\theta = 0°$ 的 x 轴上,塑性区边界到裂纹尖端的距离为:

$$r_0 = r \mid_{\theta=0°} = (1-2\mu)^2 \frac{1}{2\pi} \left(\frac{K_{\mathrm{I}}}{\sigma_0} \right)^2 \qquad (5\text{-}9)$$

若取 $\mu = 0.3$,代入式(5-9)得:

$$r_0 = 0.16 \frac{1}{2\pi} \left(\frac{K_{\mathrm{I}}}{\sigma_0} \right)^2 \qquad (5\text{-}10)$$

比较式(5-6)和式(5-10),可以看出在 $\theta = 0°$ 的裂纹线上,平面应变状态下的塑性区尺寸仅为平面应力状态下塑性区尺寸的 16%,平面应变状态下的塑性区远小于平面应力状态下的塑性区。这是因为在平面应变状态下,沿板厚 z 方向的弹性约束使裂纹尖端材料处于三向拉应力状态,此时材料不易产生塑性变形,其有效屈服应力 σ_{y0}(即屈服时的最大应力)得到提高,高于单向拉伸屈服应力 σ_0。为反映塑性约束的程度,常引入塑性约束系数这一概念,它是有效屈服应力 σ_{y0} 与单向拉伸屈服应力 σ_0 之比,用 L 表示:$L = \sigma_{y0}/\sigma_0$。

平面应力及平面应变状态下,塑性约束系数 L 的大小,可以通过 Tresca 屈服准则或 Mises 屈服准则导出,但也容易由下面的比较加以简单说明。

将式(5-6)和式(5-9)改写为如下形式:

$$r_0 = \frac{1}{2\pi} \left(\frac{K_{\mathrm{I}}}{\sigma_0} \right)^2 = \frac{1}{2\pi} \left(\frac{K_{\mathrm{I}}}{\sigma_{y0}} \right)^2 \qquad （平面应力）$$

$$r_0 = \frac{1}{2\pi} \left(\frac{K_{\mathrm{I}}}{\left(\dfrac{\sigma_0}{1-2\mu} \right)} \right)^2 = \frac{1}{2\pi} \left(\frac{K_{\mathrm{I}}}{\sigma_{y0}} \right)^2 \qquad （平面应变）$$

由比较可见,在平面应力状态时,有效屈服应力 $\sigma_{y0} = \sigma_0$,即 $L = 1$。而在平面应变状态,有效屈服应力 $\sigma_{y0} = \sigma_0/(1-2\mu)$,故 $L = 1/(1-2\mu)$。

一般情况下,Ⅰ 型裂纹尖端的变形,往往是两种状态同时存在。厚板裂纹尖端塑性区的空间形状如图 5-3 所示,在厚板的前后两个表面附近为平面应力状态,而在厚板的中央部分处于平面应变状态。故塑性约束系数应介于 $1 \sim 1/(1-2\mu)$ 之间。此外,考虑到裂纹尖端的钝化效应会使约束放松,其平面应变的塑性约束系数也应小于 $1/(1-2\mu)$。由环形切口拉伸试验(切口根部为三向拉应力状态)的试验测得:

$$L = \frac{\sigma_{y0}}{\sigma_0} = 1.67 \approx \sqrt{2\sqrt{2}}$$

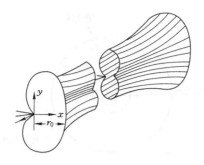

图 5-3　塑性区空间形状

故平面应力和平面应变情况下,裂纹延长线上塑性区边界到裂纹尖端的距离统一写为:

$$r_0 = \frac{1}{2\pi}\left(\frac{K_{\mathrm I}}{\sigma_{y0}}\right)^2$$

对塑性约束系数及有效屈服应力一般约定如下:

① 平面应力情况:

$$\begin{cases} L = 1, \sigma_{y0} = \sigma_0 \\ r_0 = \frac{1}{2\pi}\left(\frac{K_{\mathrm I}}{\sigma_{y0}}\right)^2 = \frac{1}{2\pi}\left(\frac{K_{\mathrm I}}{\sigma_0}\right)^2 \end{cases} \tag{5-11}$$

② 平面应变情况:

$$\begin{cases} L = \sqrt{2\sqrt 2}, \sigma_{y0} = \sqrt{2\sqrt 2}\,\sigma_0 \\ r_0 = \frac{1}{2\pi}\left(\frac{K_{\mathrm I}}{\sigma_{y0}}\right)^2 = \frac{1}{4\sqrt 2\,\pi}\left(\frac{K_{\mathrm I}}{\sigma_0}\right)^2 \end{cases} \tag{5-12}$$

以上塑性区形状和尺寸是在假定为理想弹塑性材料的条件下得到的。对于幂强化材料,该形状不是实际的塑性区形状。真实的平面应变问题,由于材料发生塑性变形,还会使塑性区的应力重新分布而引起应力松弛,这样表面对裂纹的约束降低,塑性区尺寸将进一步扩大。

5.1.3　K 主导与 K 主导条件

考虑实际带裂纹的材料,当外载荷不太大时,可以足够精确地看作线弹性材料。当外力逐渐增大,直到断裂,裂纹尖端附近必然出现塑性区,塑性区的大小显然与外加载荷和材料性质有关。

为了便于说明问题,用图 5-4 所示的围绕裂纹尖端半径为 R_p 的圆所占的区域 ω_p 来表示塑性区。当 ω_p 很小时,总可以找到一个围绕 ω_p 的半径为 R_k 的弹性区域 ω_k,在这个区域里,应力场强度仍然可以近似地由应力强度因子 K 唯一确定。也就是说,尽管存在着塑性区 ω_p,在塑性区 ω_p 内,应力、应变关系是非线性的,但应力、应变、位移的详细分布情况还是无从得知。但由于 ω_p 很小,对 ω_k 区域中的应力、应变、位移的影响也很小,因而由线性断裂力学确定的 K 仍有效。同时,ω_k 和 ω_p 有一个交界边界,由于塑性区 ω_p 的周围都被弹性区包围,而该弹性区的力学状态由 K 唯一确定,因此 K 也唯一确定了 ω_p 的边界情况,即 K 在边界上仍可作为主导参量。根据塑性力学理论,在简单加载的条件下,ω_p 内的塑性状态与 K

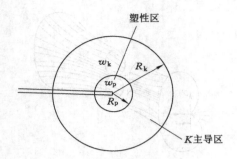

图 5-4　K 主导区示意图

有——对应关系。因而,在小范围屈服条件下,K 仍可以在 ω_p 内作为裂纹尖端附近应力、应变场的唯一度量,起到了主导作用,叫 K 主导,ω_k 区域叫 K 主导区。

K 的主导作用表现在:① K 是 ω_p 和 ω_k 交界边界的唯一参量;② 简单加载条件下,K 在 ω_p 内仍起主导作用;③ K 在弹性区内起主导作用。即 K 仍是裂纹尖端附近应力、应变、位移场的唯一度量,将 ω_k 区域称 K 主导区。

K 主导区成立的条件:① 单调加载;② 小范围屈服 $R_p \ll a$。

于是,当 K 主导区存在时,线性断裂力学的方法和结果可以近似地应用于小范围屈服的情况。

5.2　应力松弛对塑性区的影响

5.2.1　应力松弛的概念

在塑性区域内,由于材料发生塑性变形,会使塑性区中的应力重新分布而引起应力松弛,由于应力松弛,塑性区尺寸将进一步扩大。由式(2-26)知,在裂纹线 $\theta = 0°$ 上,裂纹尖端附近的应力分量随 r 而变化,有:

$$\sigma_y \mid_{\theta=0°} = \frac{K_{\mathrm{I}}}{\sqrt{2\pi r}} \tag{5-13}$$

式(5-13)中 σ_y 沿 x 轴的变化用虚线 ABC 示于图 5-5 中,此时应力 σ_y 在其净面积上产生的应力总和(即曲线 ACB 以下的面积)应与外力平衡。考虑到塑性区的材料因产生塑性变形而引起应力松弛,虚线上的 AB 段将下降到 DB(即有效屈服应力)的水平,同时塑性区的范围将从 r_{y0} 增加到 R。这是因为裂纹尖端区域发生屈服时,若按照理想塑性材料考虑,最大应力 $\sigma_y = \sigma_{y0}$,且其应力 σ_y 重新分布以使净截面上重新分布后的应力总和仍与外力相平衡。由于 AB 段应力水平的下降,因而 BC 段的应力水平将要相应地升高,其中一部分将升高到有效应力 σ_{y0},故裂纹尖端的塑性区将进一步扩大。也就是说,在裂纹尖端附近沿 x 轴,由虚线 ABC 分布的 σ_y 因塑性变形而改变为由实线

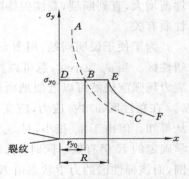

图 5-5　净截面上 σ_y 分布图

$DBEF$ 所代替，应力 σ_y 达到屈服的区域将由 $DB(r_{y0})$ 扩大到 $DE(R)$，这就是应力松弛。

5.2.2　应力松弛后塑性区的确定

由于应力松弛，裂纹尖端附近的塑性区域扩大范围可从应力松弛前后净截面上的总内力相等这一条件确定，虚线 ABC 下的面积等于实线 $DBEF$ 下的面积（$S_{ABC} = S_{DBEF}$），而 EF 及 BC 两段曲线均代表弹性应力场的变化规律，认为它们下的面积近似相等：$S_{BC} = S_{EF}$，则剩下 AB 曲线下的面积应等于 DE 直线下的面积：$S_{AB} = S_{DBE}$。即：

$$R \cdot \sigma_{y0} = \int_0^{r_{y0}} (\sigma_y)_{\theta=0°} \, \mathrm{d}x \qquad (5\text{-}14)$$

式中，r_{y0} 是在 $(\sigma_y)_{\theta=0°}$ 这一应力等于有效屈服应力 σ_{y0} 时的 r 值。

因为 $(\sigma_y)_{\theta=0°} = \dfrac{K_\mathrm{I}}{\sqrt{2\pi r}}$，且有 $\mathrm{d}r|_{\theta=0°} = \mathrm{d}x$，所以：

$$R \cdot \sigma_{y0} = \int_0^{r_{y0}} \frac{K_\mathrm{I}}{\sqrt{2\pi r}} \mathrm{d}r = \frac{2K_\mathrm{I}}{\sqrt{2\pi}} (r_{y0})^{\frac{1}{2}} \qquad (5\text{-}15)$$

式中，$r_{y0} = \dfrac{1}{2\pi} \left(\dfrac{K_\mathrm{I}}{\sigma_{y0}} \right)^2$。

对平面应力情况：$\sigma_{y0} = \sigma_0$，$r_0 = \dfrac{1}{2\pi} \left(\dfrac{K_\mathrm{I}}{\sigma_0} \right)^2$，由式(5-15)可得：

$$R = \frac{1}{\pi} \left(\frac{K_\mathrm{I}}{\sigma_0} \right)^2 = 2r_{y0} \qquad (5\text{-}16)$$

对平面应变情况：$\sigma_{y0} = \sqrt{2\sqrt{2}}\,\sigma_0$，$r_0 = \dfrac{1}{4\sqrt{2}\,\pi} \left(\dfrac{K_\mathrm{I}}{\sigma_0} \right)^2$，由式(5-15)可得：

$$R = \frac{1}{2\sqrt{2}\,\pi} \left(\frac{K_\mathrm{I}}{\sigma_0} \right)^2 = 2r_{y0} \qquad (5\text{-}17)$$

比较式(5-16)和式(5-17)可知，无论是平面应力问题还是平面应变问题，考虑了应力松弛效应后，塑性区尺寸在 x 轴上均扩大了一倍，又称等效屈服区。

以上对裂纹尖端附近塑性区形状和尺寸的讨论，均是基于"材料为理想弹塑性材料"的假定而进行的，即假设材料屈服后无强化现象。而工程中常用的金属材料，大都有强化现象，此时，裂纹尖端塑性区尺寸要比所得结果小一些。

5.3　应力强度因子 K_I 的塑性修正

前面介绍的有关计算应力强度因子 K_I 的方法，都是建立在线弹性断裂理论的基础之上，它假定裂纹尖端区域均处于理想的线弹性应力场中。实际上，裂纹尖端附近必定存在着塑性区。因此，裂纹尖端应力场实际上不完全是弹性应力场。这时，线弹性断裂理论还能不能用？如何应用？这是要解决的问题。

普遍认为，当裂纹尖端出现的是小范围屈服（$r_y \ll a$），则裂纹尖端附近的塑性区被周围广大的弹性区所包围，此时只需要对塑性区的影响作出考虑，而仍可用线弹性断裂理论来处理。对此，Irwin 提出了一个简便适用的"有效裂纹尺寸"法，用它对应力强度因子 K_I 进行修正，得到所谓的"有效应力强度因子"，作为考虑塑性区影响的修正。

5.3.1 Irwin 的有效裂纹模型

假设发生应力松弛后,裂纹尖端附近的塑性区在 x 轴上的尺寸为 $R = AB$,实际的应力分布规律由图 5-6 中的实线 DEF 示出。

若欲使线弹性理论解 $\sigma_y \mid_{\theta=0°} = \dfrac{K_\mathrm{I}}{\sqrt{2\pi r}}$ 仍然适用,则假想地将裂纹尖端向右移至 O 点,把实际的弹塑性应力场改用一个虚构的弹性应力场来代替。亦即使由虚线所代表的弹性应力 σ_y 的变化规律曲线,正好与塑性区边界 E 点处由实线所代表的弹塑性应力 σ_y 的变化规律曲线的弹性部分重合。以 O 点为假想裂纹尖端点时,则在 $r = R - r_y$ 处,$\sigma_y(r) \mid_{\theta=0°} = \sigma_{y0}$,有:

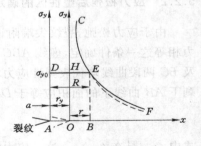

图 5-6 裂纹长度的塑性修正

$$\sigma_y(r) \mid_{\theta=0°} = \frac{K_\mathrm{I}}{\sqrt{2\pi r}} = \frac{K_\mathrm{I}}{\sqrt{2\pi(R-r_y)}} = \sigma_{y0}$$

由此解得:

$$r_y = R - \frac{1}{2\pi}\left(\frac{K_\mathrm{I}}{\sigma_{y0}}\right)^2 \tag{5-18}$$

对平面应力情况:$R = \dfrac{1}{\pi}\left(\dfrac{K_\mathrm{I}}{\sigma_0}\right)^2$,$\sigma_{y0} = \sigma_0$,有:

$$r_y = \frac{1}{2\pi}\left(\frac{K_\mathrm{I}}{\sigma_0}\right)^2 \tag{5-19}$$

对平面应变情况:$R = \dfrac{1}{2\sqrt{2\pi}}\left(\dfrac{K_\mathrm{I}}{\sigma_0}\right)^2$,$\sigma_{y0} = \sqrt{2\sqrt{2}}\,\sigma_0$,有:

$$r_y = \frac{1}{4\sqrt{2}\,\pi}\left(\frac{K_\mathrm{I}}{\sigma_0}\right)^2 \tag{5-20}$$

由式(5-19)和式(5-20)可以看出,无论是平面应力问题还是平面应变问题,裂纹长度的修正值 r_y 都恰好等于塑性区尺寸 R 的一半,即修正后的裂纹(有效裂纹)的尖端正好位于 x 轴上塑性区的中心。

5.3.2 K 因子的修正

裂纹向前扩展后,有效裂纹长度为 $a^* = a + r_y$,其中 a 为原始实际裂纹长度。在用弹性理论计算小范围屈服条件下的 K_I 时,只需用有效裂纹长度 a^* 代替原实际裂纹长度 a 即可。但由于应力强度因子 K_I 是 a^* 的函数($K_\mathrm{I} = Y\sigma\sqrt{\pi a^*}$),而 $a^* = a + r_y$,r_y 又是 K_I 的函数,所以,对裂纹尖端应力强度因子 K_I 进行塑性修正是比较复杂的。

对于普遍形式的 Ⅰ 型裂纹问题,当考虑塑性修正时,K_I 的表达式可写为:

$$K_\mathrm{I} = Y\sigma\sqrt{\pi a^*} = Y\sigma\sqrt{\pi(a+r_y)} \tag{5-21}$$

式中,Y 表示裂纹形状修正系数,又称形状因子。Y 针对深埋裂纹及表面裂纹可以取不同的值,对穿透裂纹,$Y = 1$。

平面应力情况:$r_y = \dfrac{1}{2\pi}\left(\dfrac{K_\mathrm{I}}{\sigma_0}\right)^2$,代入式(5-21)并化简得:

$$K_{\mathrm{I}} = Y\sigma\sqrt{\pi a}\,\frac{1}{\sqrt{1 - \dfrac{Y^2}{2}\left(\dfrac{\sigma}{\sigma_0}\right)^2}} \tag{5-22}$$

平面应变情况：$r_y = \dfrac{1}{4\sqrt{2}\,\pi}\left(\dfrac{K_{\mathrm{I}}}{\sigma_0}\right)^2$，代入式(5-21)并化简得：

$$K_{\mathrm{I}} = Y\sigma\sqrt{\pi a}\,\frac{1}{\sqrt{1 - \dfrac{Y^2}{4\sqrt{2}}\left(\dfrac{\sigma}{\sigma_0}\right)^2}} \tag{5-23}$$

式(5-22)和式(5-23)的最后一项，即为考虑了裂纹尖端塑性区影响后对 K_{I} 的修正系数 M_{P}。可以看出，当裂纹所在位置处的当地应力 σ 比材料的屈服极限 σ_0 小得多时，该修正项接近于 1，通常可不考虑塑性修正；但在当地应力 σ 较大时，塑性区尺寸也较大，必须考虑塑性区的影响，否则会得到偏于不安全的结果。

例如，对于工程中多见的表面半椭圆形裂纹，考虑塑性区影响时，可做如下修正：

由第 4 章给出的表面半椭圆形裂纹最深点 K_{I} 的近似表达式：

$$K_{\mathrm{I}} = M_{\mathrm{e}}\,\frac{\sigma\sqrt{\pi a}}{E(k)} \tag{5-24}$$

式中，令 $Y = \dfrac{M_{\mathrm{e}}}{E(k)}$，代入平面应变 K_{I} 因子修正公式(5-23)，经运算得：

$$K_{\mathrm{I}} = \frac{M_{\mathrm{e}}\sigma\sqrt{\pi a}}{\left[E^2(k) - 0.177M_{\mathrm{e}}^2\,(\sigma/\sigma_0)^2\right]^{1/2}} = \frac{M_{\mathrm{e}}\sigma\sqrt{\pi a}}{\sqrt{Q}} \tag{5-25}$$

式中，$Q = E^2(k) - 0.177M_{\mathrm{e}}^2\,(\sigma/\sigma_0)^2$。

将式(5-25)改写为：

$$K_{\mathrm{I}} = \frac{M_{\mathrm{e}}\sigma\sqrt{\pi a}}{E(k)}\cdot\frac{E(k)}{\sqrt{Q}}$$

上式后面一项即为表面半椭圆形裂纹的塑性修正系数 M_{P}，其表达式为：

$$M_{\mathrm{P}} = \frac{E(k)}{\sqrt{Q}} = \frac{E(k)}{\sqrt{E^2(k) - 0.177M_{\mathrm{e}}^2\,(\sigma/\sigma_0)^2}} \tag{5-26}$$

最后需指出：

（1）以上分析只适用于"小范围屈服"，即裂纹尖端塑性区尺寸与裂纹长度及构件尺寸相比小于一个数量级以上时，方可在塑性修正后仍用线弹性理论来处理。对于裂纹尖端区域的大范围屈服甚至全面屈服问题，则必须用弹塑性断裂理论处理。

（2）以上是对理想塑性材料而言的，对于更一般的幂硬化材料，硬化指数 $n\neq1$，也可遵循 Irwin 对理想塑性材料的研究思路，此时平面应力状态下的 r_y 由下式确定：

$$r_y = \frac{1}{2\pi}\left(\frac{n-1}{n+1}\right)\left(\frac{K_{\mathrm{I}}}{\sigma_0}\right)^2 \tag{5-27}$$

例 5-1 试对椭圆形裂纹的最大应力强度因子[式(4-2)]及表面裂纹的应力强度因子[式(4-6)]进行小范围塑性区修正，设为理想塑性材料。

解 对椭圆形裂纹，$Y = \dfrac{1}{E(k)}$，按平面应变问题进行处理，由式(5-23)可得：

$$K_{\mathrm{I}} = \frac{\sigma\sqrt{\pi a}}{\left[E^2(k) - \frac{1}{4\sqrt{2}}\left(\frac{\sigma}{\sigma_0}\right)^2\right]^{1/2}} = \frac{\sigma\sqrt{\pi a}}{\left[E^2(k) - 0.177\left(\frac{\sigma}{\sigma_0}\right)^2\right]^{1/2}}$$

对表面裂纹,为简单按 Irwin 的修正公式(4-6)进行修正,$Y = \frac{1.12}{E(k)}$,这里仅考虑前表面修正,由式(5-23)可得:

$$K_{\mathrm{I}} = \frac{1.12\sigma\sqrt{\pi a}}{\left[E^2(k) - \frac{1.12^2}{4\sqrt{2}}\left(\frac{\sigma}{\sigma_0}\right)^2\right]^{1/2}} = \frac{1.12\sigma\sqrt{\pi a}}{\left[E^2(k) - 0.214\left(\frac{\sigma}{\sigma_0}\right)^2\right]^{\frac{1}{2}}}$$

例 5-2 一块含有长 16 mm 中心穿透裂纹的钢板,受到 350 MPa 的垂直于裂纹平面的应力作用,材料的屈服极限为 1 400 MPa,但经过热处理后屈服极限降到 500 MPa 和 450 MPa。假设为理想塑性材料,平面应力情况,试在三种情况下分别计算 r_y 和应力强度因子的修正值,以及修正后应力强度因子增加的百分比。

解 由题意:$Y = 1, a = 8$ mm,$K_{\mathrm{I}} = \sigma\sqrt{\pi a}$

(1) 当 $\sigma_0 = 1\ 400$ MPa 时:

$$r_y = \frac{1}{2\pi}\left(\frac{K_{\mathrm{I}}}{\sigma_0}\right)^2 = \frac{1}{2\pi}\left(\frac{350 \times \sqrt{\pi \times 8 \times 10^{-3}}}{1\ 400}\right)^2 = 0.25\ (\mathrm{mm})$$

$$K_{\mathrm{I}}^* = Y\sigma\sqrt{\pi a}\frac{1}{\sqrt{1 - \frac{Y^2}{2}\left(\frac{\sigma}{\sigma_0}\right)^2}} = \frac{350\sqrt{\pi \times 8 \times 10^{-3}}}{\left[1 - \frac{1}{2}\left(\frac{350}{1\ 400}\right)^2\right]^{\frac{1}{2}}} = 56.4\ (\mathrm{MPa}\sqrt{\mathrm{m}})$$

应力强度因子提高:

$$\frac{K_{\mathrm{I}}^* - K_{\mathrm{I}}}{K_{\mathrm{I}}} = \frac{56.4 - 350\sqrt{\pi \times 8 \times 10^{-3}}}{350\sqrt{\pi \times 8 \times 10^{-3}}} = 1.6\%$$

(2) 当 $\sigma_0 = 500$ MPa 时:

$$r_y = \frac{1}{2\pi}\left(\frac{350 \times \sqrt{\pi \times 8 \times 10^{-3}}}{500}\right)^2 = 2\ (\mathrm{mm})$$

$$K_{\mathrm{I}}^* = \frac{350\sqrt{\pi \times 8 \times 10^{-3}}}{\left[1 - \frac{1}{2}\left(\frac{350}{500}\right)^2\right]^{\frac{1}{2}}} = 63.6\ (\mathrm{MPa}\sqrt{\mathrm{m}})$$

$$\frac{K_{\mathrm{I}}^* - K_{\mathrm{I}}}{K_{\mathrm{I}}} = 15\%$$

(3) 当 $\sigma_0 = 450$ MPa 时:

$$r_y = \frac{1}{2\pi}\left(\frac{350 \times \sqrt{\pi \times 8 \times 10^{-3}}}{450}\right)^2 = 2.4\ (\mathrm{mm})$$

$$K_{\mathrm{I}}^* = \frac{350\sqrt{\pi \times 8 \times 10^{-3}}}{\left[1 - \frac{1}{2}\left(\frac{350}{450}\right)^2\right]^{\frac{1}{2}}} = 66.44\ (\mathrm{MPa}\sqrt{\mathrm{m}})$$

应力强度因子提高:

$$\frac{K_{\mathrm{I}}^* - K_{\mathrm{I}}}{K_{\mathrm{I}}} = 20\%$$

可见,当塑性区尺寸相当小时,是不用对应力强度因子做出修正的。只有当塑性区不能忽略,但仍属于小范围屈服时,塑性区修正才有意义。

5.4 D-B 模型

5.4.1 D-B 模型

D-B 模型是为了近似分析塑性区存在的影响而提出的另一个物理模型。1960 年,Dugdale 通过对软钢薄板裂纹前缘塑性区的实验观察,发现裂纹尖端附近有 45°的滑移线,塑性区都集中在与板平面成 45°的一个长条滑移带上。与此同时,Barrenblett 考虑到,在线弹性断裂力学的分析中,裂纹尖端出现奇异性,这在实际中是不可能的。他认为在裂纹尖端存在一个微小的区域,称为内聚区,内聚区中原子间的吸引力与原子间的距离有非线性的函数关系。他们通过进一步研究,分别提出了一个很类似的模型,用来处理含中心贯穿裂纹无限大薄板在均匀拉伸应力作用下的弹塑性断裂问题。该模型就称为 D-B 模型。

D-B 模型在认为裂纹尖端处无应力奇异性的基础上,假设:

(1)裂纹尖端区域的塑性区沿裂纹线向两边延伸,成尖劈带状[图 5-7(a)]。

(2)塑性区内材料为理想塑性材料,整个裂纹和塑性区周围仍被广大的弹性区所包围。

(3)塑性区和弹性区的交界面上作用有垂直于裂纹面的均匀分布的结合力 σ_0。

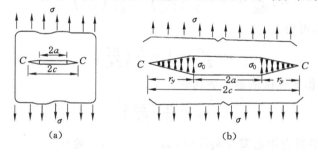

图 5-7 D-B 带状塑性区模型

由图 5-7(a)可知,整个裂纹问题可以看作模型在远场均匀拉应力 σ 作用下裂纹长度从 $2a$ 延伸到 $2c$,塑性屈服区尺寸 $r_y = c - a$,当以带状塑性区裂纹尖端端点 C 为"裂纹尖端"点时,原裂纹的端点就会产生一个张开量 δ。

5.4.2 D-B 模型的塑性区尺寸 r_y

假想将塑性区挖去,为了保证原来受力体的变形协调,在弹性区与塑性区界面上施加均匀拉应力 σ_0,这样模型成为如图 5-7(b)所示的裂纹长度为 $2c = 2a + 2r_y$,在远场应力 σ 和界面应力 σ_0 作用下的线弹性问题。此时,裂纹尖端点 C 的应力强度因子 K_I^c 应由两部分组成:一是由远场均匀拉应力 σ 产生的 $K_I^{(1)}$,另一个是由塑性区部位的"裂纹表面"所作用的近场均匀应力 σ_0 所产生 $K_I^{(2)}$。

由式(2-42)及式(2-37)可得:

$$K_I^{(1)} = \sigma\sqrt{\pi c}$$

$$K_{\mathrm{I}}^{(2)} = -\frac{2\sigma_0}{\pi} \sqrt{\pi c}\, \arccos\left(\frac{a}{c}\right)$$

从而：

$$K_{\mathrm{I}}^{c} = K_{\mathrm{I}}^{(1)} + K_{\mathrm{I}}^{(2)} = \sigma\sqrt{\pi c} - \frac{2\sigma_0}{\pi}\sqrt{\pi c}\,\arccos\left(\frac{a}{c}\right) \tag{5-28}$$

由于 C 点是塑性区的端点，应无奇异性，故 $K_{\mathrm{I}}^{c} = 0$，将其代入式(5-28)可得：

$$\sigma\sqrt{\pi c} = \frac{2\sigma_0}{\pi}\sqrt{\pi c}\,\arccos\left(\frac{a}{c}\right)$$

$$\frac{a}{c} = \cos\frac{\pi\sigma}{2\sigma_0}$$

则

$$c = \frac{a}{\cos\dfrac{\pi\sigma}{2\sigma_0}} = a \cdot \sec\frac{\pi\sigma}{2\sigma_0} \tag{5-29}$$

则塑性区尺寸为：

$$r_y = c - a = a\left(\sec\frac{\pi\sigma}{2\sigma_0} - 1\right) \tag{5-30}$$

将 $\sec\dfrac{\pi\sigma}{2\sigma_0}$ 按级数展开：

$$\sec\frac{\pi\sigma}{2\sigma_0} = 1 + \frac{1}{2}\left(\frac{\pi\sigma}{2\sigma_0}\right)^2 + \frac{5}{24}\left(\frac{\pi\sigma}{2\sigma_0}\right)^4 + \cdots$$

当 σ/σ_0 较小时，可得：

$$\sec\frac{\pi\sigma}{2\sigma_0} \approx 1 + \frac{1}{2}\left(\frac{\pi\sigma}{2\sigma_0}\right)^2$$

代入式(5-30)，得塑性区的近似表达式：

$$r_y = \frac{a}{2}\left(\frac{\pi\sigma}{2\sigma_0}\right)^2 \tag{5-31}$$

考虑到无限大平板含中心贯穿裂纹时，$K_{\mathrm{I}} = \sigma\sqrt{\pi c}$。故有：

$$r_y = \frac{a\pi^2}{8}\left(\frac{\sigma}{\sigma_0}\right)^2 = \frac{\pi}{8}\left(\frac{K_{\mathrm{I}}}{\sigma_0}\right)^2 \approx 0.39\left(\frac{K_{\mathrm{I}}}{\sigma_0}\right)^2 \tag{5-32}$$

式(5-32)与 Irwin 小范围屈服下平面应力的塑性区尺寸 $r_y = \dfrac{1}{\pi}\left(\dfrac{K_{\mathrm{I}}}{\sigma_0}\right)^2 \approx 0.318\left(\dfrac{K_{\mathrm{I}}}{\sigma_0}\right)^2$ 比较，可见，D-B 模型的塑性区尺寸稍大一些。但研究表明，在小范围屈服条件下，Irwin 模型更接近实际。

下面比较 D-B 模型与 Irwin 模型的区别：

(1) D-B 模型裂纹尖端无应力奇异性，实质上 $K_{\mathrm{I}} = 0$；而 Irwin 模型仍有应力奇异性。这是二者的本质区别。

(2) D-B 模型的塑性区形状为带状，直线边界；而 Irwin 模型的塑性区形状为曲线边界。

(3) D-B 模型只能用于理想塑性材料，Irwin 模型可用于幂硬化材料。

(4) Irwin 模型可用于平面应力、平面应变条件下的小范围屈服问题，而 D-B 模型仅适用于平面应力问题，但在大应变、小应变条件下均可采用。

在小范围情况下，Irwin 模型更接近实际，D-B 模型更安全，但在大范围屈服条件下，

Irwin模型不能使用。

5.5　小范围屈服下的裂纹扩展

通过前面的分析,可以得出,裂纹尖端附近存在小范围屈服的情况下,线弹性断裂力学的分析方法仍可近似适用。本节进一步研究小范围屈服下的裂纹扩展问题。

5.5.1　裂纹扩展的一般特点

工程材料一般分为脆性材料和塑性材料。对于理想脆性材料,前文分别从裂纹尖端附近应力场强度的观点和能量平衡的观点进行了研究,分别建立了应力强度因子断裂准则和能量释放率断裂准则。在线弹性条件下,这两个准则是完全等价的。以应力强度因子断裂准则 $K = K_c$ 为例,它认为,含裂纹体在外力作用下,当裂纹尖端实际的应力强度因子达到临界值 K_c 时,裂纹就会失稳扩展而导致裂纹体的断裂。$K = K_c$ 既表示裂纹的起裂准则,又表示裂纹的失稳准则[图 5-8(a)]。K_c 是材料常数,表示材料抵抗裂纹扩展的能力,称为裂纹扩展阻力。

事实上,对于脆性材料,$K = K_c$ 裂纹开裂就意味着材料破坏。而对于塑性材料来说,在平面应力情况下,或平面应变情况下的中、低强度的金属材料,裂纹起裂并不意味着马上失稳扩展。由于材料的强化作用,要使裂纹继续扩展,还必须增加荷载。这时的裂纹扩展是稳定的,它有一个扩展过程,只有当裂纹扩展量 Δa 达到临界值时才会失稳扩展。下面分析裂纹扩展的规律,讨论当材料具有强化作用时,增加的载荷与裂纹扩展量 Δa 的关系。随着 Δa 的增加,引入阻力和推力概念。

5.5.2　阻力曲线和推力曲线

小范围屈服条件下,当裂纹扩展量 Δa 相对于裂纹长度 a 及其他特征尺寸很小的情况下,仍可认为:扩展中的裂纹尖端仍处在 K 控制场。亦即在裂纹尖端附近,仍存在一个区域,在这个区域内应力场强度仍主要由 K 决定,且 K 的大小还直接控制着裂纹的扩展,称这种应力场为 K 控制场。此时,裂纹扩展阻力仍可近似地用扩展瞬时的应力强度因子的临界值表示。但一般说来,随着裂纹扩展量 Δa 的增加,裂纹扩展阻力也随之增加,如图 5-8(b)所示。为了与起裂值 K_c 相区别,记该过程为 $K_R(\Delta a)$,大小与材料本身的性质有关,称为 R 阻力曲线。在阻力曲线上,若出现了一段水平线,如图 5-8(b)虚线所示,这说明,随着裂纹扩展量 Δa 的增加,裂纹扩展阻力不变,因此,裂纹尖端附近的应力状态也不变,此时的裂纹扩展称为定常状态的裂纹扩展,对应的裂纹扩展阻力极限值,记为 $K_{s.s}$。从本质上说,阻力曲线是裂纹扩展的阻抗力随裂纹扩展而提高的材料特征曲线,可由实验确定。

在小范围屈服条件下,塑性修正后的裂纹尖端应力强度因子 $K_I = Y\sigma\sqrt{\pi a^*} = K(\sigma, a)$,可以看出,$K_I$ 最终是 σ 和 a 的函数。将在不同应力水平 σ_i 作用下,应力强度因子随 a 的变化曲线称为推力曲线,记作 $K(\sigma, a)$ 曲线,如图 5-9 所示。

对于某些材料,$K_{s.s}$ 常常是起裂时 K_c 的几倍。例如,对于中、低强度钢,小量的裂纹扩展 $\Delta a = 1 \sim 2$ mm,将导致 $K_{s.s}$ 为平面应变断裂韧度的 2 倍。这说明裂纹起裂后,仍然可以承受很高的荷载。因此,对于裂纹稳定扩展的研究具有十分重要的意义,可通过推力曲线和

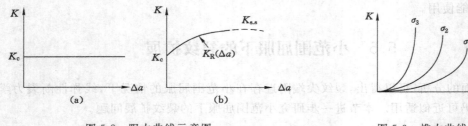

图 5-8　阻力曲线示意图　　　　　图 5-9　推力曲线

阻力曲线确定裂纹扩展的断裂准则。

5.5.3　断裂准则

如果材料在起裂以后,裂纹扩展是稳定的,这时断裂准则的建立要比理想脆性材料复杂得多。假设 K 表示外加荷载作用下裂纹体的应力强度因子,起裂条件可表示为:

$$K = K_c \tag{5-33}$$

该条件认为:只要 $K = K_c$,构件一定开裂。起裂以后,裂纹长度由 a_0 增加到 $a_0 + \Delta a$,如果要保持连续的扩展,显然必须满足条件:

$$K = K_R(\Delta a) \tag{5-34}$$

式(5-34)称为裂纹连续扩展条件。$K_R(\Delta a)$ 为与裂纹扩展量有关的材料特征曲线,可由实验确定。当满足条件:

$$K = K_{s.s} \tag{5-35}$$

时,称为裂纹定常扩展条件。

显然,裂纹失稳临界点的确定,具有重要的实际意义。为此,如图 5-10 所示,将阻力曲线 $K_R(\Delta a)$ 画在推力曲线 (K, a) 的坐标系中,两种曲线交于 A、B、C 三点。

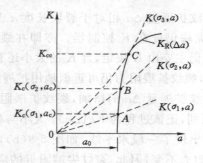

图 5-10　裂纹扩展的稳定性

(1) 在 A、B 相交点,由于

$$\frac{\partial K}{\partial a} < \frac{\partial K_R}{\partial a}$$

因此,裂纹是稳定的,要使裂纹扩展,需继续增加荷载。其条件综合为:

$$\begin{cases} K = K_R \\ \dfrac{\partial K}{\partial a} < \dfrac{\partial K_R}{\partial a} \end{cases} \tag{5-36}$$

（2）在 C 点，推力曲线与阻力曲线相切，有关系式

$$\begin{cases} K = K_R \\ \dfrac{\partial K}{\partial a} = \dfrac{\partial K_R}{\partial a} \end{cases} \tag{5-37}$$

上式称为失稳扩展条件，表示失稳的临界状态，对应的应力强度因子记作 K_{cc}，定义为韧性材料失稳的临界应力强度因子。

由上面的分析可以看出，由式（5-33）、式（5-34）及式（5-37）给出的条件，分别代表裂纹扩展不同阶段的裂纹扩展准则，有时统称为断裂准则。

5.5.4　裂纹扩展的稳定性分析

由上述分析可知，在外力作用下，判断裂纹扩展是否稳定，具有很大的实际意义。这里主要需要计算裂纹体的应力强度因子随裂纹长度 a 的变化率 $\dfrac{\partial K}{\partial a}$。不难想象，这不仅与外载荷有关，而且依赖于裂纹体的加载条件。为此，考虑第 3 章图 3-10 所示的一般加载条件。由于应力强度因子与外力 P 成正比，可写成：

$$K = P \cdot f(a) \tag{5-38}$$

不失一般性，设裂纹体的厚度 $B = 1$。由于总位移 Δ_T 固定不变：

$$\Delta_T = [C(a) + C_M] P$$

$$\mathrm{d}\Delta_T = [C(a) + C_M] \mathrm{d}P + PC'(a) \mathrm{d}a = 0$$

可得出：

$$\mathrm{d}P = -\frac{PC'(a)\mathrm{d}a}{C(a) + C_M} \tag{5-39}$$

由式（5-38）和式（5-39）可得：

$$\mathrm{d}K = f(a)\mathrm{d}P + Pf'(a)\mathrm{d}a = \left[-f(a)\frac{PC'(a)}{C(a) + C_M} + Pf'(a) \right]\mathrm{d}a$$

于是在一般加载条件下，有：

$$\left[\frac{\partial K}{\partial a} \right]_{\Delta_T} = -f(a)\frac{PC'(a)}{C(a) + C_M} + Pf'(a) \tag{5-40}$$

对于给定荷载情况，在 $C_M \to \infty$ 时，有：

$$\left[\frac{\partial K}{\partial a} \right]_P = P \cdot f'(a) = K'(a) \tag{5-41}$$

对于给定位移情况，在 $C_M \to 0$ 时，有：

$$\left[\frac{\partial K}{\partial a} \right]_\Delta = -f(a)\frac{PC'(a)}{C(a)} + Pf'(a) = PC(a)\left[\frac{f(a)}{C(a)} \right]' \tag{5-42}$$

由于在一般情况下，$C'(a) > 0$，故有：

$$\left[\frac{\partial K}{\partial a} \right]_\Delta < \left[\frac{\partial K}{\partial a} \right]_P \tag{5-43}$$

这说明，与给定载荷条件相比，给定位移情况是不容易产生失稳扩展的。当试件尺寸很大，特别是对于无限大板，$C'(a)/C(a)$ 为一小量，可以忽略。由式（5-41）和式（5-42）可得出：

$$\left[\frac{\partial K}{\partial a}\right]_P = \left[\frac{\partial K}{\partial a}\right]_\Delta = Pf'(a) = K'(a) \tag{5-44}$$

此时给定载荷和给定位移就没有区别了。

例 5-3 考虑长 $2a$ 的中心裂纹无限大板,无限远处作用有外载荷 σ,分析裂纹扩展的稳定性。

解 此时,可不区别固定位移和固定载荷,由式(5-41)可知:

$$\left[\frac{\partial K}{\partial a}\right]_P = \left[\frac{\partial K}{\partial a}\right]_\Delta = \frac{\partial(\sigma\sqrt{\pi a})}{\partial a} = \frac{\sigma}{2}\sqrt{\frac{\pi}{a}}$$

代入式(5-36)可得:

$$\frac{\sigma}{2}\sqrt{\frac{\pi}{a}} < \frac{\partial K_R}{\partial a}$$

所以,当 $a > \dfrac{\sigma^2\pi}{4(K'_R)^2}$ 时,裂纹扩展是稳定的;当 $a = \dfrac{\sigma^2\pi}{4(K'_R)^2}$ 时,为失稳扩展的临界状态,此时 a 为失稳扩展裂纹长度,用 a_{cc} 表示。

下面讨论图 3-11 所示双悬臂梁试件中裂纹扩展的稳定性。

利用 3.5.2 节的结果,当 $B=1$ 时,对平面应力情况有:

$$C(a) = \frac{8}{E}\left(\frac{a}{h}\right)^3, f(a) = 2\sqrt{3}\,ah^{-3/2}$$

将上式代入式(5-42),在固定位移情况下,有:

$$\left[\frac{\partial K}{\partial a}\right]_\Delta = P \cdot \frac{8}{E}\left(\frac{a}{E}\right)^3\left\{2\sqrt{3}\,ah^{-3/2}\Big/\left[\frac{8}{E}\left(\frac{a}{h}\right)^3\right]\right\}'$$

$$= -4\sqrt{3}\,Ph^{-3/2} = -\frac{2K}{a}$$

由于 $\dfrac{\partial K_R}{\partial a} \geqslant 0$,所以稳定扩展条件式(5-36)总是满足的,不会出现失稳扩展。

对于给定荷载情况,仍考虑平面应力条件,由例 3-2 的结果和式(5-41),可得:

$$\left[\frac{\partial K}{\partial a}\right]_P = K'(a) = 2\sqrt{3}\,Ph^{-3/2} = K/a$$

由失稳扩展条件式(5-37)可得:

$$K_{cc} = a\frac{\partial K_R}{\partial a}$$

裂纹即将失稳。

最后,再一次指出,以上关于裂纹扩展的稳定性分析,都是在裂纹尖端小范围屈服的假设条件下,并且裂纹扩展相对于裂纹尺寸及某个几何特征尺寸来说是很小的,因而是在 K 控制场的条件下得出的裂纹扩展量。如果不满足这些条件,用 K 作参量的裂纹扩展的描述和稳定性分析,就完全失去意义了。

习 题

5.1 某高强度钢随热处理条件不同,断裂韧度 K_{Ic} 随屈服极限 σ_0 的提高而下降。在 900 °F,3 h 淬火,$\sigma_0 = 1\,961$ MPa,$K_{Ic} = 56$ MPa$\sqrt{\text{m}}$。在 850 °F,3 h 淬火,$\sigma_0 = 1\,667$ MPa,

$K_{Ic} = 93 \text{ MPa} \sqrt{\text{m}}$。设有表面浅裂纹，深度 $a = 1 \text{ mm}$，深长比 $a/2c = 0.3$，工作应力 $\sigma = 1\,373 \text{ MPa}$。试比较两种热处理条件下构件的安全性。（假定为理想塑性材料，考虑塑性区修正）

5.2　具有半径为 a 的圆形片状裂纹的无限大体，远处受到与裂纹面垂直的均匀应力 σ，试求 Dugdale 模型的塑性区尺寸。

提示：作用与裂纹面内的一个同心圆周上法向均匀分布的拉伸应力，其合力为 P，裂纹前缘上各点的应力强度因子为：

$$K_I = \frac{P}{(\pi a)^{3/2}} \frac{1}{\sqrt{1 - \left(\dfrac{r}{a}\right)^2}}$$

5.3　气瓶内径 $D = 508 \text{ mm}$，壁厚 $t = 35.6 \text{ mm}$，纵向有表面裂纹，深度 $a = 16 \text{ mm}$，长度 $2c = 508 \text{ mm}$，材料的屈服极限 $\sigma_0 = 538 \text{ MPa}$，断裂韧度 $K_{Ic} = 110 \text{ MPa} \sqrt{\text{m}}$。试求爆破压力。（假定为理想塑性材料，考虑塑性区修正）

5.4　高硅的镍铬钼钒钢的回火温度与屈服极限 σ_0 和断裂韧度 K_{Ic} 的关系，见表 5-1。现有表面裂纹，深度 $a = 1 \text{ mm}$，深长比 $a/2c = 1/4$，设工作应力 $\sigma = 0.6\sigma_0$，试选择合适的回火温度。（假定为理想塑性材料，考虑塑性区修正）

表 5-1

回火温度/℃	屈服极限 σ_0/MPa	断裂韧度 K_c/(MPa $\sqrt{\text{m}}$)	工作应力 $\sigma = 0.6\sigma_0$/MPa
257	1 746	52	1 048
500	1 363	60	818
600	1 471	99	883

5.5　若工作应力与屈服极限之比为 $\sigma/\sigma_0 = 0.5$，形状因子 $Y = 1$，试计算理想塑性材料塑性区修正后，应力强度因子提高的百分比，并分别考虑平面应力和平面应变情况。

5.6　对于幂硬化材料，试根据式 (5-27) 导出应力强度因子公式（考虑塑性区影响的修正）。当 $n = 4$，对例 5-2 中 $\sigma_0 = 500 \text{ MPa}$ 的情况，具体计算 r_y 和 K_I 及应力强度因子提高的百分比。

5.7　如图 5-11 所示，裂纹上、下表面受对称作用的线性分布压力 $\sigma(x,0)$ 的无限大板，试分析裂纹扩展的稳定性。

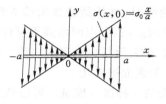

图 5-11

$K_r=93\;\mathrm{MPa}\cdot\sqrt{\mathrm m}$，…（模糊文字）…，$\Delta a=1\;\mathrm{mm}$，…$R_p=0.2\%$时为…
$1.873\;\mathrm{MPa}$，…（模糊文字）…

5.…（模糊文字）…

…（模糊文字）…

第 6 章　裂纹尖端张开位移理论

　　裂纹尖端张开位移又称 COD 理论，COD 是 Crack Opening Displacement 的缩写。在线弹性断裂力学中，通过裂纹尖端应力应变场的分析，发现用应力强度因子 K 作为基本物理量可以描述裂纹尖端附近局部地区的危险程度，即用应力的观点去讨论裂纹的失稳扩展是合适的。但在裂纹尖端出现较大屈服范围的情况下，应力强度因子 K 已完全失去意义，因为在塑性区里，物理关系呈非线性，对某些材料，如理想塑性材料，对给定的位移，应力往往是不确定的，还与加载历史等条件有关，因此，用与应力有关的某个参量作为裂纹尖端附近危险程度的度量，未必合适。于是人们想到，是否可以用与应变有关的参量来描述裂纹扩展规律？裂纹尖端张开位移理论就是这样提出来的，最早由英国学者 Wells 提出。

　　本章需要解决三个方面的问题：① COD 的计算：寻找裂纹尖端张开位移与裂纹几何尺寸、外加荷载之间的关系式；② 试验测定裂纹尖端张开位移的临界值；③ COD 准则的工程应用。

6.1　COD 断裂准则

　　对于高韧性材料，含裂纹体在外载荷作用下，裂纹尖端附近必然会出现塑性区，甚至全面屈服。随着裂纹尖端附近材料的屈服，裂纹尖端由尖锐形状出现钝化，两张开的裂纹面间必将有相对位移，实际裂纹尖端向前推进，按照一定规则量出的变形量可作为张开位移。设原裂纹尖端为 O，钝化后的裂纹尖端为 O'，如图 6-1 所示。Rice 认为，COD 应该是过原裂纹尖端 O 作一垂线，与钝化张开裂纹面交点的距离 AB，用 δ 表示。对于高韧性材料出现大范围甚至全面屈服的情况，可从新裂纹尖端处作两

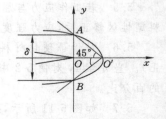

图 6-1　COD 的确定

条 45°射线，分别与原裂纹面交于两点，该两点间距离也可作为裂纹尖端张开位移。45°射线交点的连线并不一定过原裂纹端点 O，但与试验测定一致。两种方法得到的 COD 值相差甚少，第一种方法因简单直观、易于量测而被常用。

　　COD 正是裂纹尖端塑性应变的一种极好度量。可以认为：当裂纹尖端张开位移 δ 达到材料的某一临界值 δ_c 时，裂纹即失稳扩展，这就是弹塑性断裂的 COD 判据，即：

$$\delta=\delta_c \tag{6-1}$$

式中，δ_c 由材料性质及几何尺寸而定。

6.2　COD 的理论计算

对于实际的弹塑性裂纹体,通过弹塑性分析,确定了裂纹尖端附近的位移场,COD 就可以直接计算出来。

6.2.1　Irwin 小范围屈服条件下的 COD

在第 5 章讨论小范围屈服的塑性区修正时,引入了有效裂纹尺寸 $a^* = a + r_y$ 的概念,这就意味着为考虑塑性区的影响,假想地把原裂纹尖端点 O 向前移至 O',这实际上是出现钝化而产生的,$OO' = r_y$(图 6-2)。因此,当以假想的有效裂纹尖端点 O' 作为新的"裂纹尖端"时,原裂纹尖端点 O 发生了张开位移,这个位移就是 COD,简写为 δ。以此为基础进行 COD 计算。

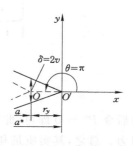

图 6-2　裂纹尖端张开位移

平面应力条件下,由第 2 章裂纹尖端附近位移公式可得:

$$v = \frac{K_I}{E}\sqrt{\frac{2r}{\pi}}\sin\frac{\theta}{2}\left[2 - (1+\mu)\cos^2\frac{\theta}{2}\right] \tag{6-2}$$

当以新裂纹尖端点 O' 为原点时,原裂纹尖端点 O 处的坐标为 $\left[\theta = \pi, r = r_y = \frac{1}{2\pi}\left(\frac{K_I}{\sigma_0}\right)^2\right]$,代入式(6-2)计算出 O 点沿 y 方向的位移为:

$$\delta = 2v\big|_{\substack{r=r_y\\ \theta=\pi}} = \frac{K_I}{E}\sqrt{\frac{16}{\pi^2}\left(\frac{K_I}{\sigma_0}\right)^2} = \frac{4}{\pi}\frac{K_I^2}{E\sigma_0} = \frac{4}{\pi}\frac{G_I}{\sigma_0} \tag{6-3}$$

平面应变条件下:$r_y = \frac{1}{2\pi}\left(\frac{K_I}{\sqrt{2\sqrt{2}}\,\sigma_0}\right)^2$,同样可以计算出 O 点沿 y 方向的位移为:

$$\delta = 2v\big|_{\substack{r=r_y\\ \theta=\pi}} = \frac{2.4}{\pi}\frac{G_I}{\sigma_0} \tag{6-4}$$

式(6-3)和式(6-4)即为 Irwin 小范围屈服条件下的 COD 计算公式。式中,σ_0 为材料的屈服极限,G_I 为裂纹扩展能量释放率,且 $G_I = \dfrac{K_I^2}{E}$。

6.2.2　D-B 带状塑性屈服区模型的 COD

D-B 模型假设裂纹尖端塑性区呈条带状,假想将塑性区挖去,D-B 力学模型成为裂纹长度为 $2c$,外加应力是远场应力 σ 及在塑性区的近场应力 σ_0 作用下的线弹性问题,如图 6-3(a)所示。D-B 模型裂纹张开位移 δ 也由两部分组成:一个是远场均匀拉应力 σ 所产生的 $\delta^{(1)}$,另一个是塑性区部分作用的均布应力 σ_0 所产生的 $\delta^{(2)}$。为了求出这两个位移,先介绍 Paris 位移公式。

由材料力学中的卡氏定理可知,结构受力后,储存的弹性变形能 $U = U(P, \delta)$,变形能对任一载荷 P_i 的偏导数,等于沿 P_i 作用方向的位移 δ_i,即 $\delta_i = \dfrac{\partial U}{\partial P_i}$。如果欲计算某处的位移,而该处并无与位移相对应的荷载,则可采用附加力法,即先在该处虚加一力 P^0,计算位

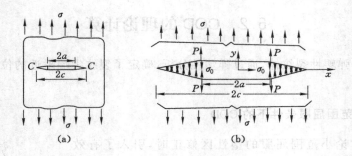

图 6-3　裂纹尖端张开位移示意图

移后令 $P^0 = 0$ 即可,此时 $U = U(P, P^0, \delta)$。如需求两点的相对位移,可加一对等值反向的虚力。总之,其实质是利用虚载求其真实位移,表达式为:

$$\delta = \lim_{P^0 \to 0} \frac{\partial U}{\partial P^0} \qquad (6\text{-}5)$$

对于无限大板中心穿透裂纹的平面应力问题,Paris 采用卡氏定理求裂纹尖端张开位移 δ。

欲求原裂纹尖端的张开位移,在裂纹尖端点再施加两对虚力 P,则含裂纹体的应变能为 $U = U(\sigma, \sigma^0, P)$。裂纹尖端张开位移示意图如图 6-3(b)所示。

由式(3-22)可知,当取板厚 $B = 1$ 时,在恒载作用下裂纹扩展能量释放率为:

$$G_{\mathrm{I}} = \left(\frac{\partial U}{\partial A}\right)_P = \left(\frac{\partial U}{\partial a}\right)_P \qquad (6\text{-}6)$$

积分式(6-6)可得:

$$U = \int_0^c G_{\mathrm{I}} \, \mathrm{d}a \qquad (6\text{-}7)$$

根据式(3-28)及应力强度因子叠加原理,有:

$$G_{\mathrm{I}} = \frac{K^2}{E} = \frac{1}{E} (K_{\mathrm{I}}^{\sigma} + K_{\mathrm{I}}^{\sigma_0} + K_{\mathrm{I}}^{P})^2$$

由卡氏定理式(6-5)可得:

$$\delta = \lim_{P \to 0} \frac{\partial U}{\partial P} = \lim_{P \to 0} \frac{\partial}{\partial P} \left[\int_0^c G_{\mathrm{I}} \mathrm{d}a \right]$$

$$= \lim_{P \to 0} \int_0^c \frac{2}{E} (K_{\mathrm{I}}^{\sigma} + K_{\mathrm{I}}^{\sigma_0} + K_{\mathrm{I}}^{P}) \frac{\partial K_{\mathrm{I}}^{P}}{\partial P} \mathrm{d}a$$

$$= \int_0^c \frac{2}{E} (K_{\mathrm{I}}^{\sigma} + K_{\mathrm{I}}^{\sigma_0}) \frac{\partial K_{\mathrm{I}}^{P}}{\partial P} \bigg|_{P=0} \mathrm{d}a \qquad (6\text{-}8)$$

由线弹性断裂力学应力强度因子公式可知:

$$\begin{cases} K_{\mathrm{I}}^{\sigma} = \sigma\sqrt{\pi c} \\[2mm] K_{\mathrm{I}}^{\sigma_0} = -2\sigma_0 \sqrt{\dfrac{c}{\pi}} \arccos\left(\dfrac{a}{c}\right) \\[3mm] K_{\mathrm{I}}^{P} = P \dfrac{2\sqrt{c}}{\sqrt{\pi(c^2 - a^2)}} \end{cases} \qquad (6\text{-}9)$$

因为式(6-8)表示裂纹从原点扩展到某裂纹长度的过程,故用变量 ξ 代替 c ,以表示裂纹在增长过程中的瞬时长度,且当 $\xi < a$ 时, $\dfrac{\partial K_{\mathrm{I}}^{P}}{\partial P} = 0$ 。这样式(6-8)积分区间变为 $[a,c]$ 。将式(6-9)代入式(6-8)可得:

$$\delta = \frac{2}{E}\int_{a}^{c}\left\{\left[\sigma\sqrt{\pi\xi} - 2\sigma_0\sqrt{\frac{\xi}{\pi}}\arccos\left(\frac{a}{\xi}\right)\right]\cdot\frac{\partial}{\partial P}\left[P\frac{2\sqrt{\xi}}{\sqrt{\pi(\xi^2 - a^2)}}\right]\right\}d\xi$$

$$= \frac{4\sigma}{E}\sqrt{c^2 - a^2} - \left(\frac{8\sigma_0}{\pi E}\sqrt{c^2 - a^2}\arccos\frac{a}{c} - \frac{8\sigma_0 a}{\pi E}\ln\frac{c}{a}\right) \tag{6-10}$$

在 D-B 模型假设下,由式(5-29)有:

$$\arccos\frac{a}{c} = \frac{\pi\sigma}{2\sigma_0},\frac{c}{a} = \sec\left(\frac{\pi\sigma}{2\sigma_0}\right) \tag{6-11}$$

将式(6-11)代入式(6-10)化简后得到:

$$\delta = \frac{8a\sigma_0}{\pi E}\ln\left(\sec\frac{\pi\sigma}{2\sigma_0}\right) \tag{6-12}$$

由式(6-12)推导过程可见,D-B 模型不适用于全面屈服(即 $\sigma = \sigma_0$)的情况。有限元计算结果表明,对小范围或大范围屈服,当 $\sigma/\sigma_0 \leqslant 0.6$ 时,按式(6-12)所作的预测结果令人满意。

D-B 模型为一无限大板含中心贯穿裂纹的平面应力模型。由于它消除了裂纹尖端的奇异性,实质上是一个线弹性化的模型。因此,当塑性区较小时,COD 参量 δ 与线弹性参量 K 之间应存在一致性。将函数 $\ln\left(\sec\frac{\pi\sigma}{2\sigma_0}\right)$ 展开为幂级数有:

$$\ln\left(\sec\frac{\pi\sigma}{2\sigma_0}\right) = \frac{1}{2}\left(\frac{\pi\sigma}{2\sigma_0}\right)^2 + \frac{1}{12}\left(\frac{\pi\sigma}{2\sigma_0}\right)^4 + \cdots = \frac{1}{8}\left(\frac{\pi\sigma^{\infty}}{\sigma_0}\right)^2 \tag{6-13}$$

当 $\sigma \ll \sigma_0$,即更小屈服范围时,可只取首项。再考虑到 $K_{\mathrm{I}} = \sigma\sqrt{\pi a}$, $G_{\mathrm{I}} = \dfrac{K_{\mathrm{I}}^2}{E}$,故式(6-12)化简为:

$$\delta = \frac{\pi a\sigma^2}{E\sigma_0} = \frac{K_{\mathrm{I}}^2}{E\sigma_0} = \frac{G_{\mathrm{I}}}{\sigma_0} \tag{6-14}$$

式(6-14)进一步表明,在小范围屈服情况下, K_{I} 、 G_{I} 与 δ 之间存在简单确定的关系。将该结果与 Irwin 有效裂纹模型所得结果 $\delta = \dfrac{4}{\pi}\dfrac{G_{\mathrm{I}}}{\sigma_0}$ 具有相同的形式,只是系数稍有差别。实际上 D-B 模型所得结果更接近精确,Irwin 有效裂纹模型所得结果值偏大。

必须注意 D-B 模型非线性断裂分析的适用条件:① 它是针对平面应力情况下的无限大平板含中心贯穿裂纹进行讨论的;② 引入了"弹性化"假设后,使计算分析比较简单,适用于 $\sigma/\sigma_0 \leqslant 0.6$ 的情况;③ 在塑性区内假设材料为理想塑性,实际上一般材料存在加工硬化,硬化材料的塑性区形状可能不是窄条形。

6.3　全面屈服条件下的 COD

在工程结构或压力容器中,一些管道或焊接部件常会发生裂纹在全面屈服下扩展而导致断裂破坏。例如高应力集中区及残余应力区,由于这些区域内的应力达到甚至超过材料的屈服极限,故使裂纹处于屈服区包围之中,这就是所谓的全面屈服。

发生全面屈服时,载荷的微小变化都会引起应变和 COD 的很大变化,故在大应变的情况下,再用应力描述裂纹扩展作为断裂分析的依据显然是不适宜的。目前,常采用应变这一物理量,在工程中引入由应变(标定值)构成的经验公式。

引入无量纲的 COD,即 $\Phi \approx \delta/2\pi e_0 a$。由含中心穿透裂纹的宽板拉伸试验结果,根据实验点可在 e/e_0-Φ 坐标系中描绘出 COD 设计曲线。

这里需要指出,e_0 是相应于材料屈服点 σ_0 的屈服应变(即 $e_0 = \sigma_0/E$),a 是裂纹尺寸,e 为标称应变,是指单位标长下的平均应变,通常 2 个标点取在通过裂纹中心而与裂纹垂直的线上。量测试验采用光学应变计,如图 6-4 所示,标定点为 C,标定尺寸为 L(无荷载 P 作用),随着外力 P 的增加,标定点 C 移至 C' 点,标定尺寸由 L 变为 L_1($L_1 - L = 2\Delta$),标定量的差值与原标定尺寸的比值称为标定应变($e = \Delta/L$),可能大于屈服应变。

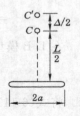

图 6-4 标定应变的量测

宽板拉伸试验数据常常构成较宽的分散带,实际应用时,为偏于安全,曾提出如下几种经验设计曲线作为裂纹容限和合理选材的计算依据。

Wells 公式:

$$\begin{cases} \Phi = \left(\dfrac{e}{e_0}\right)^2 & \left(\dfrac{e}{e_0} \leqslant 1\right) \\ \Phi = \dfrac{e}{e_0} & \left(\dfrac{e}{e_0} > 1\right) \end{cases} \tag{6-15}$$

Burdekin 公式:

$$\begin{cases} \Phi = \left(\dfrac{e}{e_0}\right)^2 & \left(\dfrac{e}{e_0} \leqslant 0.5\right) \\ \Phi = \dfrac{e}{e_0} - 0.25 & \left(\dfrac{e}{e_0} > 0.5\right) \end{cases} \tag{6-16}$$

JWES2805 公式:

$$\delta = 3.5ea \text{ 或 } \Phi = 0.5(e/e_0) \tag{6-17}$$

1984 年,我国压力容器缺陷评定规范编制组制定了压力容器缺陷评定规范(CVDA)。该规范仍采用 COD 设计曲线的形式,但它是在大量试验基础上提出来的,不仅有充分的理论依据,而且无论在线弹性、弹塑性或全面屈服各阶段都具有大致相同的安全裕度。

CVDA 公式:

$$\begin{cases} \Phi = \left(\dfrac{e}{e_0}\right)^2 & \left(\dfrac{e}{e_0} \leqslant 1\right) \\ \Phi = \dfrac{1}{2}\left(\dfrac{e}{e_0} + 1\right) & \left(\dfrac{e}{e_0} > 1\right) \end{cases} \tag{6-18}$$

图 6-5 画出了几种设计曲线的比较图形。

由图 6-5 可见,CVDA 曲线在 $0 \leqslant e/e_0 \leqslant 0.5$ 范围内与 Burdekin 曲线相同;在 $0.5 < e/e_0 \leqslant 1.5$ 范围内比 Burdekin 曲线偏于保守,有较高的安全裕度;而在 $1.5 < e/e_0 < 8.76$ 范围内则比 JWES2805 设计曲线偏于保守,但比其余的设计曲线有较小的安全裕度。

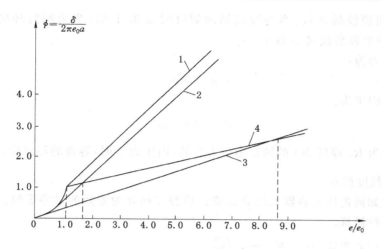

图 6-5　几种设计曲线的比较图形

1——Wells 曲线；2——Burdekin 曲线；3——JWES2805 曲线；4——CVDA 曲线

6.4　COD 准则的工程应用

　　COD 准则主要用于韧性较好的中、低强度钢,特别是压力容器和管道。此外,COD 方法主要目的在于寻求用于焊缝和结构钢焊接件的特征参量,这些在实验室内是难以模拟的,因而 COD 方法在焊接结构设计中有着更广泛的应用。

　　COD 准则中裂纹张开位移临界值 δ_c,是材料韧性的度量,可以通过试验测定。这方面的工作英国开展较早,已制定出标准测试方法。1980 年,我国颁布的《裂纹张开位移(COD)试验方法》(GB 2358—1980),对临界 COD 的测试原理和方法作了详细说明。而 δ 的计算,需区分不同情况。

6.4.1　低应力下的 COD 准则

　　当 $0.5 < \sigma/\sigma_0 < 1$ 时,属于中到大范围屈服。塑性区仍为广大弹性区所包围,一般认为 D-B 模型仍然成立,可以利用式(6-12)来计算裂纹张开位移。但是式(6-12)是对无限大平板贯穿裂纹导出的,应用于压力容器或管道时,考虑到曲面压力容器壁中的"鼓胀效应"以及容器多为表面或深埋裂纹等情况,还需进一步修正。下面以 D-B 模型为例,分别考虑三种修正:

　　(1) 鼓胀效应修正

　　当曲面容器受到内压力时,由于存在裂纹,破坏了径向力的平衡而使裂纹向外鼓胀,在裂纹尖端区域将产生相应的附加弯曲应力来维持平衡。因此,裂纹尖端附近除受到环向应力的拉伸外,还受到弯曲应力作用。附加弯矩的附加应力与原工作应力叠加,使有效作用应力增大,故按平板公式进行 δ 计算时,应在工作应力中引入扩大系数 M。M 与裂纹长度 $2a$、容器半径 R、壁厚 t 有关,随容器形状及裂纹方向而不同,统一形式为:

$$M = \left(1 + \alpha \frac{a^2}{Rt}\right)^{\frac{1}{2}}$$
(6-19)

式中，α 为不同裂纹的系数。当为圆筒轴向裂纹时，α 取 1.61；当为圆筒环向裂纹时，α 取 0.32；当为球形容器裂纹时，α 取 1.93。

则有效应力为：

$$\bar{\sigma} = M\sigma \tag{6-20}$$

应力强度因子为：

$$K = M\sigma\sqrt{\pi a} \tag{6-21}$$

对于半径为 R、厚度为 t 的圆柱形压力容器，内压为 p 时，容器的环向应力 $\sigma = \dfrac{Rp}{t}$。

（2）裂纹长度修正

主要讨论如何把压力容器上的表面或深埋裂纹换算为等效的贯穿裂纹。这里按 K 因子等效原则进行换算。

无限大板中心贯穿裂纹：$K_{\mathrm{I}} = \sigma\sqrt{\pi a}$

无限大板中心非贯穿裂纹：$K_{\mathrm{I}} = Y\sigma\sqrt{\pi a} = \sigma\sqrt{\pi(Y^2 a)}$

按 K_{I} 等效原则，令非贯穿裂纹的 K_{I} 等于无限大板中心贯穿裂纹的 K_{I}，则等效贯穿裂纹长度为：

$$\bar{a} = Y^2 a \tag{6-22}$$

对于表面裂纹，若：

$$K_{\mathrm{I}} = \frac{1.1\sigma\sqrt{\pi a}}{\sqrt{Q}} \quad [Q = E^2(k) - 0.214\,(\sigma/\sigma_0)^2]$$

则：

$$\bar{a} = \left(\frac{1.1}{\sqrt{Q}}\right)^2 a = \frac{1.21}{Q}a$$

（3）材料加工硬化修正

考虑到材料的加工硬化，可用流变应力 σ_{f} 代替屈服强度 σ_0，对于 $\sigma_0 = 200 \sim 400$ MPa 的低碳钢，一般取：

$$\sigma_{\mathrm{f}} = (\sigma_0 + \sigma_{\mathrm{b}})/2 \tag{6-23}$$

综合上述修正，D-B 模型的 δ 计算公式变为：

$$\delta = \frac{8a\sigma_{\mathrm{f}}}{\pi E}\ln\left[\sec\frac{\pi(M\sigma)}{2\sigma_{\mathrm{f}}}\right] \tag{6-24}$$

由 $\delta = \delta_{\mathrm{c}}$ 得，对给定的应力 σ，可得临界裂纹长度：

$$a_{\mathrm{c}} = \frac{\pi E\delta_{\mathrm{c}}}{8\sigma_0\ln\left(\sec\dfrac{\pi M\sigma}{2\sigma_0}\right)} \tag{6-25}$$

反之，对给定的裂纹长度 a，可求出临界环向应力：

$$\sigma_{\mathrm{c}} = \frac{2\sigma_0}{\pi M}\arccos\left[\exp\left(1 - \frac{\pi E\delta_{\mathrm{c}}}{8a\sigma_0}\right)\right] \tag{6-26}$$

6.4.2　高应变下的 COD 准则

当容器压力继续增大，$\sigma/\sigma_0 > 1$ 时，裂纹部分很可能已处于全面屈服状态。一般说来，

D-B 模型已经失效。因此当容器压力继续增大时,用应变之比 e/e_0(标定应变)来表示压力容器的工作状态比较合适,一般采用 Burdekin 和 Dawes 所建议的经验公式来计算临界张开位移。

关键在于确定不同情况下应变 e 的大小。根据容器通用材料的应力、应变曲线,可得出各种压力对应的 e,如图 6-6 所示。如,在设计压力下,$e = 2e_0$;水压试验时,$e = 6e_0$。

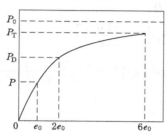

图 6-6　容器通用材料应力应变曲线

这样,在各种情况下应变 e 确定后,进而按以下经验公式计算临界裂纹长度 a_c:

$$a_c = k \left(\frac{\delta_c}{e_0} \right) = k \left(\frac{K_{\mathrm{I}c}}{\sigma_0} \right)^2 \tag{6-27}$$

式中,k 的值可由表 6-1 查出。表中($s \cdot r$)表示已消除焊后残余应力,($a \cdot \omega$)表示未消除焊后残余应力。

表 6-1　　　　　　　　　　　　　　　**各种情况下的 k 值**

设计压力 $\sigma = \frac{2}{3}\sigma_0$				水压试验 $\sigma = 1.3 \times \frac{2}{3}\sigma_0$			
筒身		接管		筒身		接管	
$(s \cdot r)^*$	$(a \cdot \omega)$	$(s \cdot r)$	$(a \cdot \omega)$	$(s \cdot r)^*$	$(a \cdot \omega)$	$(s \cdot r)$	$(a \cdot \omega)$
0.5	0.09	0.09	0.06	0.25	0.09	0.03	0.024

注:* 该项 k 值用 Dugdale 模型给出的式(6-12)计算,其余用式(6-16)计算。

例 6-1　某低温换热器在使用中发生脆断。事后查明在管板与筒体相接的焊缝上,有深为 4 mm 的表面裂纹。材料的脆断韧度 $K_{\mathrm{I}c} = 59\ \mathrm{MPa}\sqrt{\mathrm{m}}$,$\sigma_0 = 400\ \mathrm{MPa}$。试分析事故原因。

解　根据表 6-1 可知,在设计压力下,消除残余应力情况时,$k = 0.09$,算出该问题的临界裂纹长度:

$$a_c = 0.09 \left(\frac{K_{\mathrm{I}c}}{\sigma_0} \right)^2 = 0.09 \left(\frac{59}{400} \right)^2 = 2\ (\mathrm{mm})$$

临界裂纹长度仅为出事故时裂纹深度的一半。可见此事故为裂纹失稳扩展所致。

例 6-2　有一压力容器,外径为 200 mm,壁厚 $t = 6$ mm,沿容器轴向有长为 $2a = 61.5$ mm 的穿透裂纹。已知 $\sigma_0 = 559$ MPa,$E = 200$ GPa,$\delta_c = 0.06$ mm。求裂纹开裂时的容器压力 p_c。

解　这里为圆筒身上的轴向裂纹,在失稳之前,一般不会全面屈服,可采用 Dugdale 模型计算:

$$a = \frac{61.5}{2} = 30.75 \text{ (mm)}, R = (200 - 6)/2 = 97 \text{ (mm)}$$

由式(6-19)计算鼓胀效应因子:

$$M = \left(1 + \alpha \frac{a^2}{Rt}\right)^{\frac{1}{2}} = \left[1 + 1.61 \times \frac{30.75^2}{97 \times 6}\right]^{\frac{1}{2}} = 1.9$$

由式(6-26)计算临界环向应力:

$$\begin{aligned}
\sigma_c &= \frac{2\sigma_0}{\pi M} \arccos\left[\exp\left(1 - \frac{\pi E \delta_c}{8a\sigma_0}\right)\right] \\
&= \frac{2 \times 559}{\pi \times 1.9} \arccos\left[\exp\left(1 - \frac{\pi \times 200 \times 10^3 \times 0.06}{8 \times 30.75 \times 559}\right)\right] \\
&= 132.5 \text{ (MPa)}
\end{aligned}$$

开裂时的容器压力:

$$p_c = \sigma_c \frac{t}{R} = 132.5 \times \frac{6}{97} = 8.2 \text{ (MPa)}$$

计算结果表明,临界环向应力比较低,$\sigma_c/\sigma_0 < 0.5$,属于小范围屈服情况。如果按照线弹性断裂力学进行计算,并考虑"鼓胀效应",由式(6-21)和式(6-14)可得:

$$\delta_c = \frac{K_{Ic}^2}{E\sigma_0} = \frac{(M\sigma_c\sqrt{\pi a})^2}{E\sigma_0}$$

$$\sigma_c = \frac{1}{M}\sqrt{\frac{E\sigma_0\delta_c}{\pi a}} = \frac{1}{1.9}\sqrt{\frac{200 \times 10^3 \times 559 \times 0.06}{\pi \times 30.75}} = 138.7 \text{ (MPa)}$$

$$p_c = \sigma_c \frac{t}{R} = 138.7 \times \frac{6}{97} = 8.6 \text{ (MPa)}$$

可见,与上述计算结果非常接近,相差不足5%。

6.5 COD 理论的意义和局限性

断裂力学主要是解决裂纹体的破坏问题,对于准脆性断裂,线弹性断裂力学提供了必要的理论基础和试验技术,成功地应用于各种工程实际问题。但是,线弹性断裂力学的理论和方法不能解决裂纹附近存在较大范围屈服区的裂纹问题。而 COD 理论的提出,使断裂力学在解决一般弹塑性裂纹体的破坏方面,占据了主要阵地。实践表明,COD 理论用于焊接结构和各种压力容器比较有效,并广泛地应用于各种中、低强度钢制成的构件。此外,COD理论应用于工程实际时,简单易行,δ_c 测量比较直观简单,所得结果容易用试验验证。因此,深受工程技术人员喜欢。

但是,COD 理论还有很多不完善的地方。例如,COD 理论的计算多为以经验和试验数据为基础,比较粗糙,如果裂纹形状和尺寸更加复杂,将无法解决。又如,建立 COD 断裂准则所需的断裂韧度 δ_c,现已查明,δ_c 不仅与材料性质有关,还与裂纹尖端的约束情况有关,这种约束依赖于裂纹板的厚度、宽度和裂纹尺寸。因此,一般弹塑性体的断裂韧度,还不能用 δ_c 这样一个单参数来表示。当然,这并不是说,COD 理论不能具体应用。不过,严格地说来,在应用 COD 理论时,还必须弄清楚,试件中裂纹尖端的约束应等于或大于构件中裂纹尖端的约束。例如,裂纹尖端处于平面应变状态时,为三向拉伸;若处于平面应力状态时,为二向拉伸。所以,平面应变的约束大于平面应力的约束。而平面应变的断裂韧度低于平面应力的断裂韧度。

习 题

6.1 对于 Ⅰ 型裂纹,应力强度因子为 $K_{\mathrm{I}} = \sigma\sqrt{\pi a}$。已知 $K_{\mathrm{I}c} = 31\ \mathrm{MPa}\sqrt{\mathrm{m}}$,$\sigma_0 = 980$ MPa,平面应力状态。试按照 COD 准则,分别根据 Irwin 的塑性区假设和 Dugdale 模型,画出临界裂纹长度 a_c 随 σ/σ_0 的变化曲线。

6.2 某合成塔内径 $d = 1\,010\ \mathrm{mm}$,壁厚 $t = 85\ \mathrm{mm}$,由十一层层板与内筒组合而成,每层层板为 6 mm,在层板间的纵焊缝上,发现许多环向裂纹,其中最大的 $2c = 42\ \mathrm{mm}$。容器的设计压力 $p = 31.4\ \mathrm{MPa}$,层板钢材为 14Mn-Mo-VB,测得 $\delta_c = 0.061\ \mathrm{mm}$,$\sigma_0 = 706$ MPa。试分析容器在水压试验时是否安全。材料的弹性模量 $E = 206\ \mathrm{GPa}$。

提示:对容器上存在的环向裂纹,鼓胀效应因子可按下式计算:

$$M = \left[1 + 1.61\frac{a^2}{5Rt}\right]^{\frac{1}{2}}$$

6.3 在上题所给出的条件下,试计算容器开裂时的临界裂纹长度。

6.4 某低合金钢汽包在水压试验时发生脆断,后查明在筒身上有一初始表面裂纹,深为 90 mm,长 360 mm,钢材的断裂韧度 $\delta_c = 0.43\ \mathrm{mm}$,$e_0 = 0.002\,2$。设已消除焊后残余应力,试作断裂分析。

6.5 圆筒形压力容器,外径 $\phi = 200\ \mathrm{mm}$,壁厚 $t = 6\ \mathrm{mm}$,内压力 $p = 8.33\ \mathrm{MPa}$,焊缝有轴向表面裂纹长 20 mm,深 5 mm。材料的屈服点 $\sigma_0 = 558\ \mathrm{MPa}$,弹性模量 $E = 2.06 \times 10^5$ MPa,临界 COD 值 $\delta_c = 0.06\ \mathrm{mm}$。若安全系数 $n_\delta = 2$,试校核该容器是否安全。

第7章 J 积分理论

COD 参量及其判据,采用了间接的定义及一些经验公式,因其测量方法简单,能够简单而有效地解决实际问题,在中、低强度钢焊接结构和压力容器断裂安全分析中得到了广泛的应用,但它不是一个直接而严密的裂纹尖端弹塑性应力、应变场的表征参量。

在线性断裂力学中,成功地找到了应力强度因子 K 作为裂纹尖端附近应力场强度的唯一度量,从而得以建立 K 断裂准则。该准则是建立在严格的裂纹尖端附近应力、应变分析的基础上,并有大量实验作基础。那么在一般的弹塑性条件下,能否找到描述裂纹尖端附近应力、应变场强度的唯一参量,可以像线性断裂力学那样,建立在严格的应力、应变分析基础上的断裂准则呢?

赖斯(Rice)于 1968 年提出了 J 积分概念。赖斯考虑在弹塑性条件下,由于裂纹尖端出现了一定范围的塑性区而使问题变得十分复杂,最早为了避开求解裂纹前缘的塑性应力、应变场时所遇到的数学上的困难,作为一个应力分析的手段,提出了平面裂纹问题的 J 积分方法。

J 积分是弹塑性断裂力学中一个重要的参量,既能描述裂纹尖端区域应力、应变场的强度,又容易通过实验测定。已用于发电工业,特别是核动力装置中材料的断裂准则,也称其是一个定义明确,理论严密的应力、应变场参量。

7.1 J 积分的定义及其守恒性

在弹塑性条件下,由于裂纹尖端出现了一定范围的塑性区而使问题变得十分复杂。最早,赖斯为了避开求解裂纹前缘的塑性应力、应变场时所遇到的数学上的困难,作为一个应力分析的手段,提出了平面裂纹问题的 J 积分。

7.1.1 J 积分的定义

设有一个具有穿透裂纹的平面裂纹问题,裂纹表面无外力作用。赖斯提出围绕裂纹尖端,从下裂纹表面开始,按逆时针方向到上裂纹表面止,取积分回路,如图 7-1 所示。

J 积分如下定义:

$$J = \int_{\Gamma} \left(w\mathrm{d}y - \vec{T} \cdot \frac{\partial \vec{u}}{\partial x}\mathrm{d}s \right) \qquad (7\text{-}1)$$

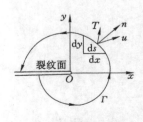

图 7-1 J 积分回路

式中，Γ 是任意围绕裂纹尖端的逆时针回路，起于下裂面，终于上裂面；w 是回路上任一点的应变能密度；$\vec{T}$ 是回路上任一点处的应力矢量；$\vec{u}$ 是回路上任一点处的位移矢量；$\mathrm{d}s$ 是积分回路上的弧元素。

记 $x = x_1, y = x_2$；$\vec{T}$ 在坐标方向的分量记作 $T_x = T_1, T_y = T_2$；$\vec{u}$ 在坐标方向的分量记作 $u = u_1, v = u_2$。

利用求和约定，于是式(7-1)又可表示为：

$$J = \int_{\Gamma} \left(w\mathrm{d}x_2 - T_i \cdot \frac{\partial u_i}{\partial x_1}\mathrm{d}s \right) \quad (i = 1,2) \tag{7-2}$$

记积分回路上单位法线矢量方向余弦为：

$$n_1 = \cos(n, x_1) = \mathrm{d}x_2/\mathrm{d}s, \quad n_2 = \cos(n, x_2) = -\mathrm{d}x_1/\mathrm{d}s$$

即

$$\begin{cases} -n_2\mathrm{d}s = \mathrm{d}x_1 \\ n_1\mathrm{d}s = \mathrm{d}x_2 \end{cases} \tag{7-3}$$

并引入 Kronecker 符号：

$$\delta_{ij} = \begin{cases} 0 & i \neq j \\ 1 & i = j \end{cases}$$

根据应力边界条件，有：

$$T_i = \sigma_{ij}n_j \quad (i, j = 1,2)$$

于是 J 积分又可写成：

$$J = \int_{\Gamma} \left(wn_1 - \sigma_{ij}n_j \frac{\partial u_i}{\partial x_1} \right)\mathrm{d}s = \int_{\Gamma} \left(w\delta_{1j} - \sigma_{ij} \cdot \frac{\partial u_i}{\partial x_1} \right)n_j\mathrm{d}s \tag{7-4}$$

J 积分纯粹是从数学上给出的定义，但该定义使 J 积分具有场强的性质，包含应力、应变分量。此外，J 积分有一个非常重要的性质，就是它的积分值与所选择的积分路径无关，称为 J 积分的守恒性，或称为路径无关性，证明略。

7.1.2　J 积分守恒的前提条件

J 积分守恒应满足：① 不计体力(用不计体力的平衡方程)；② 小应变(用小应变几何方程)；③ 裂面自由，即裂纹面上无外荷载作用；④ 单调加载，即对弹塑性体加载过程中不允许发生卸载。

一般情况下，不具备这 4 个条件，但仍适用，经更严密的证明，由此引起的误差不超过 5%，满足工程要求，从而使 J 积分参量的应用范围扩大到三维非线性弹性体、轴对称裂纹体等问题中。

由 J 积分的守恒性可知，无论沿什么路径积分，J 积分对于给定的材料应是常数，可以反映裂纹尖端的某种力学特性或应力、应变场强度(如 K)，同时在分析中有可能避开裂纹尖端这个难以直接严密分析的区域。

7.2　J 积分与裂纹尖端应力、应变场

要使 J 积分真正成为弹塑性断裂准则的有效参量，裂纹尖端区域应力、应变场的强度

必须能由 J 积分值所唯一确定,或者说 J 积分是描述裂纹尖端区域应力、应变场强度的单一参量。

7.2.1 线弹性情况

线弹性情况下裂纹尖端区域的应力、应变渐近表达式:

$$\begin{cases} \sigma_{ij}(r,\theta) = \dfrac{K_{\mathrm{I}}}{\sqrt{2\pi r}}\tilde{\sigma}_{ij}(\theta) \\[3mm] \varepsilon_{ij}(r,\theta) = \dfrac{K_{\mathrm{I}}}{\sqrt{2\pi r}}\tilde{\varepsilon}_{ij}(\theta) \end{cases} \tag{7-5}$$

式中,$\tilde{\sigma}_{ij}(\theta)$,$\tilde{\varepsilon}_{ij}(\theta)$ 分别为应力分量和应变分量的角因子,具体表达式第 2 章已给出。

从式(7-5)可以看出:

(1) 公式中所给为应力、应变主奇项,即 $r \ll a$ 的情况。

(2) 裂纹尖端区域 σ_{ij} 和 ε_{ij} 可由 K_{I} 唯一确定。

(3) σ_{ij} 和 ε_{ij} 在裂纹尖端处都具有 $\dfrac{1}{\sqrt{r}}$ 奇异性。

(4) $\sigma_{ij}\varepsilon_{ij}$ 乘积正比于 $1/r$。

7.2.2 弹塑性情况——HRR 解

赖斯、罗森格林(Rosengren)和哈钦森(Hutchinson)对幂硬化材料在全量理论描述下证明了 J 积分同样唯一决定着裂纹尖端弹塑性应力、应变场的强度,也具有奇异性,其应力、应变的渐近表达式为:

$$\begin{cases} \sigma_{ij}(r,\theta) = A\left(\dfrac{J}{AI_n}\right)^{\frac{N}{N+1}} \cdot r^{-\frac{N}{N+1}}\tilde{\sigma}_{ij}(\theta,N) \\[3mm] \varepsilon_{ij}(r,\theta) = \left(\dfrac{J}{AI_n}\right)^{\frac{1}{N+1}} \cdot r^{-\frac{1}{N+1}}\tilde{\varepsilon}_{ij}(\theta,N) \end{cases} \tag{7-6}$$

式中,A 为材料常数;N 为幂强化指数;I_n 是 N 的函数,有文献提供其近似式 $I_n = 10.3\sqrt{0.13+N} - 4.8N$,当 $0 < N < 1$ 时其误差小于 2%;$\tilde{\sigma}_{ij}$、$\tilde{\varepsilon}_{ij}$ 为角因子,是 θ,N 的无量纲函数。

该式与线弹性应力、应变渐近解在形式上十分一致,有如下特点:

(1) 表达式为 σ_{ij} 与 ε_{ij} 的主奇项。

(2) J 与 K_{I} 相当,在弹塑性状态下,可以用 J 作为参量来建立断裂判据。

(3) σ_{ij} 具有 $r^{-\frac{N}{N+1}}$ 的奇异性,ε_{ij} 具有 $r^{-\frac{1}{N+1}}$ 的奇异性。

(4) $\sigma_{ij}\varepsilon_{ij} \propto 1/r$。

将此弹塑性下裂纹尖端区域应力、应变的奇异性称为 HRR 奇异性。

证明如下:

取圆心为裂纹尖端而半径为 r 的圆周作为积分回路 Γ,则:

$$\mathrm{d}s = r\mathrm{d}\theta, x_2 = r\sin\theta, \mathrm{d}x_2 = r\cos\theta\mathrm{d}\theta$$

代入 J 积分表达式:

$$J = \int_{\Gamma} \left(w \mathrm{d}x_2 - T_i \frac{\partial u_i}{\partial x_1} \mathrm{d}s \right) = \int_{-\pi}^{\pi} \left(wr\cos\theta \mathrm{d}\theta - T_i \frac{\partial u_i}{\partial x_1} r\mathrm{d}\theta \right)$$

即

$$\frac{J}{r} = \int_{-\pi}^{\pi} \left(w\cos\theta - T_i \frac{\partial u_i}{\partial x_i} \right) \mathrm{d}\theta \tag{7-7}$$

由于 J 积分具有守恒性（$J = $ 常量），故当 $r \to 0$ 时，上式两端均应具有 $\frac{1}{r}$ 的奇异性。而等式右端积分项的被积分式均为 $\sigma_{ij}\varepsilon_{ij}$ 的齐次型。因而当 $r \to 0$ 时，$\sigma_{ij}\varepsilon_{ij} \propto r^{-1}$。

现设 $\sigma_{ij} \propto r^{-p}$，$\varepsilon_{ij} \propto r^{-q}$，比较上、下两式 r 的幂次，应有 $p + q = 1$，幂强化材料有下述应力、应变关系：

$$\sigma_e = A \left(\varepsilon_e^p \right)^N \tag{7-8}$$

式中，σ_e 为等效应力；A 为材料常数；N 为硬化指数；ε_e^p 为等效塑性应变。

将 $\sigma_{ij} \propto r^{-p}$，$\varepsilon_{ij} \propto r^{-q}$ 代入式(7-8)有：

$$r^{-p} = A \left(r^{-q} \right)^N \tag{7-9}$$

即 $p = qN$，由于 $p + q = 1$，因此：

$$\begin{cases} p = \dfrac{N}{N+1} \\ q = \dfrac{1}{N+1} \end{cases}$$

即表明应力具有 $r^{-\frac{N}{N+1}}$，应变具有 $r^{-\frac{1}{N+1}}$ 的奇异性。

7.3 J 与 G 和 COD 的关系

对于线弹性体，J 积分守恒成立的几个前提条件（不计体力，小应变，单调加载）都是自然具备的。关于用 J 积分描述的应力、应变 HRR 奇异性，当 $n = 1$（即线弹性体）时也均反映为 $\frac{1}{\sqrt{r}}$。因此，J 积分理论也可以用来描述分析线弹性平面裂纹问题。

7.3.1 J 与 G 的关系

由 J 积分的回路积分定义式可知，在线弹性（平面应变）情况下，应变能密度为：

$$w = \frac{1}{2}\sigma_{ij}\varepsilon_{ij} = \frac{1+\mu}{2E}\left[(1-\mu)(\sigma_{11}^2 + \sigma_{22}^2) - 2\mu\,\sigma_{11}\sigma_{22} + 2\sigma_{12}^2 \right]$$

将 I 型裂纹尖端应力分量表达式代入上式得：

$$w = \frac{K_{\mathrm{I}}^2}{2\pi r} \frac{1+\mu}{E}\left[\cos^2\frac{\theta}{2}\left(1 - 2\mu + \sin^2\frac{\theta}{2} \right) \right]$$

取一个以裂纹尖端为圆心，半径为 r 的回路 Γ，则：

$$\int_{\Gamma} w \mathrm{d}x_2 = \int_{-\pi}^{\pi} wr\cos\theta \mathrm{d}\theta = \frac{K_{\mathrm{I}}^2(1+\mu)(1-2\mu)}{4E} \tag{7-10}$$

又因为

$$T_1 = \sigma_{11}\cos\theta + \sigma_{12}\sin\theta = \frac{K_{\mathrm{I}}}{\sqrt{2\pi r}}\cos\frac{\theta}{2}\left(\frac{3}{2}\cos\theta - \frac{1}{2} \right)$$

$$T_2 = \sigma_{21}\cos\theta + \sigma_{22}\sin\theta = \frac{K_{\mathrm{I}}}{\sqrt{2\pi r}}\cos\frac{\theta}{2}\left(\frac{3}{2}\sin\theta\right)$$

$$u_1 = \frac{K_{\mathrm{I}}}{G}\sqrt{\frac{r}{2\pi}}\cos\frac{\theta}{2}\left(1 - 2\mu + \sin^2\frac{\theta}{2}\right)$$

$$u_2 = \frac{K_{\mathrm{I}}}{G}\sqrt{\frac{r}{2\pi}}\sin\frac{\theta}{2}\left(2 - 2\mu - \cos^2\frac{\theta}{2}\right)$$

并注意到坐标变换微分关系 $\frac{\partial}{\partial x_1} = \cos\theta\frac{\partial}{\partial r} - \frac{\sin\theta}{r}\frac{\partial}{\partial\theta}$，故：

$$\int_\Gamma T_i\frac{\partial u_i}{\partial x_1}\mathrm{d}s = \int_{-\pi}^{\pi}\left(T_1\frac{\partial u_1}{\partial x_1} + T_2\frac{\partial u_2}{\partial x_2}\right)r\mathrm{d}\theta = -\frac{-K_{\mathrm{I}}^2(1+\mu)(3-2\mu)}{4E} \tag{7-11}$$

将式(7-10)及式(7-11)代入 J 积分定义式,则：

$$J = \int_\Gamma w\mathrm{d}x_2 - T_i\frac{\partial u_i}{\partial x_1}\mathrm{d}s = \frac{1-\mu^2}{E}K_{\mathrm{I}}^2 = \frac{K_{\mathrm{I}}^2}{E'} = G_{\mathrm{I}} \tag{7-12}$$

平面应力状态下, $E' = E$。

由此可见,在线弹性状态下, J 积分即为裂纹扩展能量释放率 G, J 是一个普遍适用的参量,可以用 J 作为参量来建立断裂判据 $J = J_{\mathrm{Ic}}$, 且 J 判据与 K 判据、G 判据完全等效。

7.3.2 J 与 COD 的关系

对于弹塑性断裂问题, J 积分与 COD 都是可用的参量,它们之间有何种联系呢?
(1) 小范围屈服下(以平面应力为例)
因为在线弹性或小范围屈服下有：

$$J = G_{\mathrm{I}} = \frac{K_{\mathrm{I}}^2}{E} \tag{7-13}$$

在 Irwin 模型下,考虑塑性区修正的 δ-K_{I} 关系为：

$$\delta = \frac{4}{\pi}\frac{G_{\mathrm{I}}}{\sigma_0} = \frac{4}{\pi}\frac{J}{\sigma_0}$$

所以

$$J = \frac{\pi}{4}\sigma_0\delta \tag{7-14}$$

(2) 在 D-B 模型下 J 与 COD 的关系

如图 7-2 所示,取带状屈服区边界 ABD 为积分回路 Γ。AB 和 BD 可以看成平行于 x_1, 故 $\mathrm{d}x_2 = 0$, 且 $\mathrm{d}s = \mathrm{d}x_1$; 作用于路径上的 T_i, 在 AB 上 $T_2 = \sigma_0$, 在 BD 上 $T_2 = -\sigma_0$; 路径上的位移分量 u_i 即为 $T_2(x_2)$ 方向的位移 v, 故：

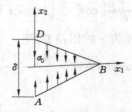

图 7-2 裂纹尖端张开位移

$$J = \int_{\Gamma}\left(w\,\mathrm{d}x_2 - T_i\,\frac{\partial u_i}{\partial x_1}\mathrm{d}s\right) = -\int_{AB} T_2\,\frac{\partial v}{\partial x_1}\mathrm{d}x_1 + \int_{BD} T_2\,\frac{\partial v}{\partial x_1}\mathrm{d}x_1 = -\sigma_0 v\Big|_A^B + \sigma_0 v\Big|_D^B$$

$$= \sigma_0(v_A - v_B + v_B - v_D) = \sigma_0(v_A - v_D) = \sigma_0\delta$$

因为

$$\delta = \frac{8\sigma_0 a}{\pi E}\ln\left(\sec\frac{\pi\sigma}{2\sigma_0}\right)$$

所以

$$J = \frac{8\sigma_0^2 a}{\pi E}\ln\left(\sec\frac{\pi\sigma}{2\sigma_0}\right) \tag{7-15}$$

若考虑实际材料塑性区内的加工硬化,取流变应力 $\sigma_f = (\sigma_0 + \sigma_b)/2$ 比 σ_0 高,再考虑裂纹前缘并非处于理想的平面应力状态,一般对上面的 J 进行修正:

$$J = k\sigma_0\delta$$

式中,k 为 COD 减少因子,一般取 $k = 1.1 \sim 2.0$。

（3）按 HRR 奇异场解导出的 J 与 COD 的关系

由 $J = k\sigma_0\delta$ 推出:

$$\delta = 2u_y = d_n\frac{J}{\sigma_0} \tag{7-16}$$

式中, $d_n = d_n(\alpha, \sigma_0/E, n)$,平面应力、应变状态取不同的值,可查表得到。

7.4　J 积分的形变功定义

7.4.1　J 积分的形变功率定义

作为工程上应用方便的断裂判据参量,必须易于实验测定和理论计算。回路积分定义的 J 积分,虽然定义明确,又是比较严密的裂纹尖端场参量,但往往要用有限元计算非线性情况下裂纹体的应力、应变场和位移场,再利用围线积分才能求出 J 值,计算非常不便,甚至很困难。

在线弹性情况下:

$$J = G_I = \left(\frac{\partial U}{\partial a}\right)_P = -\left(\frac{\partial U}{\partial a}\right)_\Delta = -\left(\frac{\partial \Pi}{\partial a}\right) \tag{7-17}$$

式中,Π 为单位厚度试样的位能;U 为单位厚度试样的应变能。

这个关系表明 J 积分和试样加载过程中具有的位能变化率有关,这就直接把 J 积分与外加荷载及施力点位移联系起来。

那么在弹塑性状态下,该关系是否仍然成立?

7.4.2　赖斯分析的结论

赖斯经过烦琐的分析指出,对于非线性弹性体二维试样,这种关系仍然成立。但应用于弹塑性体时必须注意以下两个问题:

（1）塑性变形是不可逆的,裂纹扩展将意味着局部卸载,故 $J = -\dfrac{\partial \Pi}{\partial a}$ 不可理解为裂纹扩展的能量变化率,而是具有相同几何外形,在相同外载和边界约束下,具有相近裂纹长度 a 及 $a+\Delta a$ 的两个试样单位厚度的位能差率。

(2) 必须限于单调加载和小变形条件下。

7.4.3 J 积分的几个表达式

式(7-17)是测定 J 积分的基本公式,可进一步简化为更简洁的形式。

(1) 恒载荷情况

两个裂纹长度相差 Δa 的物体,下端作用有恒力 P。裂纹长为 a 的物体施力点位移为 Δ_1,而 $a+\Delta a$ 的物体则有位移 Δ_2,如图 7-3 所示。

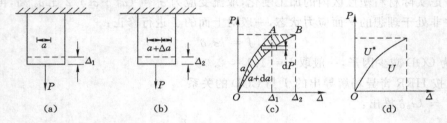

图 7-3 同荷载含裂纹体比较

在单调加载条件下,外力功 $W=P\Delta$;应变能 $U=\int_0^\Delta P\mathrm{d}\Delta$;位能 $\Pi=U-P\Delta=-U^*$(U^* 为余能)。则裂纹长度为 a 和 $a+\Delta a$ 的两条 $P\text{-}\Delta$ 曲线所围成的面积 $OABO$ 为二者的位能差率:

$$J=-\left(\frac{\partial \Pi}{\partial a}\right)=\left(\frac{\partial U^*}{\partial a}\right)_P=\frac{\partial}{\partial a}\int_0^P\left(\frac{\partial \Delta}{\partial a}\right)_P\mathrm{d}a\mathrm{d}P=\int_0^P\left(\frac{\partial \Delta}{\partial a}\right)_P\mathrm{d}P \qquad (7\text{-}18)$$

(2) 恒位移情况

裂纹体在外力作用下产生位移后,固定其两端形成恒位移条件(图 7-4),由于裂纹长度不同,a 和 $a+\Delta a$ 的两物体产生相同位移所需的力也不同,分别为 P_1 和 P_2,此时外力功为 $W_P=0$,所以位能 Π 等于应变能 U,两物体的位能差率仍由面积 $OABO$ 决定:

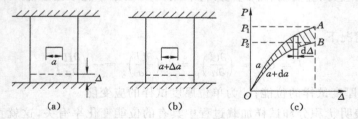

图 7-4 无位移含裂纹体比较

$$J=-\left(\frac{\partial \Pi}{\partial a}\right)=\left(\frac{\partial U}{\partial a}\right)_\Delta=-\frac{\partial}{\partial a}\int_0^\Delta\left(\frac{\partial P}{\partial a}\right)_\Delta\mathrm{d}a\mathrm{d}\Delta=\int_0^\Delta\left(\frac{\partial P}{\partial a}\right)_\Delta\mathrm{d}\Delta \qquad (7\text{-}19)$$

当物体厚度 $B\neq1$ 时:

① 恒载

$$J=-\frac{1}{B}\left(\frac{\partial \Pi}{\partial a}\right)=\frac{1}{B}\left(\frac{\partial U^*}{\partial a}\right)_P \qquad (7\text{-}20)$$

② 恒位移

$$J = -\frac{1}{B}\left(\frac{\partial \Pi}{\partial a}\right) = -\frac{1}{B}\left(\frac{\partial U}{\partial a}\right)_{\Delta} \tag{7-21}$$

7.4.4　J 积分的物理意义

在弹性范围内,J 积分就等于裂纹尖端的能量释放率。

在塑性范围内,J 积分就代表两个相同尺寸的裂纹体,具有相同的边界约束和相同的边界载荷,不同裂纹尺寸时的势能差率 $\frac{\partial \Pi}{\partial a}$。

7.4.5　实验测定 J

实验中,式(7-21)常被用来计算 J 积分。式中 U 是应变能或称形变功,它是 P-Δ 曲线下的面积。由 J 积分的形变功率定义,可通过试验由外加载荷在施力点位移上所做的功来计算 J 积分值,以建立 J 积分与裂纹试样几何以及加载条件的关系,可分为多试样法和单试样法。

7.5　J_R 阻力曲线法

大多数延性断裂的结构材料,裂纹开始起裂时,裂纹尖端的奇异性比起裂前要弱得多。裂纹起裂并不意味着构件即将发生断裂,由于强化,试样的承载能力还有不同程度的增加,要使裂纹持续扩展,就需要不断增加荷载,裂纹经过一个稳定的扩展过程,才能最终到达失稳扩展而断裂。利用裂纹扩展阻力曲线即能描述这种现象,可以比较完整地显示出材料抵抗裂纹扩展的能力;同时阻力曲线法在测试上简便可靠,近年来国内外广泛应用这种方法测定材料的断裂韧度。

7.5.1　J_R 阻力曲线法定义

在裂纹缓慢稳定扩展过程中,以断裂韧度参量 J 表示材料中裂纹扩展阻力 J_R 和裂纹长度扩展量 Δa 的关系曲线称为 J_R-Δa 曲线或 J_R 阻力曲线。

根据构件工作的性质和需要,在 J_R 阻力曲线上确定临界状态 J 积分值的方法称为阻力曲线法。

7.5.2　J_R 曲线的实验过程

J_R-Δa 曲线中的数据点由 5~8 个裂纹长度大致相等的试样经实验而获得。第一个试件加载到略过最大载荷后停机卸载,然后以该点为参考继续实验,每个试件的停机点由位移计控制,以达到不同的 Δa,从而作出 J_R-Δa 数据点,最后用回归法作出 J_R 曲线,如图 7-5 所示。

延性断裂韧度(J 积分某些特征值)的定义:

(1) 表观起裂韧度 J_i——J_R 线与钝化线交点处的 J_R 值。

(2) 条件起裂韧度 $J_{0.05}$——对应于 $da = 0.05$ mm 的 J_R 值。

(3) $J_{0.2}$ 对材料断裂韧性作相对评定的参数,$da = 0.2$ mm 相应的 J_R 值。

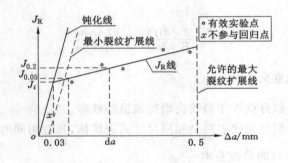

图 7-5　J_R 曲线的绘制

（4）起裂韧度 J_{1c} —— $da < 0.05$ mm 时即发生失稳断裂的 J_R 值。

实际上当 $da < 0.05$ mm 时，裂纹发生失稳，在弹塑性下很难找到，是脆性材料的指标。

7.5.3　J_R 阻力曲线中的钝化线

（1）钝化产生的原因

裂纹尖端垂直于裂纹方向受到拉伸作用，根据材料的泊松效应，会产生横向收缩，使裂纹由尖锐变得不尖锐。在这种情况下，反复钝化锐化使裂纹前缘出现一伸张区，此时称为伪裂纹扩展。

（2）钝化线的作法（人为曲线）

过原点作斜率为 $1.5(\sigma_0 + \sigma_b)$ 的直线，即为钝化线，它反映裂纹尖端钝化而出现的伸张区（或称"伪扩展量"）随载荷增加而增大的规律。

（3）最小、最大裂纹扩展线

① 最小裂纹扩展线过 $\Delta a = 0.03$ mm 的点作钝化线的平行线；

② 最大裂纹扩展线过 $\Delta a = 0.5$ mm 的点作平行与纵轴的直线。

上述四个指标是判断裂纹是否起裂或开裂的依据，如果 $J = J_i$，从表面上必然发生钝化，J_i 是实验测得的；若 $J = 0.05$，称从此条件下开裂。

材料的起裂韧度 J_{1c} 主要指以下两种典型情况：

① 以解理方式起裂并失稳断裂，失稳点即为起裂点；

② 以延性方式起裂后稳定裂纹扩展量极小。

7.6　J 积分应用于实际的静止裂纹问题

7.6.1　J 积分理论的近似性

对于静止裂纹，当外载荷不断增大，裂纹尖端附近出现断裂过程区，同时由于裂纹尖端应力、应变高度集中，产生了有限变形区。这样一来，就破坏了 J 积分存在的小变形和全量理论条件。

大量的数值计算和实验结果表明，对于幂硬化材料，在裂纹尖端附近，确实存在一个区域，在这个区域中，应力、应变场可以近似地由 J 唯一确定，J 积分在这个区域中起到支配和主导作用,这个区域称为 J 主导区。但在什么条件下这个区域才存在,有什么限制条件,这些称为 J 主导条件。

7.6.2　J 主导和J 主导条件

简而言之,能够采用 HRR 奇异解描述裂纹尖端弹塑性区域的应力、应变场的区域称为 J 主导区。J 主导区满足的条件称为 J 主导条件,如图 7-6(a)所示。

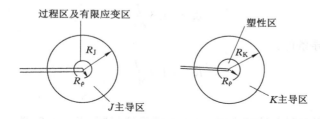

图 7-6　J 主导区与 K 主导区

(1)线弹性断裂力学。

裂纹尖端区域应力场的弹性近似解为:

$$\sigma_{ij} = \frac{K_{\mathrm{I}}}{\sqrt{2\pi r}}\tilde{\sigma}_{ij(\theta)}$$

该式是 Ⅰ 型裂纹问题应力全解,当略去第二项以后各项的主奇项,它只在裂纹尖端很小的范围内适用。这个用 K 表征的范围称为 K 控制区或 K 主导区,用 R_{K} 表示该区域的尺寸。但上式在裂纹尖端塑性区 R_ρ 内不适用。为保证 K 主导存在,必须要求 $R_\rho < R_{\mathrm{K}}$,如图 7-6(b)所示。这就是 K 主导条件。

(2)弹塑性断裂力学。

对于幂硬化材料的弹塑性断裂分析,已导出由 J 表征的 HRR 奇异场渐近解为:

$$\sigma_{ij} = \sigma_0 \left(\frac{EJ}{\alpha\sigma_0^2 I_n r}\right)^{\frac{1}{n+1}}\tilde{\sigma}_{ij}(\theta,n) \tag{7-22}$$

欲使 J 作为裂纹尖端场的唯一量度而有实际意义与用处,描述 J 主导条件由于讨论的是弹塑性问题,虽应力、应变有相应的数值,但其具体数值不能像材料力学、弹性力学那样给定载荷即可求应力、应变,其核心区域用 R_ρ 表示。

① 它的 σ、ε 或载荷、位移不能采用连续介质的方程来确定,没有确定的唯一表达式(因材料实际发生分离——断裂过程区)。

② 变形很大,肉眼可以看到,出现有限变形。

③ 断裂过程中应力、应变等无法采用各种手段观察、描述,但在区域 R_ρ 之外、在 R_{J} 之内,总可用 HRR 解用确定的观测值来描述,J 可作为唯一参量来描述应力、应变场的区域。R_ρ 完全包含在 J 主导区 R_{J} 之内,即 $R_{\mathrm{J}} > R_\rho$。

④ K 主导区 K_ρ 之内是塑性关系,K_ρ 之外为线性关系——线弹性材料。

J 主导区弹塑性材料(不是理想弹塑性,可为幂强化材料)只要大部分区域的很多情况能说清楚,由内推法来推出所关心的问题。

(3)经工程实验和有限元计算,对大多数韧性金属材料而言,R_ρ 一般取同一种材料裂

纹尖端张开位移的 2~3 倍,因而 J 主导区应满足的条件:

① $R_J > R_p = 3\delta_t$

而

$$\delta_t = d_n \frac{J}{\sigma_0}, \qquad d_n = d_n(\alpha, \varepsilon_0, n) \tag{7-23}$$

② 对中等、轻度硬化材料,取幂强化指数 $n = 10$,材料指数 d_n 为 0.6,故:

$$\delta_t = 0.6 \frac{J}{\sigma_0} \tag{7-24}$$

因此可得 J 主导条件:

$$R_J > 1.8 \frac{J}{\sigma_0}$$

③ 小范围屈服

薛昌明(Shin)用有限元计算表明,对于 I 型裂纹问题,当 $n > 3$,沿 $\theta = \pm 70°$ 处,塑性区尺寸 $R_p = 0.15J/\sigma_0\varepsilon_0$,若 $\varepsilon_0 = 0.003$,则 $R_J = 28R_p$,J 主导条件满足。

④ 大范围屈服

对第一类试件(韧带以弯曲为主,剩余韧带尺寸为 c):

$$R_J = 0.07c \tag{7-25}$$

第二类试件(韧带以拉伸为主):

$$c > 200 \frac{J}{\sigma_0} \tag{7-26}$$

总之,J 主导区尺寸随不同条件的变化而变化。

(4) 影响 J 积分主导区的因素有:

① 构件形状及变形形式;

② 幂强化指数 n,R_J 随 n 增大而增大;

③ R_J 随屈服范围的增大而减小。

7.6.3　J 积分的计算

只要 J 主导区存在,J 就是一个描述延性断裂合适的参量,就可以利用 J 建立弹塑性材料的断裂判据,以评价结构或材料的起裂。

(1) 小范围屈服

在小范围屈服情况下,J-G-K 的关系:

$$J = G = (K_I{}^*)^2/E' \tag{7-27}$$

式中,$K^* = Y\sigma\sqrt{\pi a^*} = f(a^*)$,$a^* = a + r_y$。

$$理想塑性\begin{cases} 平面应力\begin{cases} \text{Irwin:} r_y = \frac{1}{2}r_p = \frac{1}{2\pi}\left(\frac{K}{\sigma_0}\right)^2 \\[2mm] \text{D-B:} r_y = \frac{1}{3}r_p = \frac{\pi}{8}\left(\frac{K}{\sigma_0}\right)^2 \end{cases} \\[6mm] 平面应变\text{(Irwin):} r_y = \frac{1}{2}r_p = \frac{1}{4\sqrt{2}\pi}\left(\frac{K}{\sigma_0}\right)^2 \end{cases}$$

$$
幂强化
\begin{cases}
\text{Ⅲ 型：} r_y = \dfrac{1}{2\pi}\left(\dfrac{n-1}{n+1}\right)\left(\dfrac{K_{\text{Ⅲ}}}{\tau_0}\right)^2 \\[3mm]
\text{Ⅰ 型平面应力}
\begin{cases}
\text{Irwin：} r_y = \dfrac{1}{2\pi}\left(\dfrac{n-1}{n+1}\right)\left(\dfrac{K_{\text{Ⅰ}}}{\sigma_0}\right)^2 \\[3mm]
\text{D-B：} r_y = \dfrac{\pi}{8}\left(\dfrac{n-1}{n+1}\right)\left(\dfrac{K_{\text{Ⅰ}}}{\sigma_0}\right)^2
\end{cases} \\[5mm]
\text{Ⅰ 型平面应变（Irwin）：} r_y = \dfrac{1}{4\sqrt{2}\,\pi}\left(\dfrac{n-1}{n+1}\right)\left(\dfrac{K_{\text{Ⅰ}}}{\sigma_0}\right)^2
\end{cases}
$$

（2）大范围屈服（弹塑性下）

用 J 与 COD 的关系：

$$
J = k\sigma_0\delta \tag{7-28}
$$

式中，k 为 COD 减少因子，取值与试样尺寸和裂纹类型以及塑性变形的程度有关，一般取 $k = 1\sim 3$。

亦可将 J 分成两部分，即 $J = J_e + J_p$。

其中
$$
J_e = G_{\text{Ⅰ}} = (K_{\text{Ⅰ}}{}^{*})^2 / E' \tag{7-29}
$$
文献[5]给出不同构件、不同弯曲形式 J_p 的计算公式。

① 深埋裂纹纯弯曲试样（图 7-7）

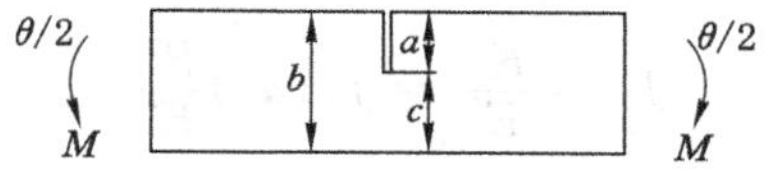

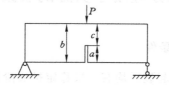

图 7-7　深埋裂纹纯弯曲试样

为了讨论方便，将图 7-7 转角 θ 分成两部分：

$$
\theta = \theta_{nc} + \theta_c
$$

式中，θ_{nc} 表示无裂纹时弯曲试件的相对转角；θ_c 为由于存在裂纹产生的转角。

由量纲分析，可以得出：

$$
J = \frac{2}{c}\int_0^{\theta_c} M \mathrm{d}\theta_c = \int_0^M \left(\frac{\partial\theta}{\partial a}\right)_M \mathrm{d}M \tag{7-30}
$$

式中，M 为单位厚度上作用的弯矩；c 为韧带宽度。

当 $c/b \leqslant 1/2$ 时，式（7-30）是近似成立的。

② 三点弯曲试样（图 7-8）

图 7-8　三点弯曲试样

$$
J = \frac{2}{c}\int_0^{\Delta c} P \mathrm{d}\Delta c
$$

$$
J = \frac{2U}{Bc} = \frac{2U}{B(b-a)} \tag{7-31}
$$

式中，P 为单位厚度的集中力；Δc 为荷载作用点位移；b 为整个试件高度；B 为试件厚度；U 为 P-Δ 曲线下的面积，如图 7-9 所示。

7.6.4　工程估算 J 积分的方法

弹塑性断裂分析估算方法的估算原理将线弹性解与全塑性解简单叠加得到弹塑性估算公式（图 7-10），其形式如下：

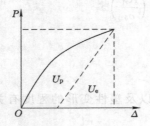

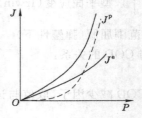

图 7-9　三点弯曲试样 P-Δ 曲线　　　　　图 7-10　弹塑性估算方法示意图

$$J = J^{e}(a_{e}) + J^{p}(a, n) \tag{7-32}$$

其中弹性解：

$$J^{e} = \frac{K^{2}}{E'} = f_{1}(a_{e})\frac{P^{2}}{E'} \tag{7-33}$$

式中，$a_{e} = a + \varphi r_{y}$，$r_{y} = \dfrac{1}{\beta\pi}\left(\dfrac{n-1}{n+1}\right)\left(\dfrac{K_{\mathrm{I}}}{\sigma_{0}}\right)^{2}$，$\varphi = \dfrac{1}{1 + \left(\dfrac{P}{P_{0}}\right)^{2}}$；$P$ 为作用于单位厚度板上的广

义荷载；P_{0} 为作用于单位厚度板上的极限荷载，$P_{0} = \lambda c\sigma_{0}$；平面应力情况 $\beta = 2$，平面应变情况 $\beta = 6$；λ 为约束因子，由试样有关尺寸决定。

全塑性解为：

$$J^{p} = \int_{\Gamma}\left(w\mathrm{d}x_{2} - T_{i}\frac{\partial u_{i}}{\partial x_{1}}\mathrm{d}s\right) = \int_{\Gamma}(Wn_{1} - \sigma_{ij}n_{j}u_{i,1})\mathrm{d}s = \alpha\sigma_{0}\varepsilon_{c}a\hat{J}\left(\frac{a}{b}, n\right)\left(\frac{P}{P_{0}}\right)^{n+1} \tag{7-34}$$

式中，$\hat{J}\left(\dfrac{a}{b}, n\right)$ 为 J^{p} 表达式的标定函数，无量纲，可由有关手册查到。

7.7　J 积分应用于实际的裂纹扩展问题

7.7.1　J 积分控制裂纹扩展的条件

对于大多数延性材料，裂纹起裂后均有一段稳定扩展阶段，但稳定阶段有长有短。裂纹在扩展过程中，裂纹尖端区域的应力、应变场远比静止裂纹的情况复杂。因为裂纹一旦扩展，将引起裂纹尖端附近材料的卸载，不满足全量理论，引起明显的非比例塑性变形，这时建立在无卸载和比例加载假设基础上的 J 积分理论是不能用来分析上述过程的。但是 Hutchinson 和 Paris 证明，在某些限制条件下，J 积分仍可近似地用来分析裂纹的扩展和稳定性，这就是所谓的 J 积分控制裂纹扩展，如图 7-11 所示。

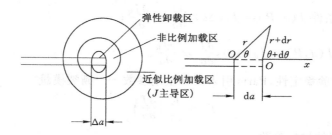

图 7-11　J 控制裂纹扩展时的裂纹尖端区域

J 积分控制裂纹扩展有以下两个条件：

（1）条件一

$$R_J \gg \Delta a$$

这个条件用来保证 HRR 奇异解在裂纹尖端起主导作用。

（2）条件二

$$R_J \gg D$$

式中，$D = J_c / \left(\dfrac{\mathrm{d}J}{\mathrm{d}a} \right)_c$ 为材料的特征长度。

这个条件用于保证非比例应变的增量尽可能的小。目的是保证裂纹扩展时应有足够大的阻力来阻碍它扩展。

7.7.2　J 积分控制扩展的稳定性

（1）推力曲线与阻力曲线

对于任意给定的几何构形，J 是裂纹长度 a 和外载 P 的函数。在恒载条件下，J 与 a 的关系曲线即为推力曲线，如图 7-12 所示。

阻力曲线 J_R 是材料的 J 值随裂纹扩展量 $\Delta a = a - a_0$ 而变化的曲线，是材料本身所具有的抗扩展的能力，为实验曲线，如图 7-13 所示。

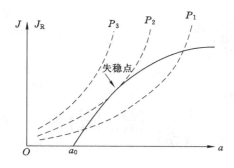

图 7-12　J 积分临界荷载示意

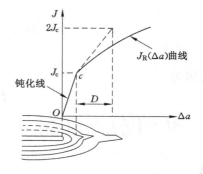

图 7-13　J_R 阻力曲线

（2）裂纹扩展准则

① 起裂条件 $J = J_c$；

② 稳定扩展条件 $J(a,P) = J_R(\Delta a), \dfrac{\partial J}{\partial a} < \dfrac{\partial J_R}{\partial a}$；

③ 失稳条件 $J(a,P) = J_R(\Delta a), \dfrac{\partial J}{\partial a} \geqslant \dfrac{\partial J_R}{\partial a}$。

（3）为便于检验稳定性，Paris 引入了无量纲参数——撕裂模量

$$T_J = \frac{E}{\sigma_0^2}\left(\frac{\partial J}{\partial a}\right)_{\Delta T} \tag{7-35}$$

再引入无量纲的材料参数：

$$T_{J_R} = \frac{E}{\sigma_0^2}\left(\frac{\mathrm{d}J_R}{\mathrm{d}a}\right)$$

由于 J 控制扩展的情况，要求裂纹扩展量 Δa 很小，$\dfrac{\mathrm{d}J_R}{\mathrm{d}a}$ 可用起裂点的 $\left(\dfrac{\mathrm{d}J}{\mathrm{d}a}\right)_c$ 值代替。

则失稳准则表示为：

$$T_J \geqslant T_{J_R} \quad (0.1 < T_{J_R} < 500) \tag{7-36}$$

以上条件分别在 J 主导和 J 控制裂纹扩展成立的情况下，用 J 积分描述的韧性材料裂纹扩展的不同阶段的断裂特性，一般统称为 J 积分断裂准则。

7.7.3 J 控制下裂纹扩展稳定性分析

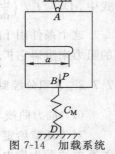

图 7-14 加载系统

如图 7-14 所示的加载系统，在一般加载条件下，含裂纹体裂纹长度为 a，柔度为 C，A 点固定，B 点连接一个弹簧，柔度为 C_M，外载荷 P 通过弹簧作用于裂纹体上，裂纹体 B 点产生位移 Δ，在弹簧另一端产生总位移 Δ_T，然后予以固定。

加载系统总位移 $\Delta_T = \Delta(P,a) + C_M P$。由于系统封闭，$\mathrm{d}\Delta_T = 0$

而

$$\mathrm{d}\Delta_T = \left(\frac{\partial \Delta}{\partial a}\right)_P \mathrm{d}a + \left(\frac{\partial \Delta}{\partial P}\right)_a \mathrm{d}P + C_M \mathrm{d}P = 0$$

则

$$\mathrm{d}P = -\frac{\left(\dfrac{\partial \Delta}{\partial a}\right)_P}{C_M + \left(\dfrac{\partial \Delta}{\partial P}\right)_a}\mathrm{d}a$$

又因为

$$J = J(P,a)$$

$$\mathrm{d}J = \left(\frac{\partial J}{\partial a}\right)_P \mathrm{d}a + \left(\frac{\partial J}{\partial P}\right)_a \mathrm{d}P = \left[\left(\frac{\partial J}{\partial a}\right)_P - \frac{1}{C_M + \left(\dfrac{\partial \Delta}{\partial P}\right)_a}\left(\frac{\partial \Delta}{\partial a}\right)_P\left(\frac{\partial J}{\partial P}\right)_a\right]\mathrm{d}a$$

故

$$\left(\frac{\partial J}{\partial a}\right)_{\Delta_T} = \left(\frac{\partial J}{\partial a}\right)_P - \left(\frac{\partial J}{\partial P}\right)_a\left(\frac{\partial \Delta}{\partial a}\right)_P\left[C_M + \left(\frac{\partial \Delta}{\partial P}\right)_a\right]^{-1} \tag{7-37}$$

该式为一般加载条件下 $\left(\dfrac{\partial J}{\partial a}\right)_{\Delta_T}$ 的表达式。

由上面的分析可知：

（1）对刚性试验机（刚性加载系统），$C_M = 0$，即控制位移，此时 $\Delta_T = \Delta$，$\left(\dfrac{\partial J}{\partial a}\right)_{\Delta_T} = \left(\dfrac{\partial J}{\partial a}\right)_\Delta$。

（2）对柔性试验机，$C_M \to \infty$，即控制荷载，有 $\left(\dfrac{\partial J}{\partial a}\right)_{\Delta_T} = \left(\dfrac{\partial J}{\partial a}\right)_P$。

（3）为分析裂纹稳定性，须知道：① $J = J(a, P)$；② $\Delta = \Delta(P, a)$。

一般情况下很困难，只能借助计算机来完成，在少数特殊情况下，可通过理论分析结合试验来完成。

习　　题

7.1　（1）证明 J 积分值与选择的积分路程无关；（2）说明 J 积分的局限性。

7.2　什么是 J 主导区？什么是 J 主导条件？

7.3　什么是 J 控制的裂纹扩展条件？裂纹扩展的稳定性条件如何？

7.4　用工程估算方法计算 J 的出发点是什么？

7.5　如图 7-15 所示，设有无限长板条，高为 $2h$，有一半无限长裂纹。在无应力状态下，上、下边界产生位移 $v = \pm v_0$，然后予以固定。假设为平面应力状态，材料的弹性模量为 E，上、下边界处 x 方向的位移 u 不受约束，试选取适当的积分回路，计算 J 积分。

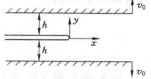

7.6　在题 7.5 中，假设为平面应变状态，并且在上、下边界约束处 $y = \pm h$，位移 $u = 0$，试选取适当的积分回路，计算 J 积分。

图 7-15

7.7　在线弹性情况下，对 I 型裂纹，试根据裂纹尖端的局部解，直接证明 J 积分与应力强度因子的关系，$J = K_I^2 / E'$。

7.8　如图 7-16 所示，A 和 B 为裂纹的两个端点，Γ^* 为围绕整个裂纹的封闭回路，裂纹体为弹性材料（线性的或非线性的），试证明下列等式成立。

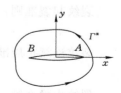

$$J^* = \int_{\Gamma^*} \left(W\mathrm{d}y - \vec{T}\frac{\partial \vec{u}}{\partial x}\mathrm{d}s \right) = G_A - G_B$$

图 7-16

式中，G_A 和 G_B 为裂纹 A 端和 B 端的能量释放率。

7.9　试证明在给定位移情况下的载荷以及给定载荷情况下的位移可分别表示为：

$$P = P_0 - \int_0^A \frac{\partial J}{\partial \Delta}\mathrm{d}A$$

$$\Delta = \Delta_0 - \int_0^A \frac{\partial J}{\partial P}\mathrm{d}A$$

式中，A 为裂纹面积；P_0 和 Δ_0 为无裂纹时的载荷和位移。

7.10　现有中等强度无限大中心裂纹钢板，撕裂模量 $T_R \geqslant 30$，裂纹长度 $2a$，在无穷远处受到垂直于裂纹方向的均匀分布的外力 σ^∞ 作用。材料的屈服极限为 σ_0，假设在小范围屈服条件下，试分析裂纹扩展的稳定性。

第 8 章　弹塑性断裂分析的工程方法

目前,断裂力学的工程应用,越来越引起工程界的重视。设计的依据主要是以线弹性断裂力学为基础。但是,线弹性断裂力学只在小范围屈服情况下才是适用的。然而工作状态下的大部分构件的断裂特性表现为延性,断裂之前,产生很大的塑性变形。在这种情况下,线性断裂力学给出的结果偏于保守,未能充分发挥材料的全部承载能力。

弹塑性断裂力学的最近研究表明,已经有可能对工程中的常用构件做出弹塑性断裂分析,而且理论研究和实验结果都证明可以有效地克服线弹性断裂力学的不足,为设计提供了符合实际的依据。

8.1　工程方法概述

弹塑性断裂分析的工程方法是建立在近年提出的 J 主导和 J 控制裂纹扩展的概念基础之上的。因为这时 J 积分可以作为描述裂纹尖端附近应力、应变场强度的唯一参量,从而可以用 J 积分建立断裂准则。

裂纹起裂准则:

$$J(a,P) = J_c \tag{8-1}$$

裂纹连续扩展准则:

$$J(a,P) = J_R(\Delta a) \tag{8-2}$$

裂纹失稳准则:

$$\left(\frac{\partial J}{\partial a}\right)_{\Delta T} \geqslant \frac{\mathrm{d}J_R}{\mathrm{d}a} \quad (T \geqslant T_R) \tag{8-3}$$

因为 J 主导和 J 控制裂纹扩展条件下,前面章节已经得出裂纹张开位移 δ_t 与 J 积分有确定的关系,因此,关于裂纹扩展的稳定性的描述,同样可以用裂纹尖端的张开位移作为参量来表示。

裂纹起裂准则:

$$\delta(a,P) = \delta_c \tag{8-4}$$

裂纹连续扩展准则:

$$\delta(a,P) = \delta_R(\Delta a) \tag{8-5}$$

裂纹失稳准则:

$$\left(\frac{\partial \delta}{\partial a}\right)_{\Delta r} \geqslant \frac{\mathrm{d}\delta_R}{\mathrm{d}a} \quad (T_\delta \geqslant T_{\delta_R}) \tag{8-6}$$

工程方法主要包括以下三部分内容：

（1）全塑性裂纹解

近年来发展了不可压缩条件下的有线单元法，这样有可能在全塑性区内作出精确而经济的计算。

（2）弹塑性估算公式

这种方法是通过在小范围屈服的范围内进行内插，从而得到弹塑性估算公式。

（3）图解法

图解法可以预测裂纹的起裂，裂纹的稳定扩展和失稳扩展，以及其他与裂纹扩展特性有关的参量，并且通过与实验数据和有限元计算结果比较，吻合度较好。

8.2　全塑性裂纹解

图 8-1(a)～(c)分别表示小范围屈服、大范围屈服和全面屈服情况，在工程方法中分别叫作材料处于弹性情况[图 8-1(a)]、弹塑性情况[图 8-1(b)]和全塑型情况[图 8-1(c)]。对于全塑性情况，塑性区已经很大，并与构件的边界相连。这时可略去弹性变形，本构方程由下式给出：

$$\frac{\varepsilon_{ij}}{\varepsilon_0}=\frac{3}{2}\alpha\left(\frac{\overline{\sigma_0}}{\sigma_0}\right)^{n-1}\frac{s_{ij}}{\sigma_0} \tag{8-7}$$

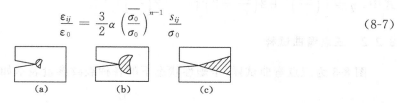

图 8-1　裂纹尖端的塑性区
(a) 小范围屈服；(b) 大范围屈服；(c) 全面屈服

根据以上方程所确定的边值问题的解，以及只包括单个载荷和位移参量的边值问题的解，当该单参数单调增加时，有以下两个重要的性质：

（1）若 P 为载荷参数，则应力与 P 成比例增加，应变随 P^n 而增加。

（2）因为应力、应变是严格按比例增加的，那么以塑形全量理论为基础的全塑性解也是按塑性理论的严格解。

于是可以把全塑型情况下的 J 积分表示成与 P^{n+1} 成比例的形式，裂纹张开位移 δ 及载荷点位移 Δ 表示成与 P^n 成比例的形式，并分别用有限元计算出相应的系数。下面分别列出常用的紧凑拉伸试样、三点弯曲试样及含裂纹圆筒的有关公式。

8.2.1　紧凑拉伸试样

图 8-2 为标准的紧凑拉伸试样，全塑性解可写成如下形式：

$$\begin{cases}J=\alpha\sigma_0\varepsilon_0ch_1(a/b,n)(P/P_0)^{n+1}\\\delta=\alpha\varepsilon_0ah_2(a/b,n)(P/P_0)^n\\\Delta_L=\alpha\varepsilon_0ah_3(a/b,n)(P/P_0)^n\\\delta_t=\alpha\varepsilon_0ch_4(a/b,n)(P/P_0)^{n+1}\end{cases} \tag{8-8}$$

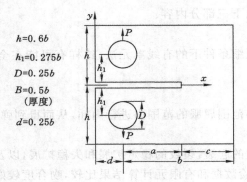

图 8-2　紧凑拉伸试样

式中，P 为每单位厚度试样上的外加载荷；a,b,c 为裂纹几何；P_0 为单位厚度的极限载荷（$n \to \infty$ 情形），可用下式表示：

$$\begin{cases} P_0 = 1.455\eta c\sigma_0 & \text{（平面应变）} \\ P_0 = 1.071\eta c\sigma_0 & \text{（平面应力）} \end{cases} \tag{8-9}$$

式中，$\eta = \left[\left(\dfrac{2a}{c}\right)^2 + 2\left(\dfrac{2a}{c} + 2\right) \right]^{\frac{1}{2}} - \left[2\left(\dfrac{a}{c}\right) + 1 \right]$。

8.2.2　三点弯曲试样

图 8-3 为三点弯曲试样，全塑性状态下的各种裂纹参量表示如下：

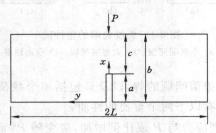

图 8-3　三点弯曲试样

$$\begin{cases} J = \alpha\sigma_0\varepsilon_0 ch_1(a/b,n)(P/P_0)^{n+1} \\ \delta = \alpha\varepsilon_0 ah_2(a/b,n)(P/P_0)^n \\ \Delta_{\mathrm{C}} = \alpha\varepsilon_0 ah_3(a/b,n)(P/P_0)^n \\ \delta_t = \alpha\varepsilon_0 ch_4(a/b,n)(P/P_0)^{n+1} \end{cases} \tag{8-10}$$

式中，P 为每单位厚度所承受的载荷；P_0 为每单位厚度板相应于 $n = \infty$ 时的理想塑性材料的极限载荷，可用下式表示：

$$\begin{cases} P_0 = 0.728\sigma_0 \dfrac{c^2}{L} & \text{（平面应变）} \\ P_0 = 0.536\sigma_0 \dfrac{c^2}{L} & \text{（平面应力）} \end{cases} \tag{8-11}$$

设 Δ 为载荷加载点位移，Δ_{C} 为由裂纹引起的加载点位移，$\Delta_{n\mathrm{C}}$ 为无裂纹板的加载点位

移,则有:

$$\Delta_C = \Delta - \Delta_{nC}$$

对于线弹性情况 ($n = 1$) 时,有:

$$\Delta_{nC}^e = \frac{PL^3}{6E'I} + \frac{PL}{b}\left(\frac{3}{4G} - \frac{3}{10E'} - 3\frac{\mu}{4E'}\right) - \frac{0.21P}{E'} \tag{8-12}$$

式中,G 为剪切弹性模量,$I = b^3/12$,Δ_{nC}^e 中考虑了剪切效应。

8.2.3　受内压含内部轴向裂纹的圆筒

图 8-4 为受内压含内部轴向裂纹的圆筒,J 和 δ 的全塑性解如下:

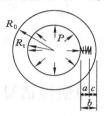

图 8-4　受内压含内部轴向裂纹的圆筒

$$\begin{cases} J = \alpha\sigma_0\varepsilon_0 c\left(\frac{a}{b}\right)h_1\left(a/b, n, \frac{R_i}{R_0}\right)(P/P_0)^{n+1} \\ \delta = \alpha\varepsilon_0 a h_2(a/b, n, R_i/R_0)(P/P_0)^n \end{cases} \tag{8-13}$$

式中,h_1, h_2 是以 a/b, n, R_i/R_0 为参数的无量纲函数;δ 为裂纹嘴张开位移;P 为圆筒的内压力;P_0 为理想塑性情况下 ($n = \infty$) 裂纹体的极限压力。P_0 的下限值为:

$$P_0 = \frac{2}{\sqrt{3}}\frac{c\sigma_0}{R_C} \tag{8-14}$$

式中,$R_C = R_i + a$ 为圆筒中心到裂纹尖端的径向距离。

8.2.4　受拉伸的含内壁周向裂纹的圆筒

图 8-5 为受拉伸的含内壁周向裂纹的圆筒,全塑性解可表示为:

$$\begin{cases} J = \alpha\sigma_0\varepsilon_0 c(a/b)h_1(a/b, n, R_i/R_0)(P/P_0)^{n+1} \\ \delta = \alpha\varepsilon_0 a h_2(a/b, n, R_i/R_0)(P/P_0)^n \\ \Delta_C = \alpha\varepsilon_0 a h_3(a/b, n, R_i/R_0)(P/P_0)^n \\ \delta_t = \alpha\varepsilon_0 c(a/b)h_4(a/b, n, R_i/R_0)(P/P_0)^{n+1} \end{cases} \tag{8-15}$$

式中,P 为圆筒所承受的总拉伸载荷;P_0 为理想塑性材料 ($n = \infty$) 的极限载荷,下限值为:

$$P_0 = \frac{2}{\sqrt{3}}\sigma_0\pi(R_0^2 - R_C^2) \tag{8-16}$$

式中,$R_C = R_i + a$;δ 为裂纹嘴张开位移;Δ_C 为裂纹所引起的施力点位移 ($\Delta_C = \Delta - \Delta_{nC}$);$\Delta_{nC}$ 为无裂纹筒的施力点位移,可写成:

$$\Delta_{nC} = 2\alpha\varepsilon_0 L\left[\frac{P}{\pi}(R_0^2 - R_i^2)\sigma_0\right] \tag{8-17}$$

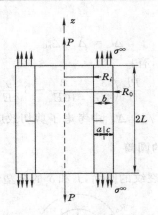

图 8-5　受拉伸含内壁周向裂纹的圆筒

8.3　弹塑性估算公式

上面已给出了全塑性裂纹解,而弹性解是容易求出的,弹塑性断裂分析工程方法主要是在全塑性解与弹性解之间以适当的方式通过内插的方法,估计出一个弹性解,如图 8-6 所示。

$$\bar{\varepsilon}/\varepsilon_0 = \bar{\sigma}/\sigma_0 + \alpha\, (\bar{\sigma}/\sigma_0)^n \tag{8-18}$$

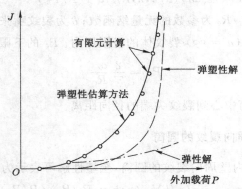

图 8-6　弹塑性估算方法与有限元计算比较

对于满足 Ramberg-Osgood 特性的材料,插值公式实质上是合并了线弹性解和全塑性解而有下列形式:

$$\begin{cases} J = J^e(a_e) + J^p(a,n) \\ \delta = \delta^e(a_e) + \delta^p(a,n) \\ \Delta_C = \Delta_C^e(a_e) + \Delta_C^p(a,n) \end{cases} \tag{8-19}$$

$J^e(a_e)$,$\delta^e(a_e)$,$\Delta_C^e(a_e)$ 是按修正后的裂纹长度 a_e 表示的弹性解,a_e 一般采用修正后的 Irwin 等效裂纹长度,这种修正需要考虑材料硬化。a_e 可表示为:

$$a_e = a + \varphi r_y \tag{8-20}$$

式中，$r_y = \dfrac{1}{\beta\pi}\left(\dfrac{n-1}{n+1}\right)\left(\dfrac{K_{\mathrm{I}}}{\sigma_0}\right)^2$；对平面应变，$\beta = 2$，对平面应力，$\beta = 6$；$\varphi = \dfrac{1}{1+(P/P_0)^2}$。

8.3.1　紧凑拉伸试样

弹塑性估算公式具有以下形式：

$$
\begin{cases}
J = \dfrac{a_{\mathrm{e}}F_1^2(a_{\mathrm{e}}/b)}{b^2}\dfrac{P^2}{E'} + \alpha\sigma_0\varepsilon_0 ch_1(a/b,n)(P/P_0)^{n+1} \\[2ex]
\delta = V_1\left(\dfrac{a_{\mathrm{e}}}{b}\right)\dfrac{P}{E'} + \alpha\varepsilon_0 ch_2(a/b,n)(P/P_0)^n \\[2ex]
\Delta_{\mathrm{L}} = V_2\left(\dfrac{a_{\mathrm{e}}}{b}\right)\dfrac{P}{E'} + \alpha\varepsilon_0 ah_3(a/b,n)(P/P_0)^n
\end{cases}
\tag{8-21}
$$

式中各参量的数值可以查阅相关表格获取。

8.3.2　三点弯曲试样

弹塑性估算公式可合并弹性解和全塑性解得到：

$$
\begin{cases}
J = \dfrac{9\pi a_{\mathrm{e}}L^2}{b^4}F^2\left(\dfrac{a_{\mathrm{e}}}{b}\right)\dfrac{P^2}{E'} + \alpha\sigma_0\varepsilon_0 ch_1(a/b,n)(P/P_0)^{n+1} \\[2ex]
\delta = \dfrac{12a_{\mathrm{e}}L}{b^2}V_1\left(\dfrac{a_{\mathrm{e}}}{b}\right)\dfrac{P}{E'} + \alpha\varepsilon_0 ah_2(a/b,n)(P/P_0)^n \\[2ex]
\Delta_{\mathrm{C}} = \dfrac{6L^2}{b^2}V_2\left(\dfrac{a_{\mathrm{e}}}{b}\right)\dfrac{P}{E'} + \alpha\varepsilon_0 ah_3(a/b,n)(P/P_0)^n
\end{cases}
\tag{8-22}
$$

式中各参量的数值可以查阅相关表格获取。

8.3.3　受内压含内部轴向裂纹的圆筒

弹塑性估算公式可表示为：

$$
\begin{cases}
J = 4\pi a_{\mathrm{e}}\left(\dfrac{R_0^2}{R_0^2-R_i^2}\right)F^2\left(\dfrac{a_{\mathrm{e}}}{b},\dfrac{R_i}{R_0}\right)\dfrac{P^2}{E'} + \alpha\sigma_0\varepsilon_0 c\left(\dfrac{a}{b}\right)h_1\left(a/b,n,\dfrac{R_i}{R_0}\right)(P/P_0)^{n+1} \\[2ex]
\delta = 8a_{\mathrm{e}}\left(\dfrac{R_0^2}{R_0^2-R_i^2}\right)V_1\left(\dfrac{a_{\mathrm{e}}}{b_1},\dfrac{R_i}{R_0}\right)\dfrac{P}{E'} + \alpha\varepsilon_0 ah_2(a/b,n,R_i/R_0)(P/P_0)^n
\end{cases}
\tag{8-23}
$$

式中各参量的数值可以查阅相关表格获取。

8.3.4　受拉伸的含内壁周向裂纹的圆筒

弹塑性估算公式可表示为：

$$
\begin{cases}
J = \dfrac{a_{\mathrm{e}}}{\pi(R_0^2+R_i^2)}F^2\left(\dfrac{a_{\mathrm{e}}}{b},\dfrac{R_i}{R_0}\right)\dfrac{P^2}{E'} + \alpha\sigma_0\varepsilon_0 c\left(\dfrac{a}{b}\right)h_1\left(a/b,n,\dfrac{R_i}{R_0}\right)(P/P_0)^{n+1} \\[2ex]
\delta = \dfrac{4a_{\mathrm{e}}}{\pi(R_0^2-R_i^2)}V_1\left(\dfrac{a_{\mathrm{e}}}{b_1},\dfrac{R_i}{R_0}\right)\dfrac{P}{E'} + \alpha\varepsilon_0 ah_2(a/b,n,R_i/R_0)(P/P_0)^n \\[2ex]
\Delta_{\mathrm{C}} = \dfrac{4a_{\mathrm{e}}}{\pi(R_0^2-R_i^2)}V_2\left(\dfrac{a_{\mathrm{e}}}{b_1},\dfrac{R_i}{R_0}\right)\dfrac{P}{E'} + \alpha\varepsilon_0 ah_3(a/b,n,R_i/R_0)(P/P_0)^n
\end{cases}
\tag{8-24}
$$

式中各参量的数值可以查阅相关表格获取。

8.4 用工程方法作断裂分析

本节通过具体实例说明用工程方法作断裂分析的一般方法和步骤。现考虑 A533B 钢，厚度为 4 英寸（约 10.16 cm）的 ASTM 标准紧凑拉伸试样，图 8-2 为了能通过弹塑性估算公式计算 J 积分，首先需要确定物理方程中的有关材料常数，这需要通过试验测定。

8.4.1 应力-应变曲线

用材料试验机在 93 ℃ 的工作条件下，测定 A533B 钢单轴应力-应变曲线，如图 8-7 所示。

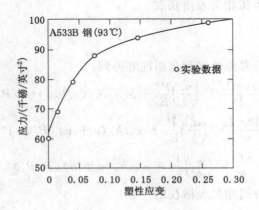

图 8-7 应力、应变关系的实验测定

（注：1 千磅/英寸^2≈6.89 MPa，下同）

其中，$E = 30 \times 10^6$ 磅／英寸^2，$\mu = 0.3$，$\sigma_{0.2} = 60 \times 10^3$ 磅／英寸^2，应力-应变曲线按 Ramberg-Osgood 关系通过最小二乘法得到如下数值：$\alpha = 1.12$，$n = 9.71$，这些数据是断裂分析所必需的。

8.4.2 J-a 曲线

用工程方法作断裂分析很重要的一步是要作出各种情况下的 J 积分与裂纹长度 a 的关系曲线，称为裂纹推力图，如图 8-8 所示。

根据作出的裂纹推力图，可以对裂纹扩展特性做出以下具体分析：

（1）确定起裂时的载荷 P_c。

（2）确定失稳点载荷 P_{max}。

（3）失稳前的裂纹扩展量。由失稳点的裂纹长度 a 减去初始裂纹长度 a_0，可得裂纹扩展量。

（4）制作 P-ΔL 曲线。注意到在图 8-8 中，J_R 曲线上各点为裂纹推力和阻力的平均值。沿 J_R 曲线确定不同的 P 和 ΔL 值，描点作出 P-ΔL 曲线。

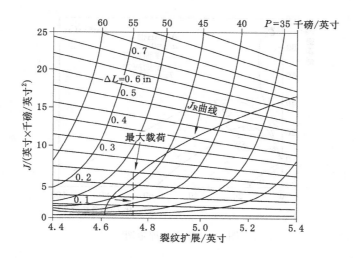

图 8-8　控制荷载和控制位移下的 J-a 曲线

（注：1 英寸×千磅/英寸^2≈25.1 kJ/m^2，下同）

8.4.3　J-T 曲线

在某些情况下，利用撕裂模量来分析裂纹的稳定性更为方便。按撕裂模量的定义式，这里需要计算 $\left(\dfrac{\partial J}{\partial a}\right)_{\Delta T}$，最后归结为计算 J 和 ΔL 分别对 a 和 P 的偏导数，从而利用 $J(a,P)$ 和 $\Delta L(a,P)$ 的估算公式，并采用以下差分公式进行计算：

$$
\begin{cases}
\left(\dfrac{\partial J}{\partial a}\right)_P = \dfrac{J(a+\Delta a,P)-J(a,P)}{\Delta a} \\[2mm]
\left(\dfrac{\partial J}{\partial P}\right)_a = \dfrac{J(a,P+\Delta P)-J(a,P)}{\Delta P} \\[2mm]
\left(\dfrac{\partial \Delta L}{\partial a}\right)_P = \dfrac{\Delta L(a+\Delta a,P)-\Delta L(a,P)}{\Delta a} \\[2mm]
\left(\dfrac{\partial \Delta L}{\partial P}\right)_a = \dfrac{\Delta L(a,P+\Delta P)-\Delta L(a,P)}{\Delta P}
\end{cases}
\tag{8-25}
$$

计算出 $\left(\dfrac{\partial J}{\partial a}\right)_{\Delta T}$ 后，就可算出撕裂模量 T，在通过估算公式计算相应的 J 积分，然后再以 $\dfrac{a}{b}$ 和 C_M 为参量作出 T-J 关系曲线。例如对 A533B 钢的紧凑拉伸试样，如图 8-9 所示，称为稳定性评定图。

图 8-10 为受内压含轴向裂纹圆筒的稳定性评定图，虚线将区域分为稳定和不稳定的两个部分。对于某一给定的 a/b，J_R-T_R 曲线和 J-T 曲线的交点可得出失稳点的 J 积分的临界值，通过这一值可利用式（8-25）确定失稳点的临界压力。

弹塑性断裂分析的工程方法是由近年来发展了不可压缩条件下全塑性裂纹解的有限元计算，加上线弹性裂纹解，从而有可能提出一种弹塑性情况下的裂纹解的估算公式。

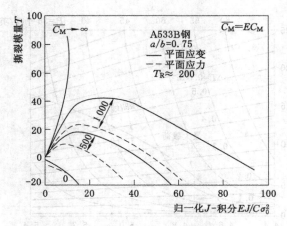

图 8-9　稳定性评定图

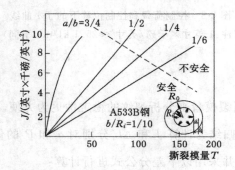

图 8-10　受内压含轴向裂纹圆筒的稳定性评定图

习　　题

8.1　简述常用的弹塑性断裂分析的工程方法。

8.2　叙述 J-α 曲线的作法。

8.3　叙述 J-T 曲线的作法。

第 9 章　复合型裂纹问题

实际工作中的构件,处在各种各样的工作条件下,往往由于载荷不对称,构件的几何形状不对称、裂纹的方位或在构件中的位置不对称,以及材料各向异性等情况,不是属于单一型裂纹问题,而是两种或两种以上的复合型裂纹问题。以前对单一型裂纹建立的断裂准则,对复合型裂纹问题是不适用的。

实验研究和理论分析都指出,对于一般复合型裂纹问题,一般来说,裂纹并不按原裂纹线方向扩展,而是沿与裂纹线成某一角度的方向扩展。因此,复合型裂纹的研究,主要面临以下两个问题:

(1) 裂纹开始沿什么方向扩展? 即确定开裂角。

(2) 裂纹在什么条件下开始扩展? 即确定临界状态。

目前已经提出了多种复合型裂纹的断裂理论。这些断裂理论与材料力学中的强度理论一样,是建立在某些假设的基础上的,其正确与否,取决于是否同实际情况相符合。

本章主要介绍几种最基本的断裂理论,即最大周向拉伸应力理论、最大能量释放率理论和应变能密度理论,这些都是属于线弹性条件下的脆性断裂理论。至于弹塑性复合型裂纹问题的断裂理论,目前研究得还不充分,本章不予讨论。

9.1　最大周向拉伸应力理论

最大周向拉伸应力理论亦称最大拉应力理论,是欧狄根(Erdogan)和薛昌明(Sih)提出的,有以下两个基本假设:

(1) 裂纹沿周向应力取最大值的方向开始扩展。

(2) 裂纹的扩展是由于最大周向应力达到了临界值而产生的。

根据第一个假设可以求得开裂角,第二个假设可以确定临界条件。

裂纹尖端附近区域一点的应力状态,可以用直角坐标系中的应力分量来表示,也可用极坐标系中的应力分量来表示,如图 9-1 所示。考虑 I-II 型复合裂纹,利用弹性力学应力分量的坐标变换公式和应力叠加原理,可得复合裂纹的极坐标应力分量。

$$\sigma_r = \frac{1}{2\sqrt{2\pi r}}\left[K_I(3-\cos\theta)\cos\frac{\theta}{2} + K_{II}(3\cos\theta-1)\sin\frac{\theta}{2}\right]$$

$$\sigma_\theta = \frac{1}{\sqrt{2\pi r}}\left(K_I\cos^2\frac{\theta}{2} - \frac{3}{2}K_{II}\sin\theta\right)\cos\frac{\theta}{2}$$

$$\tau_{r\theta} = \frac{1}{2\sqrt{2\pi r}}\left[K_I\sin\theta + K_{II}(3\cos\theta-1)\right]\cos\frac{\theta}{2}$$

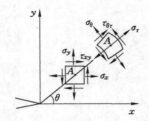

图 9-1 裂纹尖端附近应力的直角坐标和极坐标分量

由上式及第一个假设可确定开裂角，令

$$\frac{\partial \sigma_\theta}{\partial \theta} = 0$$

得

$$\frac{\partial \sigma_\theta}{\partial \theta} = \cos \frac{\theta}{2} \left[K_I \sin \theta + K_{II} (3\cos \theta - 1) \right] \tag{9-1}$$

当 $\theta = \theta_0$ 时，$\dfrac{\partial \sigma_\theta}{\partial \theta} = 0$。

所以开裂角由以下方程确定：

$$K_I \sin \theta_0 + K_{II} (3\cos \theta_0 - 1) = 0 \tag{9-2}$$

令

$$\frac{K_I}{K_{II}} = \alpha$$

则

$$\cos \theta_0 = \frac{3 + \alpha \sqrt{8 + \alpha^2}}{9 + \alpha^2} \tag{9-3}$$

由第二假设确定起裂准则：

$$(\sigma_\theta)_{\max} = \sigma_{\theta_0} = \frac{1}{2\sqrt{2\pi r}} \left[2K_I (1 + \cos \theta_0) - 3K_{II} \sin \theta_0 \right] \cos \frac{\theta_0}{2}$$

$$(\sigma_\theta)_{\max} = \sigma_{\theta c}$$

式中，$\sigma_{\theta c}$ 为周向应力起裂的临界值，与裂纹类型无关。因此，可由 I 型裂纹起裂时的最大周向应力算出。于是令

$$\theta_0 = 0, K_I = K_{Ic}, K_{II} = 0$$

得

$$(\sigma_{\theta c}) = \frac{K_{Ic}}{2\sqrt{2\pi r}} \tag{9-4}$$

所以可得 I-II 型复合裂纹的断裂准则：

$$\cos \frac{\theta_0}{2} \left(K_I \cos^2 \frac{\theta_0}{2} - \frac{3}{2} K_{II} \sin \theta_0 \right) = K_{Ic} \tag{9-5}$$

于是对于 I-II 型复合裂纹，可以根据式(9-2)确定开裂角，根据式(9-5)进行断裂安全分析。下面考虑几种特殊情况。

（1）I 型裂纹

$$K_{\mathrm{II}} = 0, \theta_0 = 0$$

起裂规则简化为：

$$K_{\mathrm{I}} = K_{\mathrm{Ic}} \tag{9-6}$$

（2）Ⅱ型裂纹

$$K_{\mathrm{I}} = 0, \alpha = 0$$

$$\cos \theta_0 = \frac{1}{3} \Rightarrow \theta_0 = \pm 70.5°$$

由于 $K_{\mathrm{Ic}} > 0$，只可能有 $\theta_0 = -70.5°$，如图 9-2(a) 所示。因此：

$$K_{\mathrm{IIc}} = \frac{\sqrt{3}}{2} K_{\mathrm{Ic}} \tag{9-7}$$

（3）无限大板斜裂纹

图 9-2(b) 为一受单向拉伸作用的无限大平板，板中含有一长度为 $2a$ 的穿透斜裂纹，裂纹与拉伸方向的夹角为 β（称为裂纹角），已知板材的断裂韧度 K_{Ic}。这是一个 I-Ⅱ型复合裂纹。

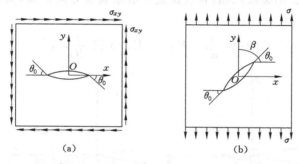

图 9-2　最大周向拉应力理论预测的起裂角

(a) Ⅱ型裂纹；(b) 无限大平板裂纹

应力强度因子：

$$K_{\mathrm{I}} = \sigma\sqrt{\pi a}\,\sin^2\beta, K_{\mathrm{II}} = \sigma\sqrt{\pi a}\,\sin\beta\cos\beta$$

开裂角 θ_0 与裂纹角 β 之间的关系式为：

$$\tan \beta = \frac{1 - 3\cos \theta_0}{\sin \theta_0}$$

① 当 $\beta = 0$ 时，$\theta_0 = -70.5°$；

② 当 $\beta = \dfrac{\pi}{2}$ 时，$K_{\mathrm{I}} = \sigma\sqrt{\pi a}$，$K_{\mathrm{II}} = 0$，$\theta_0 = 0$；

③ 当 $0 < \beta < \dfrac{\pi}{2}$ 时，$\tan \beta > 0$，根据断裂准则，因为 $K_{\mathrm{Ic}} > 0$，故有 $\theta_0 < 0$。

则有

$$\cos \theta_0 = \frac{3 + \sqrt{8 + \alpha^2}}{9 + \alpha^2} = \frac{3 + \tan \beta \sqrt{8 + \tan^2\beta}}{9 + \tan^2\beta}$$

将 K_{I}，K_{II} 代入断裂准则得到临界外加应力：

$$\sigma_c = \frac{2K_{\mathrm{Ic}}}{\sqrt{\pi a}\cos\dfrac{\theta_0}{2}\left[(1 + \cos \theta_0)\sin^2\beta - 3\sin \theta_0 \sin \beta\cos \beta\right]} \tag{9-8}$$

9.2　最大能量释放率理论

对于复合型裂纹问题,也可以从裂纹扩展能量释放率的概念出发来建立断裂判据。最大能量释放率理论有以下两个假设:

(1) 裂纹沿着产生最大能量释放率的方向扩展。

(2) 当最大能量释放率达到临界值时,裂纹开始扩展。

该理论实质是将 Griffith 用于 I 型裂纹扩展的能量平衡原理推广到复合型裂纹的结果。这就需要已知能量释放率的解析表达式,因为在不同扩展面上存在不同的释放率,所以要计算能量释放率,须事先确定扩展面。但复合裂纹一般不沿原裂纹方向扩展,因而扩展时将出现一个折线裂纹,而开裂角未知。故在数学上求解新裂纹分支所产生的能量释放率相当困难,因而只能做特殊处理。

对于 I、II、III 复合型裂纹问题,若假设裂纹沿原裂纹方向扩展,如图 9-3(a)所示,能量释放率可按下式计算:

$$G(\theta) = \frac{1}{E'}\big[(K_{\mathrm{I}}^{2} + K_{\mathrm{II}}^{2})\big] + \frac{1}{2G}K_{\mathrm{III}}^{2} \tag{9-9}$$

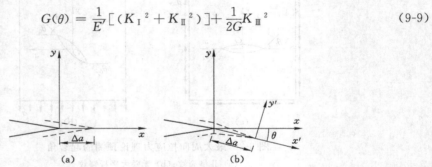

图 9-3　裂纹扩展方向

(a) 沿 x 方向扩展;(b) 沿 x 轴成 θ 角度方向扩展

然而对复合型裂纹,一般来说,裂纹不是按原裂纹方向扩展,而是如图 9-3(b)所示沿与原裂纹方向成某一角度 θ 方向扩展。称新扩展的裂纹为支裂纹,对支裂纹来说,原裂纹为主裂纹。如果沿支裂纹方向扩展,能量释放率的表达式可写成如下形式:

$$G(\theta) = \frac{1}{E'}\big[K_{\mathrm{I}}^{2}(\theta) + K_{\mathrm{II}}^{2}(\theta)\big] + \frac{1}{2G}K_{\mathrm{III}}^{2}(\theta) \tag{9-10}$$

$K_{\mathrm{I}}(\theta), K_{\mathrm{II}}(\theta), K_{\mathrm{III}}(\theta)$ 为与主裂纹成 θ 夹角的支裂纹尖端的应力强度因子,求解十分复杂,不便工程应用。

通过近似分析,得到如下表达式:

$$G(\theta) = \frac{1-\mu^{2}}{2E}\Big(\frac{4}{3+\cos^{2}\theta}\Big)\Big(\frac{1-\theta/\pi}{1+\theta/\pi}\Big)^{\frac{\theta}{2\pi}}\cos\frac{\theta}{2}\big[K_{\mathrm{I}}^{2}(\cos\theta + 1 + \cos^{2}\theta)$$

$$+ 2K_{\mathrm{I}}K_{\mathrm{II}}\sin\theta(1+\cos\theta) + K_{\mathrm{II}}^{2}\Big(-\frac{3}{2}\cos^{2}\theta - \cos\theta + \frac{9}{2}\Big)\big]$$

$$+ \frac{1+\mu}{E}\Big(\frac{1-\theta/\pi}{1+\theta/\pi}\Big)^{\frac{\theta}{2\pi}}\cos\frac{\theta}{2}K_{\mathrm{III}}^{2} \tag{9-11}$$

上式是在复合型的 Ⅰ、Ⅱ、Ⅲ 型中关于 Ⅰ、Ⅱ 型裂纹处于平面应变下得出的，$K_{\rm I}$，$K_{\rm II}$，$K_{\rm III}$ 为主裂纹尖端的应力强度因子。容易验证：当 $\theta = 0$ 时，式(9-11)与式(9-9)完全一致。

根据裂纹起始扩展的方向应是能量释放率最大的方向的假设，由下式可确定开裂角 θ_0：

$$\frac{\partial G(\theta)}{\partial \theta} = 0, \qquad \frac{\partial G^2(\theta)}{\partial \theta^2} < 0 \tag{9-12}$$

根据当能量释放率达到临界值时，裂纹开始扩展的假设，可建立相应的判断准则：

$$[G_0(\theta)]_{\max} = G(\theta_0) = G_c \tag{9-13}$$

下面研究几种特殊情况。

（1）Ⅰ 型裂纹

$K_{\rm II} = K_{\rm III} = 0$，此时 $\theta_0 = 0$，从而可得出：

$$[G_0(\theta)]_{\max} = \frac{1 - \mu^2}{E} K_{\rm Ic}^{\ 2} \tag{9-14}$$

（2）Ⅱ 型裂纹

$K_{\rm I} = K_{\rm III} = 0$，此时 $\theta_0 = -71.8°$，从而可得出：

$$[G_0(\theta)]_{\max} = \frac{3.572(1 - \mu^2)}{2E} K_{\rm IIc}^{\ 2} = G_c \tag{9-15}$$

（3）Ⅲ 型裂纹

$K_{\rm I} = K_{\rm II} = 0$，此时 $\theta_0 = 0$，从而可得出：

$$[G_0(\theta)]_{\max} = \frac{1 + \mu}{E} K_{\rm III}^{\ 2} = G_c \tag{9-16}$$

（4）Ⅰ、Ⅱ 复合型裂纹

当 $K_{\rm III} = 0$ 时，令 $\dfrac{\partial G(\theta)}{\partial \theta} = 0$，得 $\tan \dfrac{\theta_0}{2} = \dfrac{K_{\rm I}}{K_{\rm II}}$。

于是，得

$$G(\theta) = \frac{1 - \mu^2}{E} \left(\frac{K_{\rm II}^{\ 4}}{K_{\rm I}^{\ 2} + K_{\rm II}^{\ 2}} \right) < G_0(\theta) \tag{9-17}$$

即由 $\tan \dfrac{\theta_0}{2} = \dfrac{K_{\rm I}}{K_{\rm II}}$ 确定 θ_0 不能使 $G_0(\theta)$ 最大，而最大值 $G_0(\theta)$ 对应的角应由 $\tau_{r\theta}(\theta_0) = 0$，且 $\dfrac{\partial G(\theta)}{\partial \theta} = 0$ 确定。判据为：

$$\cos \frac{\theta_0}{2} \left(K_{\rm I} \cos^2 \frac{\theta_0}{2} - \frac{3}{2} K_{\rm II} \sin \theta_0 \right) = K_{\rm Ic} \tag{9-18}$$

（5）Ⅰ、Ⅲ 复合型裂纹

由实验表明扩展时沿着原裂纹面方向进行，即开裂角 $\theta_0 = 0$，于是

$$G = G_{\rm I} + G_{\rm II} = G_c$$

即：

$$\frac{1 - \mu^2}{E} K_{\rm I}^{\ 2} + \frac{1 + \mu}{E} K_{\rm III}^{\ 2} = \frac{1 - \mu}{E} K_{\rm Ic}^{\ 2} \tag{9-19}$$

准则或为：

$$K_{\rm I}^{\ 2} + \frac{1}{1 - \mu} K_{\rm III}^{\ 2} = K_{\rm Ic}^{\ 2}$$

对于单纯 Ⅲ 型问题：

$$K_{\mathrm{I}} = 0, K_{\mathrm{III}} = K_{\mathrm{III}c}$$

代入公式,得

$$K_{\mathrm{III}c} = \sqrt{1-\mu}K_{\mathrm{I}c} = 0.84K_{\mathrm{I}c} \quad (\mu = 0.3) \tag{9-20}$$

9.3 应变能密度理论

应变能密度理论是薛昌明首先提出的,是一种基于局部应变能密度场的断裂理论。该理论计算简单、适用性广,没有限制它的扩展面,其最大特点是可以处理复合型裂纹的扩展问题。

9.3.1 应变能密度因子的概念

弹性体受力后要发生形变,同时在其内部储存有应变能。应变能密度(线弹性体)可表示为

$$W = \frac{1}{2}\sigma_{ij}\varepsilon_{ij} = \frac{1}{2E}(\sigma_x^2 + \sigma_y^2 + \sigma_z^2) - \frac{\mu}{E}(\sigma_x\sigma_y + \sigma_y\sigma_z + \sigma_z\sigma_x) + \frac{1}{2G}(\sigma_{xy}^2 + \sigma_{yz}^2 + \sigma_{zx}^2)$$

$$\tag{9-21}$$

现在分析一般三维裂纹问题。设裂纹面处在 x—z 平面,如图 9-4 所示。对于在任意载荷作用下的三维裂纹问题,可证明,裂纹前缘的局部应力场为平面应变 Ⅰ、Ⅱ 型问题和 Ⅲ 型问题裂纹尖端局部应力场的叠加,得到:

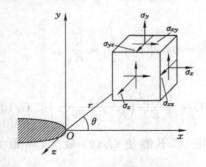

图 9-4　三维裂纹尖端附近的应力状态

$$W = \frac{1}{r}(a_{11}K_{\mathrm{I}}^2 + 2a_{12}K_{\mathrm{I}}K_{\mathrm{II}} + a_{22}K_{\mathrm{II}}^2 + a_{33}K_{\mathrm{II}}^2) \tag{9-22}$$

式中系数:

$$\begin{cases} a_{11} = \dfrac{1}{16\pi G}\left[(3-4\mu-\cos\theta)(1+\cos\theta)\right] \\[2mm] a_{12} = \dfrac{1}{16\pi G}(2\sin\theta)(\cos\theta-1+2\mu) \\[2mm] a_{22} = \dfrac{1}{16\pi G}\left[4(1-\mu)(1-\cos\theta)+(1+\cos\theta)(3\cos\theta-1)\right] \\[2mm] a_{33} = \dfrac{1}{4\pi G} \end{cases} \tag{9-23}$$

从式(9-22)和式(9-23)可以看出,应变能密度与应力强度因子和材料的弹性常数以及角度 θ 有关。在裂纹尖端具有 r^{-1} 阶奇异性,记 $W=S/r$,S 为

$$S = a_{11}K_{\mathrm{I}}{}^2 + 2a_{12}K_{\mathrm{I}}K_{\mathrm{II}} + a_{22}K_{\mathrm{II}}{}^2 + a_{33}K_{\mathrm{III}}{}^2 \tag{9-24}$$

当 $r \to 0$ 时,S 为一有限量,称为应变能密度因子,单位为 N/m。

9.3.2　应变能密度因子准则

用应变能密度因子预测裂纹扩展,可归结为以下两个假设:

① 裂纹沿应变能密度因子 S 最小的方向扩展。

② 应变能密度因子 S 达到临界值 S_c 时,裂纹开始扩展。

由假设①可知,裂纹开裂方向必须满足以下条件:

$$\frac{\partial S}{\partial \theta} = 0, \frac{\partial^2 S}{\partial \theta^2} > 0 \tag{9-25}$$

由假设当②可知,当 $S_{\min} = S(\theta_0) = S_c$ 时,裂纹开始扩展。由此可建立 S_c 与 $K_{\mathrm{I}c}$ 和 $G_{\mathrm{I}c}$ 的定量关系。

下面研究几种特殊情况。

(1) I 型裂纹

对中心裂纹无限大板,$K_{\mathrm{I}} = \sigma^\infty \sqrt{\pi a}$,$K_{\mathrm{I}} = K_{\mathrm{I}c}$,$\theta_0 = 0$,$K_{\mathrm{II}} = K_{\mathrm{III}} = 0$,则有

$$S_c = \frac{1}{16\pi G}\left[(3-4\mu-1)(1+1)\right]K_{\mathrm{I}c}{}^2 = \frac{1}{4\pi G}K_{\mathrm{I}c}{}^2 \tag{9-26}$$

利用该理论可以建立 $K_{\mathrm{I}c}$,$K_{\mathrm{II}c}$,$K_{\mathrm{III}c}$ 之间的关系。

(2) II 型裂纹

$$K_{\mathrm{I}} = K_{\mathrm{III}} = 0$$

$$S = a_{22}K_{\mathrm{II}}{}^2 = \frac{1}{16\pi G}\left[4(1-\mu)(1-\cos\theta) + (1+\cos\theta)(3\cos\theta-1)\right]K_{\mathrm{II}}{}^2$$

$$\frac{\partial S}{\partial \theta} = \frac{K_{\mathrm{II}}{}^2}{8\pi G}\sin\theta(1-2\mu-3\cos\theta)$$

$$\frac{\partial^2 S}{\partial \theta^2} = \frac{K_{\mathrm{II}}{}^2}{8\pi G}\left[(1-2\mu)\cos\theta - 3\cos 2\theta\right]$$

令

$$\theta = 0, \frac{\partial^2 S}{\partial \theta^2} < 0$$

$$\cos\theta = \frac{1-2\mu}{3}, \frac{\partial^2 S}{\partial \theta^2} > 0$$

故

$$S_{\min} = \frac{K_{\mathrm{II}}{}^2}{16\pi G}\left[4(1-\mu)\left(1-\frac{1-2\mu}{3}\right) + \left(1+\frac{1-2\mu}{3}\right)(1-2\mu-1)\right]$$

$$= \frac{K_{\mathrm{II}}{}^2}{12\pi G}\left[2(1-\mu) - \mu^2\right] \tag{9-27}$$

当裂纹开裂时: $\qquad K_{\mathrm{II}} = K_{\mathrm{II}c}, S_{\min} = S_c$

于是

$$\frac{K_{\mathrm{II}c}{}^2}{12\pi G}\left[2(1-\mu) - \mu^2\right] = \frac{(1-2\mu)}{4\pi G}K_{\mathrm{I}c}{}^2 \tag{9-28}$$

则

$$K_{\text{IIc}} = \sqrt{\frac{3(1-2\mu)}{2(1-\mu)-\mu^2}} K_{\text{Ic}} = 0.96 K_{\text{Ic}} \quad (\mu = 0.3) \tag{9-29}$$

对于Ⅲ型裂纹：

$$K_{\text{IIIc}} = 0.63 K_{\text{Ic}} \tag{9-30}$$

(3) Ⅲ型裂纹

设 σ_{yz} 为无穷远作用的剪应力，如图 9-5 所示。则有

$$K_{\text{I}} = K_{\text{II}} = 0$$

$$S = \frac{1}{4\pi\mu} K_{\text{III}}^2$$

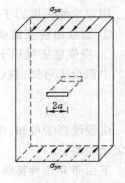

与极角 θ 无关。在裂纹扩展的临界点，由式(9-26)、式(9-27)和式(9-30)可得：

$$S_c = \frac{1-2\mu}{4\pi G} K_{\text{Ic}}^2 = \frac{2(1-\mu)-\mu^2}{12\pi G} K_{\text{IIc}}^2 = \frac{1}{4\pi G} K_{\text{IIIc}}^2 \tag{9-31}$$

由此，K_{IIc} 和 K_{IIIc} 都可以通过 K_{Ic} 换算出。

图 9-5　Ⅲ型裂纹

(4) 斜裂纹情况

此时，$K_{\text{I}} = \sigma^{\infty} \sqrt{\pi a}\, \sin^2\beta, K_{\text{II}} = \sigma^{\infty} \sqrt{\pi a}\, \sin\beta\cos\beta, K_{\text{III}} = 0$

得

$$S = (\sigma^{\infty})^2 \pi a \sin^2\beta (a_{11}\sin^2\beta + 2a_{12}\sin\beta\cos\beta + a_{22}\cos^2\beta) \tag{9-32}$$

代入系数 a_{ij}，由条件 $\dfrac{\partial S}{\partial \theta} = 0, \dfrac{\partial^2 S}{\partial \theta^2} > 0$，得到确定开裂角方程：

$$2(1-2\mu)\sin(\theta_0 - 2\beta) - 2\sin[2(\theta_0 - \beta)] - 2\sin 2\theta_0 = 0 \tag{9-33}$$

上式可以通过数值计算确定 θ_0 的大小。由于 S 与 $(\sigma^{\infty})^2$ 有关，因此这里不仅包括单向拉伸，同时也包含了单向压缩。

图 9-6(a)给出了单向拉伸情况下的开裂角的负值与裂纹角的关系曲线。图 9-6(b)给出了单向压缩情况下的开裂角的正值与裂纹角的关系曲线。

例 9-1　如图 9-7 所示，薄壁压力容器上有一长为 $2a = 5$ mm 的裂纹，裂纹线与容器周向应力 σ_θ 的夹角为 β，试确定失稳时的临界内压力 P。已知容器半径 R，厚度为 t，断裂韧度 $K_{\text{Ic}} = 44$ MPa $\sqrt{\text{m}}$，$[\sigma] = 2\,060$ MPa。

解　薄壁容器的环向应力和轴向应力为 $\sigma_\theta = \dfrac{PR}{t}, \sigma_z = \dfrac{PR}{2t}$。

假设裂纹的尺寸远小于容器的半径，可以忽略 R 的影响，而近似地认为是平板。此时应力强度因子可利用斜裂纹的应力强度因子公式通过迭加原理得到：

$$\begin{aligned}
K_{\text{I}} &= \sigma_\theta \sqrt{\pi a}\sin^2\beta + \sigma_z \sqrt{\pi a}\sin^2(90° + \beta) \\
&= \frac{PR}{2t}\sqrt{\pi a}\,(1 + \sin^2\beta)
\end{aligned}$$

$$\begin{aligned}
K_{\text{II}} &= \sigma_\theta \sqrt{\pi a}\sin\beta\cos\beta + \sigma_z \sqrt{\pi a}\sin(90° + \beta)\cos(90° + \beta) \\
&= \frac{PR}{2t}\sqrt{\pi a}\sin\beta\cos\beta
\end{aligned}$$

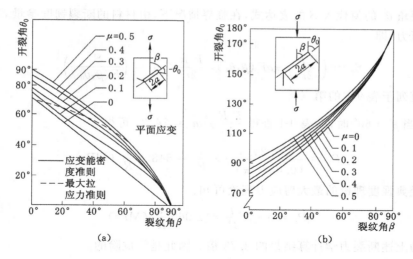

图 9-6　应变能密度理论预测斜裂纹的开裂角
(a) 拉伸；(b) 压缩

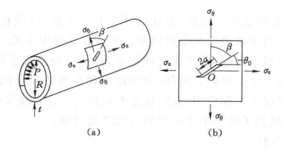

图 9-7　带斜裂纹的薄壁压力容器

可得

$$S = \left(\frac{PR}{2t}\right)^2 \pi a F(\beta, \theta)$$

式中，$F(\beta, \theta) = a_{11}(1 + \sin^2\beta) + a_{12}(1 + \sin^2\beta)\sin 2\beta + a_{22}\sin^2\beta\cos^2\beta$。

根据条件

$$\frac{\partial S}{\partial \theta} = 0, \frac{\partial^2 S}{\partial \theta^2} > 0$$

通过数值计算，可确定开裂角 θ_0，对于 $\beta = 0°, 10°, 20°, \cdots, 90°$，$\mu = 0.25$ 计算结果如表 9-1 所列。

表 9-1 　　　　　　　　　　　**开裂角 θ_0 与临界压力的计算值**

$\beta/(°)$	0	10	20	30	40	50	60	70	80	90
$-\theta_0/(°)$	0	17.20	26.04	29.36	29.47	27.38	23.44	17.60	9.64	0
$\dfrac{P_c R}{2t}\sqrt{\pi a}$	43.4	43.1	37.4	32.8	29.1	26.3	24.3	22.9	22.1	21.9

将开裂角 θ_0 的值代入 S 的表达式,在临界情况下,由材料的断裂韧度参量 S_c 可确定容器的临界压力,即

$$S_c = \left(\frac{P_c R}{2t}\right)^2 \pi a F(\beta, \theta_0), \quad \frac{P_c R}{2t}\sqrt{\pi a} = \left(\frac{S_c}{F(\beta, \theta_0)}\right)^{\frac{1}{2}}$$

其数值列于表 9-1 的第三行。

例如,当 $\beta = 60°$ 时,由表 9-1 查得 $\frac{P_c R}{2t}\sqrt{\pi a} = 24.3$,可得

$$P_c = \frac{2 \times 24.3}{(0.002\,5\pi)^{\frac{1}{2}}} \times \frac{t}{R} = 548.5\,\frac{t}{R} \ (\text{MPa})$$

若按经典强度理论的最大剪应力理论可知:

$$P_c = [\sigma] \cdot \frac{t}{R} = 2\,060\,\frac{t}{R} \ (\text{MPa})$$

其值为上述断裂力学计算结果的 3.75 倍。因此是很危险的。

9.4 复合型裂纹的经验断裂准则

对于复合性裂纹,要确定两个问题,裂纹沿什么方向扩展,以及在什么条件下扩展。前面介绍的断裂理论就是用来解决这两个问题的。不过在工程中更关心第二个问题。实际上关于复合型裂纹的脆性断裂问题,除了这三种基本理论外,还提出了许多其他的断裂理论,但是每一种理论都不是十全十美的。另外,应用这些理论解决实际问题时,计算量大,给工程应用带来不便。为了便于工程应用,人们根据不同理论的计算及实验研究的结果,归纳出偏于安全的经验准则,提出了适于工程应用的近似断裂判据。

Ⅰ-Ⅱ型裂纹工程判据:

$$\frac{K_{\mathrm{I}}}{K_{\mathrm{I}c}} + \frac{K_{\mathrm{II}}}{K_{\mathrm{II}c}} = 1 \tag{9-34}$$

Ⅰ-Ⅲ型裂纹工程判据:

$$\left(\frac{K_{\mathrm{I}}}{K_{\mathrm{I}c}}\right)^2 + \left(\frac{K_{\mathrm{III}}}{K_{\mathrm{III}c}}\right)^2 = 1 \tag{9-35}$$

Ⅰ-Ⅱ-Ⅲ型裂纹工程判据:

$$\left(\frac{K_{\mathrm{I}} + K_{\mathrm{II}}}{K_{\mathrm{I}c}}\right)^2 + \left(\frac{K_{\mathrm{III}}}{K_{\mathrm{III}c}}\right)^2 = 1 \tag{9-36}$$

根据不同复合裂纹的断裂理论,建立 $K_{\mathrm{I}c}$ 与 $K_{\mathrm{II}c}$、$K_{\mathrm{III}c}$ 的依赖关系,可写成

$$K_{\mathrm{II}c} = m K_{\mathrm{I}c} \tag{9-37}$$

$$K_{\mathrm{III}c} = n K_{\mathrm{I}c} \tag{9-38}$$

按应变能密度理论,利用 $K_{\mathrm{III}c} = \sqrt{1-2\mu}\,K_{\mathrm{I}c}$,得

$$(K_{\mathrm{I}} + K_{\mathrm{II}})^2 + \frac{K_{\mathrm{III}}^2}{1-2\mu} = K_{\mathrm{I}c}{}^2 \tag{9-39}$$

记 K_{I}^* 为等效应力强度因子,判据写成统一形式:

$$K_{\mathrm{I}}^* = K_{\mathrm{I}c} \tag{9-40}$$

其中:

$$I \text{-} III \ 型 \ K_I^* = \sqrt{K_I^2 + 2.5 K_{III}^2}$$

$$I \text{-} II \ 型 \ K_I^* = K_I + K_{II}$$

$$I \text{-} II \text{-} III \ 型 \ K_I^* = \sqrt{(K_I + K_{II})^2 + 2.5 K_{III}^2}$$

例 9-2　试用复合型裂纹的经验断裂准则计算例 9-1 的结果。

解　这里为 I - II 型裂纹的组合,裂纹角 $\beta = 60°$。

根据最大周向拉应力理论,$m = 0.866$,可得

$$\frac{p_c R}{2t} \sqrt{\pi a}\,(1 + \sin^2 60°) + \frac{p_c R}{2t} \sqrt{\pi a}\,\sin 60° \cos 60° / 0.866 = 44$$

$$\frac{p_c R}{2t} \sqrt{\pi a} = 19.6 \Rightarrow p_c = 14\,\frac{t}{R}\ (\text{MPa})$$

根据最大能量释放率理论,$m = 0.748$,可得

$$\frac{p_c R}{2t} \sqrt{\pi a} = 18.9 \Rightarrow p_c = 13.7\,\frac{t}{R}\ (\text{MPa})$$

根据应变能密度的理论可知:

$$a = \sqrt{\frac{3(1 - 2\mu)}{2(1 - \mu) - \mu^2}} = \sqrt{\frac{3(1 - 2 \times 0.25)}{2(1 - 0.25) - 0.25^2}} = 1.02$$

$$\frac{p_c R}{2t} \sqrt{\pi a} = 20.2 \Rightarrow p_c = 14.4\,\frac{t}{R}\ (\text{MPa})$$

可见,与例 9-1 的理论计算结果比较,经验准则偏于安全。

以上介绍了三种常用的复合型裂纹的断裂理论和工程中常采用的经验断裂准则。这些理论在线弹性范围内,基本上是有效的,随着裂纹尖端塑性区的不断加大,这些理论的误差也不断增大,从而失去了存在的意义。关于复合型裂纹的弹塑性断裂理论,是断裂力学中的困难问题,目前仅有某些初步的工作,还未形成一个比较成熟、公认的断裂理论。

习　　题

9.1　薄壁圆管受扭矩 M,半径为 R,壁厚为 t,在圆管上有长度为 $2a$ 的斜裂纹,与管轴线夹角为 β,已知材料的泊松比 μ 和断裂韧度 K_{Ic}。试按经验断裂准则,对于给定的裂纹 a 确定临界扭矩 M_c,对于给定的扭矩 M 确定临界裂纹尺寸 a_c。

9.2　如图 9-8 所示,在“无限大”体中有一个圆片状裂纹,其直径为 $2a = 25$ mm,裂纹所在位置处的当地应力 $\sigma = 236$ MPa,$\tau = 185$ MPa。设材料的 $K_{Ic} = 90$ MPa$\sqrt{\text{m}}$,$\mu = 0.3$,试按近似断裂判据计算对于低应力脆断的安全因数。

9.3　如图 9-9 所示,在“无限大”体中有一个椭圆片状裂纹,其长轴 $2c = 40$ mm,短轴 $2a = 10$ mm。裂纹所在位置处的当地应力 $\sigma = 258$ MPa,$\tau = 212$ MPa(其方向与椭圆长轴平行)。设材料的 $K_{Ic} = 80$ MPa$\sqrt{\text{m}}$,$\mu = 0.3$,试按近似断裂判据计算对于低应力脆断的安全因数。

9.4　如果应变能密度因子准则成立,试推导临界应力 σ_c 与临界应变能密度因子 S_c 的关系(设 $K_I = \sigma\sqrt{\pi a}$)。

9.5　图 9-10 所示为受单向拉伸作用的“无限大”平板,板中有一条长度为 $2a$ 且与拉伸

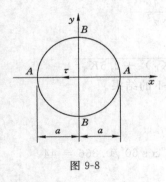

图 9-8

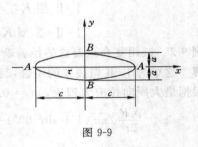

图 9-9

方向成夹角 β 的穿透斜裂纹。设板材的断裂韧度 K_{Ic} 为已知,试按应变能密度因子理论确定开裂角 θ_0 和临界拉应力 σ_c。(只写出确定它们的方程式)。

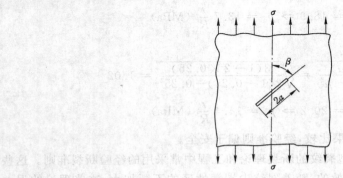

图 9-10

第 10 章　断裂韧度测试原理

断裂力学的发展和应用,始终与实验技术的发展紧密联系在一起的。随着这门科学的深入发展,更加有赖于实验提供科学依据。本章主要介绍断裂韧度测试的一般原理和方法。

10.1　平面应变断裂韧度 K_{Ic} 测试

K_{Ic} 是材料在平面应变和小范围屈服条件下,Ⅰ型裂纹发生失稳扩展时的临界应力强度因子。它表征在线弹性范围内,带裂纹的构件抵抗裂纹扩展的能力,是材料的一种固有性质,称为材料的平面应变断裂韧度。由于平面应变状态是实际工程结构中最危险的工作状态,所以平面应变断裂韧度是工程中安全设计的重要依据。

10.1.1　测试原理和方法

（1）测试原理

根据公式

$$K_{I} = Y\sigma\sqrt{\pi a} = Y'P\sqrt{\pi a} \tag{10-1}$$

式中　Y, Y'——试件的形状因子;

　　　　P——外加载荷;

　　　　σ——外加应力。

可知在试件加载过程中,只要测出裂纹失稳扩展时的临界载荷 P_c（或 σ_c）,量出裂纹尺寸 a,就可以求出试样材料的临界应力强度因子。因此,平面应变断裂韧度 K_{Ic} 的测定,关键在于测定临界载荷 P_c。

（2）测试方法

用满足尺寸要求并带有预制疲劳裂纹的试样在试验机上进行加载,直到试件断裂。根据 P-V 曲线找出相应于裂纹失稳扩展时的临界载荷 P_c,然后测出试件断裂后断口上的裂纹尺寸 a,通过公式算出临界应力强度因子。

10.1.2　试样

（1）试样型式

一般来说,凡是有 K_I 表达式,并且便于测试的试样,都可以用来测定 K_{Ic}。测试标准规定了两种标准试样,即三点弯曲试样和紧凑拉伸试样,如图 10-1 所示。

在确定试样形式时,还必须考虑试样在原材料或实际构件中的取向,以反映材料各向异性和构件的工作状态。

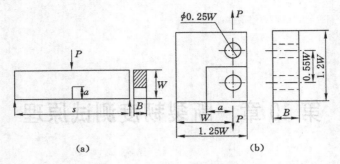

图 10-1   断裂韧度测试标准试样

(a) 三点弯曲试样;(b) 紧凑拉伸试样

(2) 试样尺寸

为了满足平面应变和小范围屈服条件,试样厚度 B,裂纹长度 a 和韧带宽度$(W-a)$都必须满足条件:

$$B,a,(W-a) \geqslant 2.5 \left(\frac{K_{\text{I}c}}{R_{\text{P0.2}}} \right)^2 \tag{10-2}$$

试样厚度 B 是满足平面应变的主要条件。裂纹长度 a 的要求是满足小范围屈服的条件。韧带宽度$(W-a)$的大小,既能影响小范围屈服,又能影响平面应变断裂条件的实现。也必须满足一定的尺寸要求。

(3) 裂纹的制备

试件的裂纹可以先用铣切割或线切割加工一窄缝,最后在疲劳试验机上加交变循环载荷预制出疲劳裂纹。要求如下:

① 为避免机械切割对裂纹尖端的影响,疲劳裂纹长度不小于 1.5 mm,一般以 3 ~ 5 mm 为宜,且要求超过总长度的 5%。

② 为了避免裂纹尖端因疲劳载荷过大而使裂纹尖端发生钝化现象,从而不够尖锐和平直,要求预制疲劳裂纹长度 $0.025a$ 的最后阶段内,疲劳应力强度因子的最大值应满足条件:

$$K_{\text{fmax}}/K_{\text{I}c} < 0.6, \ K_{\text{fmax}}/E < 0.000\ 32m^{\frac{1}{2}} \tag{10-3}$$

③ 为保证疲劳裂纹的扩展,缩短预制时间,疲劳应力强度因子幅度要求:

$$\Delta K = K_{\text{fmax}} - K_{\text{fmin}} \geqslant 0.9K_{\text{fmax}}, \ \Delta P = P_{\text{fmax}} - P_{\text{fmin}} \geqslant 0.9P_{\text{fmax}} \tag{10-4}$$

④ 为保证裂纹沿对称面扩展,要求疲劳裂纹与对称面的偏离角小于 10°。

(4) 应力强度因子表达式

① 三点弯曲试样:

$$K_{\text{I}} = \frac{SP}{BW^{3/2}} \cdot f_1 \left(\frac{a}{W} \right) \tag{10-5}$$

其中符号参看图 10-1(a),其中函数 $f_1 \left(\dfrac{a}{W} \right)$ 按 GB/T 4161—2007 确定:

$$f_1 \left(\frac{a}{W} \right) = 3(a/W)^{\frac{1}{2}} \times \frac{1.99 - (a/W)(1-a/W)\left[2.15 - 3.93(a/W) + 2.70(a/W)^2 \right]}{2(1 + 2a/W)(1-a/W)^{\frac{3}{2}}}$$

$$\tag{10-6}$$

② 紧凑拉伸试样：

$$K_{\mathrm{I}} = \frac{P}{BW^{1/2}} \cdot f_2\left(\frac{a}{W}\right) \tag{10-7}$$

其中符号参看图 10-1(b)，其中函数 $f_2\left(\dfrac{a}{W}\right)$ 按 GB/T 4161—2007 确定：

$$f_2\left(\frac{a}{W}\right) = (2+a/W)\times\frac{0.866+4.64(a/W)-13.32(a/W)^2+14.72(a/W)^3-5.6(a/W)^4}{(1-a/W)^{\frac{3}{2}}}$$

$$\tag{10-8}$$

10.1.3　实验装置

实验可以在任何类型的材料试验机上进行，配备适合自动记录的载荷传感器、位移传感器和 x-y 函数记录仪。一般载荷传感器和位移传感器输出的电讯号都不够大，需要配备相应的放大器，通常采用动态应变仪来代替。把电讯号放大后，再输入 x-y 函数记录仪绘出 P-V 曲线，如图 10-2 所示。

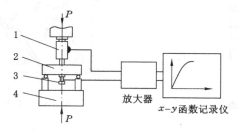

图 10-2　三点弯曲试样实验装置
1——载荷传感器；2——试样；3——夹式引伸仪；4——实验机

（1）载荷传感器：能够将载荷的变化以电讯号输出，经放大后，由记录仪器记录下来。要求在全量程内具有良好的线性。测试前必须进行标定。

（2）位移传感器：能够将裂纹嘴的张开位移以电讯号输出，经放大后，记录下来。在断裂力学测试中，通常采用夹式引伸仪，如图 10-3 所示。它是通过贴上电阻片来实现位移量向电量转换的。

（3）动态应变仪：在这里，主要是将载荷传感器和位移传感器送来的电讯号进行放大，以便记录的载荷-位移曲线便于分析。

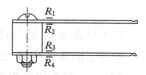

图 10-3　夹式引伸仪
$R_1 \sim R_4$——应变片

（4）x-y 函数记录仪：是一种自动记录仪器，它能在直角坐标中自动记录两个电量的关系曲线图。

10.1.4　实验程序

（1）测量试样尺寸。试样的断面要在裂纹所在的断面处测量，测量 B 和 W，使 $S = 4W$，要求精确到 0.025 mm。

（2）安装试样和夹式引伸仪，仪器连线、调试。大致根据最大载荷和裂纹嘴的张开位移量，选择仪器的量程，使 x-y 函数记录仪有足够的幅度，以保证测量精度。

（3）缓慢加载，材料的断裂韧度与载荷速率有关。标准规定，应力强度因子的增长速率

约在 $0.5 \sim 3.0$ MPa $\sqrt{\text{m}}/\text{s}$ 以内。至试样断裂,绘出 P-V 曲线。

(4) 在断裂的试样断口上,测量裂纹的长度 a。因为一般疲劳裂纹前缘是圆弧形,要求在试样厚度的 $1/4$、$1/2$、$3/4$ 三处测量,如图 10-4 所示,取其平均值

$$\bar{a} = \frac{1}{3}(a_1 + a_2 + a_3) \tag{10-9}$$

作为有效裂纹长度。

10.1.5 实验结果处理

(1) 确定临界载荷 P_Q

由于试样材料及尺寸条件的差异,测试时获得的 P-V 曲线形式也不一样,一般有三种典型形式。如图 10-5 所示,曲线(a)表示材料很脆,或尺寸较大,满足平面应变条件,无明显亚临界扩展。此时,$P_{\max}$ 就是临界载荷。

$$P_{\max} = P_Q \tag{10-10}$$

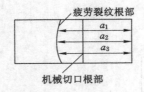

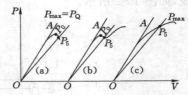

图 10-4 裂纹长度量测   图 10-5 P-V 曲线(1)

曲线(b)、(c)为试样尺寸并非远大于 $2.5\ (K_{Ic}/\sigma_0)^2$,此时,在最大载荷以前已有局部裂纹扩展。曲线(b)出现了所谓"突进","突进"载荷作为 P_Q。对于曲线(c),在标准实验方法中,采用了类似常规机械性能实验中确定屈服极限 $\sigma_{0.2}$ 的方法,规定扩展裂纹长度的 2% 时的应力强度因子为条件平面应变断裂韧度。

裂纹稳定扩展载荷:

$$P_5 = P_Q \tag{10-11}$$

(2) 计算 K_{Ic} 的条件值 K_Q

将 P_Q 值及试样有关尺寸代入 K_I 表达式求出的应力因子,记作 K_Q。

(3) K_Q 的有效性检验

K_Q 是否是 K_{Ic},需要进行有效性判断,标准方法中规定如下两个有效性准则:

$$P_{\max}/P_Q \leqslant 1.1 \tag{10-12}$$

$$B, a, (W - a) \geqslant 2.5 \left(\frac{K_Q}{\sigma_0}\right)^2 \tag{10-13}$$

如果满足公式(10-12)和公式(10-13),则求得的 K_Q 即为材料的平面应变断裂韧度 K_{Ic}。否则,就必须改用较大的试样测试。

10.2 裂纹张开位移测试

为了使 COD 理论得到广泛的工程应用,必须发展裂纹张开位移的测试方法。最早于

1972 年由英国标准学会颁发了 COD 试验标准草案 DD-19,它在压力容器、焊接结构的断裂安全分析中得到了广泛的应用。1979 年,英国对 DD-19 进行修正后,正式颁布了英国裂纹张开位移(COD)试验方法(标准)(BS-5792:1979)。我国于 1980 年制定了《裂纹张开位移(COD)试验方法》(GB 2358—80)。随后多次更新测试标准,2014 颁发了最新的国家标准《金属材料准静态断裂韧度的统一试验方法》(GB/T 21143—2014)。

10.2.1　测试原理和方法

根据 COD 定义,直接在裂纹尖端测量是有困难的。一般是测量裂纹嘴刀口端的张开位移 V,然后折算成裂纹尖端的张开位移 δ。所以需要测出在一定外力作用下的 P-V 曲线。这里主要考虑的是一般韧性材料,裂纹在起裂以后还有一段稳定扩展,然后才会失稳。因此,这里不仅要测定裂纹起裂的 COD,还要测定起裂以后若干对实际有意义的 COD 值,主要有:

δ_c ——脆性起裂、突进和失稳断裂时对应的 COD,没有明显的裂纹稳定扩展。(国家标准规定,$\Delta a \leqslant 0.05$mm)

δ_i ——裂纹稳定扩展开始时的 COD。

δ_u ——当有明显裂纹稳定扩展时的失稳断裂处,突进处的 COD。(国家标准规定,$\Delta a > 0.05$ mm)

δ_m ——最大载荷对应的 COD。

$\delta_{0.05}$ ——相应于 $\Delta a = 0.05$ mm 时的 COD。(国家标准规定)。

与上述 δ_c 值对应的 P-V 曲线分别见图 10-6。

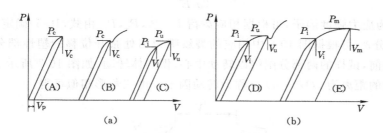

图 10-6　P-V 曲线(2)

10.2.2　试样

COD 实验方法推荐三点弯曲试样。厚度 B 应与被检验材料的厚度相同,跨距 $S = 4W$,W 为宽度。

(1) 推荐试样,$W = 2B$,$S = 4W$,$a = (0.45 \sim 0.55)W$。

(2) 辅助试样,$W = B$,$S = 4W$,a 可根据需要确定。

试样要预制疲劳裂纹,控制最大载荷,使得应力强度因子 $K_J \leqslant 0.63\sigma_0 B^{\frac{1}{2}}$。疲劳裂纹长度不得小于 1.25 mm。详细规定参见有关标准。

10.2.3 实验程序

(1) 缓慢加载,在弹性变形期间,应力强度因子的增长控制在 $0.2 \sim 3\ \mathrm{MPa}\sqrt{\mathrm{m}}/\mathrm{s}$ 的范围内。

(2) 加载到最大载荷 P_m,自动记录 $P\text{-}V$ 曲线。

(3) 测量裂纹长度 a,要求达到 $0.5\%W$ 的精度。分别在疲劳裂纹的最大值和最小值以及 $0.25B,0.5B,0.75B$ 处测量。然后计算平均裂纹长度,作为 a。

10.2.4 实验数据整理

(1) 根据实验所得的 $P\text{-}V$ 曲线,在图 10-6 上确定相应于 $V_\mathrm{c},V_\mathrm{i},V_\mathrm{u},V_\mathrm{m}$ 的塑性部分 V_p 及相应荷载 $P_\mathrm{c},P_\mathrm{i},P_\mathrm{u},P_\mathrm{m}$。

(2) $\delta_\mathrm{c},\delta_\mathrm{i},\delta_\mathrm{u},\delta_\mathrm{m}$ 的计算。标准中规定按如下方法确定 δ,首先把 δ 分成弹性部分和塑性部分:

$$\delta = \delta_\mathrm{e} + \delta_\mathrm{p} \tag{10-14}$$

其中弹性部分为

$$\delta_\mathrm{e} = \frac{G}{m\sigma_0} = \frac{K_\mathrm{I}^{\,2}}{m\sigma_0 E'} \tag{10-15}$$

当 $m=1$ 时,平面应力情况,上式与 Dugdale 模型一致。在一般情况下,m 称为 COD 的折减因子,对三点弯曲试样,取 $m=2$,于是

$$\delta_\mathrm{e} = \frac{K_\mathrm{I}^{\,2}}{2\sigma_0 E'} \tag{10-16}$$

式中,K_I 为应力强度因子,可根据相应载荷 $P_\mathrm{c},P_\mathrm{i},P_\mathrm{u},P_\mathrm{m}$ 由式(10-5)确定。

δ 的塑性部分 δ_p 可根据图 10-6 中相应的裂纹嘴刀刃处张开位移的塑性部分 V_p 求出。在这里假定断裂前,试样的两部分围绕以转动中心,做刚体转动,如图 10-7 所示。设转动中心到原裂纹尖端的距离为 $r(W-a)$,r 称为转动因子。由三角形相似可得:

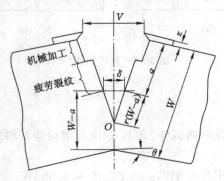

图 10-7 δ 的量测

$$\frac{\delta_\mathrm{p}}{V_\mathrm{p}} = \frac{r(W-a)}{r(W-a)+a+z} \tag{10-17}$$

式中,z 为安装夹式引伸仪的刀口厚度;W 为试样宽度;a 为裂纹原长。转动因子 r 一般随外载荷变化而变化。在标准 BS-5762 中,取 $r=0.4$(我国的国家标准中取 $r=0.45$)。

因此,对应的各个 δ 可按下式计算:

$$\delta = \frac{K_{\mathrm{I}}^2}{2\sigma_0 E'} + \frac{0.4(W-a)V_{\mathrm{p}}}{0.4W + 0.6a + z} \tag{10-18}$$

10.2.5 绘制 COD 阻力曲线

COD 阻力曲线可以评价韧性材料在各个裂纹扩展阶段的断裂韧度,δ_i 可以通过 COD 阻力曲线外推得到。

(1)试样不少于 4 个,分别加载到裂纹扩展的不同位置卸载。需要包括最大载荷点和最小载荷点(标准规定 $\Delta a < 0.15$ mm),最好是在最大载荷和最小载荷之间,等距离位置卸载。绘出 P-V 曲线,如图 10-8(a)所示。并计算相应点的 δ。

(2)对卸载后的试样加热,使其氧化发蓝,以便清楚地区分裂纹扩展部分和剩余韧带部分。

(3)将试样断开,在试样断面处上下边界点的等距的 7 个点上测量裂纹初始长度的平均值 a_0,扩展后裂纹长度的平均值 a,以及裂纹扩展量 $\Delta a (\Delta a = a - a_0)$。

(4)将计算的 δ 和测量的 Δa,在 δ-Δa 直角坐标中标出位置。绘制 COD 阻力曲线,如图 10-8(b)所示。通过阻力曲线外推到 $\Delta a = 0$,得到 δ 的作为裂纹稳定扩展起始点的 δ_i。

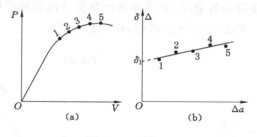

图 10-8 测定 δ

(a) P-V 曲线;(b) δ 阻力曲线

10.3 弹塑性断裂韧度 J 积分测试

通过前面章节的研究,在 J 主导和 J 控制裂纹扩展条件下,J 积分可以作为静止裂纹和扩展裂纹尖端应力、应变场的唯一度量。从而,在裂纹扩展的各个阶段 J 积分的大小,可以作为带裂纹的材料断裂的特征参量,表示材料抵抗裂纹扩展的能力,一般称为弹塑性断裂韧度。因此,近年来,为了提高材料的利用率,挖掘材料潜力,逐步发展了从裂纹起裂到起裂以后的断裂韧度的测试技术。

10.3.1 测试原理

在我国的标准中规定,裂纹扩展的不同阶段的 J 积分可以按下式计算:

$$J = J_{\mathrm{e}} + J_{\mathrm{p}} \tag{10-19}$$

式中,J_{e},J_{p} 分别为 J 积分的弹性部分和塑性部分。标准中推荐采用三点弯曲试样。

当 $S/W = 4$ 时:

$$J_e = \frac{1-\mu^2}{E}K_{\mathrm{I}}^2 = \frac{1-\mu^2}{E}\left[\frac{P}{BW^{1/2}} \cdot Y\left(\frac{a}{W}\right)\right]^2 \qquad (10\text{-}20)$$

对于深裂纹（$a/W \geqslant 0.4$）短跨距（$S/W \approx 3 \sim 5$）的三点弯曲试样：

$$J_p = \frac{2U_p}{B(W-a)} \qquad (10\text{-}21)$$

式中，U_p 可通过图 10-9 中 P-Δ 曲线确定，Δ 为载荷作用点位移。

10.3.2 J_{Ic} 测试

只需要一个试样，裂纹长度为 $a/W = 0.4 \sim 0.6$，$S/W = 4$。这里要求测试中自动记录 P-Δ 曲线。位移传感器主要测定载荷作用点位移 Δ。起裂点的确定可以采用电位法、声发射法、电阻法、金相法、氧化法等，电位法和声发射法用得较多。

（1）电位法

在试样两端施加一恒定电流 I，在加载过程中，测量裂纹两侧电位 E 的变化。通过位移传感器测量试样载荷作用点位移 Δ，用 x-y 函数记录仪，自动记录 E-Δ 曲线，如图 10-10 所示。由于裂纹起裂电位差将迅速增大，使 E-Δ 曲线产生突变，从而确定起裂点。

（2）声发射法

物体在外力作用下变形的各阶段，弹性和塑性及裂纹起裂和扩展阶段，都有不同特性的声发射。图 10-10 记录了 P-Δ，E-Δ，S-Δ 曲线，确定起裂点 C。

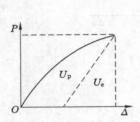

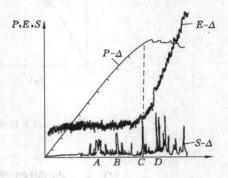

图 10-9　应变能的弹性部分和塑性部分　　　图 10-10　电位法和声发射联合测定起裂点

10.3.3 起裂后的断裂韧度 J 积分值

需要采用 5～8 个裂纹长度基本相同的试样。如图 10-11(a)所示，在直角坐标系中，先画出钝化线。按照 GB 2038—80 规定，钝化线方程为：

$$J = 1.5(\sigma_0 + \sigma_b)\Delta a$$

式中，σ_0，σ_b 分别为屈服极限和强度极限。钝化线是在裂纹扩展前，反映裂纹尖端钝化的影响。此时，裂纹长度增加了，但裂纹并未真正扩展。

最小裂纹扩展线为图 10-11(a)的横轴上 $\Delta a = 0.03$ mm 开始的平行于钝化线的直线。当有效实验点不少于 5 个点时，做回归分析，得出回归直线。

$$J_R = \alpha + \beta\Delta a \qquad (10\text{-}22)$$

式中，α，β 为回归系数，可由下式确定：

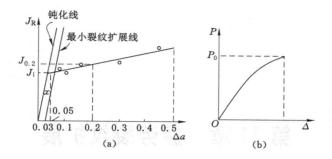

图 10-11　测定起裂后的断裂韧度 J 积分值

$$\begin{cases} \alpha = \overline{J}_R - \beta\,\overline{\Delta a} \\ \beta = \sum_{i=1}^{n}(\Delta a_i - \overline{\Delta a})(J_{Ri} - \overline{J}_R) \Big/ \sum_{i=1}^{n}(\Delta a_i - \overline{\Delta a})^2 \end{cases} \tag{10-23}$$

$$\overline{\Delta a} = \frac{1}{n}\sum_{i=1}^{n}\Delta a_i,\quad \overline{J}_R = \frac{1}{n}\sum_{i=1}^{n}(\Delta a_i - \overline{\Delta a})^2 \tag{10-24}$$

式中，Δa_i，J_{Ri} 为第 i 个有效实验点所给出的裂纹扩展量和 J 积分值。

根据回归直线，可以确定以下的断裂控制和韧度评定的特征参量。

（1）J_i：由回归直线和钝化线的交点的纵坐标确定，称为表观起裂韧度。它表征材料开始稳定扩展时的裂纹扩展阻力。

（2）$J_{0.05}$：由表观裂纹扩展量 $\Delta a = 0.05$ mm 时所对应的断裂韧度 J_R，称为条件起裂韧度。

（3）$J_{0.2}$：由表观裂纹扩展量 $\Delta a = 0.2$ mm 时所对应的断裂韧度 J_R，称为条件断裂韧度。

习　　题

10.1　已知 4340 钢经淬火、回火后，$\sigma_0 = 1\,814$ MPa，$K_{Ic} = 46$ MPa $\sqrt{m}$。A533B 钢（原子反应堆用）$\sigma_0 = 343$ MPa，$K_{Ic} = 1\,853$ MPa $\sqrt{m}$。试分别计算由这两种材料作试样测定 K_{Ic}，所需要的最小厚度 B_{min}，最小裂纹长度 a_{min} 和最小韧度带宽度 $W - a$。

10.2　叙述各种常规韧度试验的方法，说明所度量材料韧度数值的表征参数的物理意义。

10.3　叙述材料断裂韧度的断裂力学试验方法，及其表征参数的物理意义。

10.4　说明影响断裂韧度的主要因素和如何防止材料发生脆性断裂。

第11章　疲劳裂纹扩展

工程中的构件经常处在随时间交替变化的应力作用之下，最后造成破坏，通常称其为疲劳破坏。为了保证工程结构物的安全，在给定交变应力作用下，选取构件的几何尺寸，以保证构件具有一定的疲劳强度，叫作疲劳设计。

11.1　疲 劳 设 计

11.1.1　"无限寿命"的疲劳设计

在材料力学中，首先测定材料的持久极限，即试件可以经历无限多次循环而不发生破坏的最大应力。采用的方法是取一组表面磨光的小试件，然后对于一定应力循环 $r = \sigma_{\min}/\sigma_{\max}$，测定材料的 σN 曲线。如图 11-1 所示。

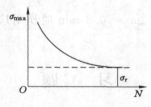

图 11-1　疲劳曲线

N 为循环次数，从而测出材料的持久极限 σ_r。对实际的构件，考虑到与光滑小试件在外形、大小尺寸及表面光洁度和热处理条件等方面的差异，通过一系列的因数来考虑各种因素的影响，构件尺寸大小的影响及表面质量的影响，最后考虑一定的安全因数，得出构件的设计应力，这种方法称为"无限寿命"的疲劳设计。

但是在这样的设计下仍不能完全防止构件的破坏，一系列工程中的重大事故仍然时时发生。其主要原因在于实验试件与实际构件存在差异：前者是无裂纹缺陷的光滑试件，而实际构件由于加工、热处理等各种原因都普遍存在大小不同的裂纹。

11.1.2　"破损安全"设计

传统设计所没考虑到试件的缺陷，断裂力学则是在考虑构件本身存在缺陷的基础上进行疲劳设计的，即"破损安全"设计。

这种疲劳设计主要是容许构件出现裂纹缺陷，但是要求在规定的时间内确保构件安全工作。对于这种设计必须充分了解和掌握材料疲劳裂纹扩展的一般规律,才能获得预期的安全效果。

11.2　疲劳裂纹扩展的一般特点

11.2.1　疲劳裂纹扩展特性

对于承受静载的构件,假设其表面有一裂纹,如图 11-2 所示。

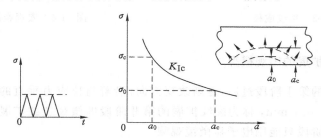

图 11-2　疲劳裂纹扩展

对于承受静载荷的构件,假设构件中有一表面裂纹,当 $\sigma < \sigma_c$ 裂纹不会出现失稳,构件是安全的。如果 σ 是一个交变应力,实验证明,尽管 $a_0 < a_c$,初始裂纹 a_0 会在交变应力作用下缓慢扩展,最后也会达到失稳的临界尺寸 a_c 使构件造成失稳破坏,这种从初始值 a_0 到 a_c 的这一扩展过程,称为疲劳裂纹扩展。所以,一个具有一定裂纹长度的构件,在静载荷下可能是安全的,在交变载荷作用下经历一定的循环次数,就可能是不安全的。

（1）低周疲劳（应变疲劳）:以应变作为控制因素

对于在低频加载下工作,所有应力很大,其最大应变接近或超过屈服应变,这种疲劳称低周疲劳。在低周疲劳下形成的裂纹的寿命短,所以总寿命近似等于裂纹扩展寿命,比例达到 90%,因此在低周疲劳设计中主要考虑裂纹扩展寿命。

（2）高周疲劳（应力疲劳）:以应力作为控制因素

在高周加载下工作,所承受的应力较低,这种疲劳称为高周疲劳,这时形成裂纹的寿命长,所以在高周疲劳设计中,应兼顾裂纹的萌生寿命和扩展寿命。

11.2.2　疲劳裂纹成核的微观模型

对于一个表面无缺陷的试件要形成疲劳裂纹,一般认为是通过滑移产生的。从表面抛光的试件进行疲劳实验可以观察到,实验不久,各个晶粒内有滑移线出现,往往分布不均匀,出现在局部区域。

随着实验继续进行,原有滑移线的滑移量不断加大,新的滑移线依序产生,形成"滑移带",滑移带逐渐加宽加深,在试件表面上形成"浸入沟"和"挤出带"。这种"浸入沟"就是疲劳裂纹的发源地,即疲劳裂纹成核,如图 11-3 所示。

此后,在交变应力作用下,沿着与拉力呈 45°的方向扩展。图 11-4 称为疲劳裂纹扩展的第Ⅰ阶段。

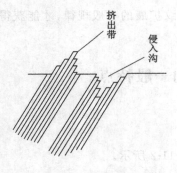

图 11-3 裂纹成核

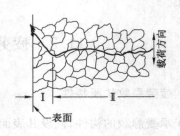

图 11-4 宏观裂纹扩展

11.2.3 疲劳裂纹扩展的微观模型

疲劳裂纹扩展的第Ⅰ阶段过后,逐渐改变方向,沿着与拉应力垂直的方向扩展,直到裂纹长度小于 $0.05 \sim 0.1$ mm,称为裂纹扩展的第Ⅱ阶段即微观裂纹扩展阶段,或称为微观裂纹扩展阶段。此阶段只能用电子显微镜观测。

工程中大部分承受交变应力的构件,多为低荷载、高循环和低裂纹扩展速率的情况。下面介绍这种情况下的两种裂纹扩展机理:① Laird-Smith 裂纹扩展模型;②"弱点"凝聚模型

1. Laird-Smith 裂纹扩展模型

根据观测可知裂纹顶端区域金属在剪应力作用下发生反复塑性变形即在每一循环中完成一次形状上由锐化—钝化—锐化的变化过程,裂纹向前扩展一段长度,在断口表面留下一条痕迹,这就是断口金相图片上通常看到的典型的疲劳条纹。图 11-5 为疲劳裂纹扩展过程示意图。

图 11-5(c)在拉应力达到最大时,裂纹尖端许多滑移面产生滑移,导致裂纹尖端钝化形成新的弧形裂纹顶端。

图 11-5(d)表示应力减少时,弹性应变将要回复到零。由于尖端区域以外的弹性收缩将会有一个压缩力作用于尖端的塑性区。裂纹尖端这些相当大的压缩应力超过材料的屈服极限,从而使裂纹尖端产生压缩变形,即发生反向滑移的情况。

图 11-5(e)表示反向滑移的结果使裂纹尖端逐渐闭合的情况。

图 11-5(f)表示裂纹尖端全部闭合而锐化的情况。这样,裂纹尖端每经过一次张开、钝化和闭合循环,裂纹就向前扩展一个,从而在断口上留下一条疲劳裂纹。

2. "弱点"凝聚模型

在交变的剪应力作用下,裂纹尖端出现一个弱化区。这个弱化区可能是由于在晶界前的位错塞积所成,如图 11-6(a)所示。也可能是由于夹杂物或第二相质点在交变应力作用下发生开裂所致,如图 11-6(b)所示。由于局部交变剪切作用,使弱化区与裂纹前沿凝聚起来,从而使裂纹向前扩展 Δa 的长度。

11.2.4 宏观裂纹扩展阶段

当裂纹大于 0.05 mm 以后,可以利用一般的工具放大镜对裂纹的扩展情况进行观测,称为宏观裂纹扩展阶段。与微观裂纹扩展阶段相比,这阶段的扩展速率显著加快。

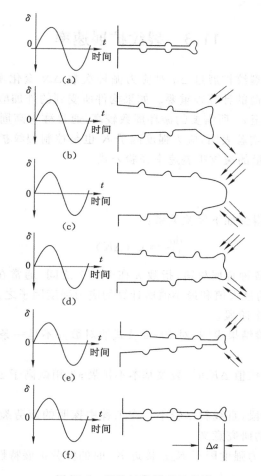

图 11-5　塑性钝化模型示意图

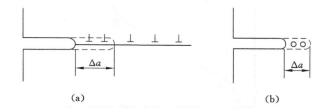

图 11-6　裂纹尖端"弱点"凝聚模型

　　在疲劳问题研究中,将裂纹成核、扩展直到最后断裂所经历的应力循环总数称为疲劳寿命。

　　一般来说,疲劳寿命的绝大部分都在裂纹成核和微观裂纹扩展阶段。宏观裂纹扩展阶段只占很小一部分。

　　但是,一方面,目前的观测技术还很难对微观裂纹扩展进行有效监视;另一方面,由于加工、制造、热处理等种种原因,在构件上,宏观类裂纹缺陷是很容易产生,因此,研究宏观裂纹扩展规律,确定宏观裂纹扩展阶段所具有的疲劳寿命即剩余寿命,具有十分重要的工程意义。

11.3　裂纹扩展速率

在疲劳裂纹扩展中,裂纹扩展量 Δa 对应力循环次数 ΔN 变化率,称为裂纹扩展速率。确定其速率,对于剩余寿命的计算很重要。如果构件所受到的外加应力水平较低,因而由某一初始裂纹长度 a_0 扩展至 a_c 所需要的循环周数较高,通常称为高周疲劳。这时,裂纹主要在小范围屈服区中扩展,实验表明,应力强度因子 K 也是控制裂纹扩展速率 da/dN 主导参量。介绍几个以 K 作参量的裂纹扩展速率经验公式。

11.3.1　Paris 公式

(1) Paris 通过实验得到如下经验关系:

$$\frac{da}{dN} = C\,(\Delta K)^n \tag{11-1}$$

式中,C,n 是材料常数,各种金属材料,指数 n 在 $2 \sim 7$ 之间,通常在 $2 \sim 4$ 范围内。$\Delta K = K_{max} - K_{min}$ 为交变应力的最大值和最小值所计算的应力强度因子之差。

(2) Paris 公式的三个阶段。

各种金属材料的实验结果表明:对 Paris 公式取对数并不是一条直线,而是一条可分为三阶段的曲线(图 11-7)。

第 1 阶段:当低于门槛值 ΔK 时,裂纹基本不扩展;当稍微高于 ΔK 时直线上升很陡,直到第 2 阶段。

第 2 阶段:成直线阶段,直线斜率较小。在工程中探明的疲劳裂纹多处于这一阶段,因此这一阶段具有很重要的研究意义。

第 3 阶段:是最大应力强度因子 K_{max} 接近 K_c 时的疲劳扩展特性。

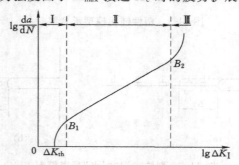

图 11-7　疲劳裂纹扩展 $\lg \dfrac{da}{dN}$-$\lg \Delta K_I$ 关系

11.3.2　Farman 公式

Farman 认为 Paris 公式有两点不足:

(1) 未反映平均应力对裂纹扩展速率的影响。

(2) 未反映强度因子 K 趋近于临界值 K_c 时裂纹快速扩展的特性。

于是他提出以下经验公式:

$$\frac{\mathrm{d}a}{\mathrm{d}N} = \frac{C\,(\Delta K)^n}{(1-R)K_c - \Delta K} \tag{11-2}$$

Forman 公式在处理高强铝合金数据时,获得了广泛应用。

11.3.3　陈篪公式

陈篪认为,Forman 公式只表达了 $\frac{\mathrm{d}a}{\mathrm{d}N}$ 随着 $K_{max} \to K_c$ 急剧增加的趋势,不能反映门槛值的存在,对于 $R = \sigma_{min}/\sigma_{max} = $ 常数时,他提出以下公式:

$$\frac{\mathrm{d}a}{\mathrm{d}N} = C_0\,(\Delta K)^S\,\frac{\left[\,(\Delta K)^2 - K_1{}^2\,\right]^P}{\left[\,K_2^2 - (\Delta K)^2\,\right]^2} \tag{11-3}$$

式中,C_0, S, P, q 均为材料常数,$K_1 = K_{th}$,K_2 对应裂纹高速扩展的起点值。可见,当 $\Delta K \to \Delta K_{th}$ 时,裂纹扩展速率 $\mathrm{d}a/\mathrm{d}N \to 0$,当 $\Delta K \to \Delta K_T$ 时,$\mathrm{d}a/\mathrm{d}N \to \infty$。

陈篪公式对于 $\sigma_{0.2} = 490 \sim 1\,177$ MPa 的材料,能在相当大的范围内描述随 ΔK 的变化规律。

根据观察、分析,研究者们都提出了许多某种疲劳裂纹扩张机制假设,得出计算模型,从而从理论上推导裂纹扩张速率的公式。但是由于疲劳破坏是一个很复杂的物理过程,至今提出的所有理论公式,还难以完全被实验所验证,因此在工程中尚未普遍采用。

11.4　影响疲劳裂纹扩展速率的主要因素

11.4.1　平均应力 σ_m 的影响

实验表明,当 K_I 一定时,$\mathrm{d}a/\mathrm{d}N$ 随应力比 r 的增加而增加,ΔK_{th} 随应力比 r 的增加而减小。

由平均应力 σ_m 与 $\Delta\sigma$ 和 r 之间的关系式:

$$\sigma_m = \frac{1}{2}(\sigma_{max} + \sigma_{min}),\ \sigma_a = \frac{1}{2}(\sigma_{max} - \sigma_{min}) = \frac{1}{2}\Delta\sigma,\ \frac{\sigma_m}{\sigma_a} = \frac{\sigma_{max} + \sigma_{min}}{\sigma_{max} - \sigma_{min}} = \frac{1+r}{1-r}$$

可得:

$$\sigma_m = \frac{1+r}{1-r}\sigma_a = \frac{1+r}{1-r} \cdot \frac{\Delta\sigma}{2} = \frac{\Delta\sigma}{1-r} - \frac{\Delta\sigma}{2} \tag{11-4}$$

可见,当 $\Delta\sigma$ 为一定时,ΔK_I 为定值,平均力 σ_m 对 $\mathrm{d}a/\mathrm{d}N$ 的影响可通过 r 来体现。

11.4.2　过载峰的影响

实际构件往往不是简单地承受单一的等幅交变载荷,有时承受各种范围组成的载荷谱,整个载荷谱中,高、低幅度的载荷交替地并且是无序地出现。

许多实验表明,过载峰的出现,对随后的低载荷幅度下的 $\mathrm{d}a/\mathrm{d}N$ 有明显的延缓作用。

过载峰对裂纹扩展速率的影响,实际上经历着由高到低,然后再由低到高的急剧而又缓慢的变化过程。这种变化如图 11-8 所示。

裂纹速率的延迟程度取决于过载峰的大小,即过载峰百分数为 $PL = (\Delta K_{PL}/\Delta K) \times 100\%$,记原始扩展速率为 $b^2 = \mathrm{d}a/\mathrm{d}N$,则平均延迟点扩展速率与原始扩展速率之比为:

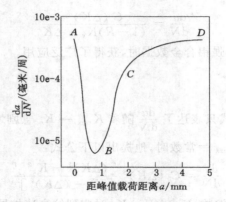

图 11-8　2024-T3 铝合金裂纹顶端在延迟区扩展速率的变化

$$\frac{\left(\dfrac{da}{dN}\right)_{延,平均}}{\dfrac{da}{dN}} = \frac{a^*}{N^*}\Big/ b_2 \tag{11-5}$$

由实验测定上述比值与 ΔK 的关系如图 11-9 所示。实验结果表明,单个过载峰越高,裂纹扩展速率的延迟程度越大。

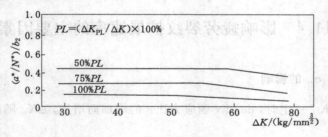

图 11-9　2024-T$_3$ 铝合金的 $(a^*/N^*)/b_2$-ΔK

11.4.3　加载频率的影响

在实际工作中,载荷频率往往是在一定范围内变化的。因此,需要了解加载频率对 da/dN 的影响。

图 11-10 表示 304 型不锈钢高温(535 ℃)下频率对裂纹扩展的影响,曲线表明:

(1) 在曲线的下部范围内,$\dfrac{da}{dN}$ 不受加载频率的影响。

(2) 在曲线的上部范围内,$\dfrac{da}{dN}$ 随加载频率的降低而增加,但各频率的直线斜率基本一致。

根据图 11-10(a)的实验结果,$\dfrac{da}{dN}$ 与频率 f 之间的关系可写成:

$$\frac{da}{dN} = A(f) \cdot (\Delta K)^n \tag{11-6}$$

式中,$A(f)$ 为与频率有关的函数。其变化规律,如图 11-10(b)所示。从曲线的变化可推

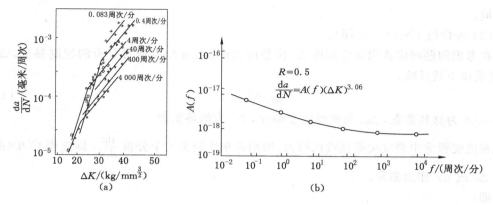

图 11-10　加载频率对裂纹扩展的影响

断，f 值超过 4 000 周次/分，$A(f)$ 值基本不变。

11.4.4　温度的影响

汽轮机和运载工具等设备上的许多构件长期处在高温环境下工作，所以必须研究温度对疲劳裂纹扩张速率的影响，为工程设计和维修提供有关实验数据。

实验表明，在一般情况下，裂纹扩张速率总是随温度的升高而增加的。

如图 11-11 所示 304 型不锈钢在不同温度下的 $\dfrac{\mathrm{d}a}{\mathrm{d}N}$ 关系，曲线变化表明：

（1）$\dfrac{\mathrm{d}a}{\mathrm{d}N}$ 随温度的升高而增大。

（2）在 25～650 ℃ 范围内，各 $\dfrac{\mathrm{d}a}{\mathrm{d}N}$-$\Delta K$ 曲线仍出现折点，只要净断面平均应力保持在弹性范围内，$\dfrac{\mathrm{d}a}{\mathrm{d}N}$-$\Delta K$ 之间的关系仍服从指数规律。

（3）随着 $\dfrac{\mathrm{d}a}{\mathrm{d}N}$（或 ΔK）值的增高，温度对 $\dfrac{\mathrm{d}a}{\mathrm{d}N}$ 的加速作用逐渐减弱。

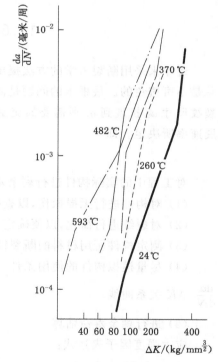

图 11-11　不同温度的 $\dfrac{\mathrm{d}a}{\mathrm{d}N}$-$\Delta K$ 曲线

11.5　应变疲劳的特点

以上所述疲劳裂纹扩展规律都是在恒应力幅度下实验的，只适用于低应力、高循环、低扩展率的长寿命情况。而高应力、低循环疲劳称为塑性疲劳或应变疲劳，有如下特点：

（1）应变幅值很高，最大应变接近屈服应变（$\varepsilon_{max} \rightarrow \varepsilon_0$），故疲劳扩展率高，$\dfrac{\mathrm{d}a}{\mathrm{d}N} > 10^{-2}$

mm/周。

(2) 寿命短($N_f < 10^4$ 周)。

在考虑问题时应该用应变幅度 $\Delta \varepsilon$ 代替应力幅度 $\Delta \sigma$ 作为疲劳分析的控制参量。$\Delta \varepsilon$ 与 N_f 关系用下式反映：

$$\Delta \varepsilon_p N_f^b = C \tag{11-7}$$

式中，C、b 为材料常数，$\Delta \varepsilon_p$ 为塑性应变幅度，N_f^b 为循环次数。

在应变疲劳中裂纹尖端塑性区很大，须用弹塑性断裂力学分析 $\dfrac{da}{dN}$，即应用 COD(δ) 的增量 $\Delta \delta$ 或 ΔJ 作为参量。

即：

$$\frac{da}{dN} = A \,(\Delta \delta)^n, \; \frac{da}{dN} = B \,(\Delta J)^m \tag{11-8}$$

式中，A、n 和 B、m 在一定条件下是材料常数。

11.6   剩余寿命的估算

近年来采用断裂力学的方法提出的破损安全设计主要认为，构件上各种类裂纹的存在总是不可避免的。最根本的问题是需要确定剩余寿命，也就是要计算根据探明的某一宏观裂纹尺寸 a_0 扩展到 a_c 所需要的交变应力循环次数 N。含裂纹构件的寿命是由疲劳裂纹扩展速率所决定。即

$$a_0 \xrightarrow{\text{循环次数 } N_0} a_c$$

对工程中的实际构件进行剩余寿命估算，一般按以下步骤进行：

(1) 对构件进行无损探伤，以查明构件中的最大初始裂纹尺寸 a_0。

(2) 对裂纹进行简化，以便确定采用合适的应力强度因子表达式。

(3) 测定构件所用材料的断裂韧度 K_c（或 $K_{\mathrm{I}c}$），从而可确定 a_c。

(4) 尽量模拟构件的使用条件（平均应力、加载方式、使用频率和温度等），用实验测定 $\dfrac{da}{dN}$-ΔK 关系曲线。

(5) 进行剩余寿命估算。

应力强度因子表达式：

$$K_{\mathrm{I}} = Y\sigma\sqrt{\pi a}$$

式中，Y 为形状因子，一般为裂纹尺寸。

应力强度因子幅度为：

$$\Delta K = Y\Delta\sigma\sqrt{\pi a}$$

如果裂纹扩展速率服从 Paris 公式，积分可得

$$N_c = \int_0^{N_c} dN = \int_{a_0}^{a_c} \frac{da}{C(\Delta K)^n} = \frac{1}{C\,(\Delta\sigma\sqrt{\pi})^n} \int_{a_0}^{a_c} \frac{da}{Y^n a^{n/2}}$$

特殊情况下，当 Y 为常数，或可近似看作常数时，可以完成上式的积分：

$$N_c = \begin{cases} \dfrac{2}{(2-n)C\,(Y\Delta\sigma\sqrt{\pi}\,)^n}\left[a_c^{(2-n)/2} - a_0^{(2-n)/2}\right] & n \neq 2 \\[3mm] \dfrac{1}{C\,(Y\Delta\sigma\sqrt{\pi}\,)^2}\ln\dfrac{a_c}{a_0} & n = 2 \end{cases} \tag{11-9}$$

例 11-1　传动轴上有一半圆形表面裂纹，$a = c = 3$ mm。与裂纹平面垂直的应力 $\sigma = 300$ MPa，材料的 $\sigma_0 = 670$ MPa，$K_{Ic} = 34$ MPa $\sqrt{m}$，$da/dN = 10^{-2}(\Delta K_I)^4$。由于运转时有停止和起动，平均每周完成两次应力循环，试估算疲劳寿命。

解　由公式：

$$K_I = M_1 \frac{\sigma\sqrt{\pi a}}{\sqrt{Q}}$$

$$M_1 = \left[1 + 0.12\left(1 - \frac{a}{2c}\right)\right]$$

$$Q = \Gamma_2^2(\rho_2) - 0.212\left(\frac{\sigma}{\sigma_0}\right)^2$$

$$\therefore\quad K_I = \left[1 + 0.12\left(1 - \frac{3}{6}\right)^2\right]\frac{\sigma\sqrt{\pi a}}{\left(\frac{\pi}{2}\right)^2 - 0.212\left(\frac{300}{670}\right)^2} = 0.66\sigma\sqrt{\pi a}$$

当 $a = a_c$ 时，$K_I = K_{Ic}$。

故：

$$a_c = \frac{K_{Ic}^2}{(0.66\sigma)^2\pi} = 9.380 \times 10^{-3} \text{ m}$$

而：

$$\Delta K_I = (K_I)_{max} - (K_I)_{min} = (K_I)_{max} - 0 = (K_I)_{max} = 0.66\sigma\sqrt{\pi a}$$

由 Paris 公式可得

$$N_c = \frac{1}{\left(1 - \frac{m}{2}\right)C\,(\Delta K_I)^m}\left(a_c^{(2-m)/2} - a_0^{(2-m)/2}\right)$$

$$= \frac{1}{(1-2)\cdot 10^{-12}\cdot 0.66^4\cdot \pi^2\cdot 300^2}\left(\frac{1}{9.386\times 10^{-3}} - \frac{1}{3\times 10^{-3}}\right)$$

$$= 14\ 966(\text{次})$$

若一年按 52 周计算，则使用年限为 $\dfrac{14\ 966}{52\times 2} = 143$（年）

若使用寿命规定为 30 年，安全因数为：$n = \dfrac{143}{30} = 4.8$

疲劳问题是一个十分复杂的问题，与许多因素有关，目前研究较多的还是处在归纳分析若干实验数据的基础上，而且主要是讨论裂纹在小范围屈服区扩展的所谓的高周疲劳问题，理论上的进展缓慢。因此，需要进一步弄清楚疲劳裂纹扩展机制，建立起更为实际的动态弹塑性分析的疲劳裂纹扩展理论和实验研究。

习　　题

11.1　某压力容器环向应力为 $\sigma = 131.4$ MPa，有一初始穿透裂纹长度 $a_0 = 21$ mm，

临界裂纹长度 $a_c = 89.35$ mm，从起动到检修停止运行，可看做一次应力循环，测出疲劳裂纹扩展速率为 $da/dN = 1.96 \times 10^{-10} (\Delta K)^{3.1}$，试计算压力容器的剩余寿命。（可简化为无限大板中心裂纹）

11.2 某容器的层板上有一长度 $2a_0 = 50$ mm 的周向穿透裂纹，容器每次升压和降压交变应力 $\Delta\sigma = 98$ MPa，$a_c = 225$ mm，裂纹扩展速率为 $da/dN = 2 \times 10^{-13} (\Delta K)^3$，试计算容器经过 10 万次循环后是否安全。（设容器层板可视为中心穿透裂纹的无限大板）

11.3 在疲劳设计中，已知裂纹扩展速率，交变应力幅度 $\Delta\sigma$，初始裂纹长度 a_0，应力循环特性 $r(r > 0)$，及断裂韧度 K_c，试计算临界裂纹长度 a_c 和剩余寿命 N_c。

11.4 在疲劳设计中，要使使用期间的循环次数小于剩余寿命 N_c，试导出初始裂纹尺寸 a_0 应满足的条件。

第 12 章　断裂力学工程应用及有限元方法

前面各章用了很大篇幅讨论各种裂纹问题的解及其详细的数学计算,目的在于探索断裂现象的规律,以便能解决实际问题。断裂理论若不能解决科学与工程问题,也许它就不会产生,也不会发展。尽管本书作者在解决工程问题方面的工作做得很少,这里仍然有必要讨论一下有关的应用实例。国内的不少科学工作者与工程技术人员,应用断裂力学理论与方法解决了不少工程实践问题,收到很好的效果。还有不少科学工作者用断裂理论的方法去研究其他学科(尤其是地球物理与地震学)的问题,也取得较好成果。

12.1　断裂力学在工程中的应用

12.1.1　工程中结构裂纹强度分析的主要步骤

根据实际工作的经验,对工程结构进行断裂分析,需要如下一些步骤:

(1) 用无损检测方法,或者是验证性试验,对给定工艺过程下的结构元件,查明实际裂纹或类裂纹缺陷的分布位置、几何形状、尺寸及受力状况。

(2) 从应力强度因子手册中查 K(K_{I}、K_{II}、K_{III}),或者自行计算。

(3) 选用断裂判据,例如用 $K_{\text{I}} = K_{\text{Ic}}$。若 K_{I}、K_{II}、K_{III} 同时存在,则需选用复合型断裂判据。

(4) 从材料手册中查有关材料的 K_{Ic},或者自行测试。

(5) 由断裂判据及相应的材料常数 K_{Ic} 值,确定临界裂纹尺寸 a_c,或者临界应力 σ_c。若 $a < a_c$,或 $\sigma < \sigma_c$,则裂纹不会扩展。

(6) 当结构处在交变应力下时,需要利用 Paris-Erdogan 公式:

$$\frac{\mathrm{d}a}{\mathrm{d}N} = C(\Delta K)^m, \Delta K = (K_{\text{I}})_{\max} - (K_{\text{I}})_{\min}, K_{\text{I}} = Y\sqrt{\pi a}\, p$$

或其他疲劳裂纹扩展速率公式,计算出疲劳寿命:

$$N = \int_{a_0}^{a_c} \frac{\mathrm{d}a}{C(\Delta K)^m}$$

其中,a_0 为裂纹初始尺寸,a_c 为临界裂纹尺寸。

(7) 若裂纹在冲击载荷作用下,以及对于快速扩展的裂纹,则用动态断裂判据。

(8) 根据以上分析,对选材、设计及改进工艺提出建议。

在做以上分析之前,最好用材料力学方法(常规强度分析方法)对同一结构进行初步分析,将常规强度分析与断裂强度分析的结果进行对比。

12.1.2 电站大型锻件的断裂分析

西安交通大学的研究者对电站大型锻件中的缺陷及结构安全性做了全面研究。考虑某厂生产的一个汽轮发电机转子的材料为 $34CrNi_3Mo$,其主要尺寸和轴身部分的缺陷及尺寸见图 12-1 和表 12-1。轴的转速 3 600 r/min,材料屈服强度 $\sigma_0 = 550$ MPa。其断裂强度分析如下:

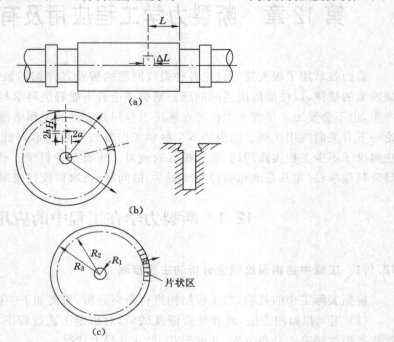

图 12-1 某厂汽轮机转子轴身的缺陷分布

表 12-1　　　　转子缺陷分布及尺寸

缺陷编号	深度 H/mm	轴向厚度 Δl/mm	径向厚度 $2h$/mm	长度 $2a$/mm
1	340~350	25	8	14
2	250	70	8	22
3	240	25	8	46
4	240	30	8	33

1. 受力分析

转子的横截面形状如图 12-1(c)所示。在计算应力时,采用下述假定:

(1)转子的嵌线槽根部以外区域做"片状"结构处理,以考虑其离心力对转子中心部分影响。

(2)"片状"结构部分的密度均按铜线密度 ρ_1 计算。

(3)从中心孔到线槽根部作为一个受上述均匀外载荷和自身离心力作用的环状截面的轴处理。

(4)考虑残余应力的影响,取 $\sigma_残 = \sigma_0 \times 10\% = 55$ MPa,在上述计算后,再加上这一数值。

均布外载荷按如下公式计算:

• 130 •

$$pR_2\,\mathrm{d}\theta = \int_{R_2}^{R_3} \rho_1 r\omega^2 r\,\mathrm{d}\theta\,\mathrm{d}r$$

于是得

$$p = \frac{1}{3}\rho_1\omega^2(R_3^3 - R_2^3)/R_2 \tag{12-1}$$

由 p 的作用而引起的应力按厚壁筒公式计算(见一般材料力学或弹性力学教科书):

$$\sigma_{rr} = \frac{pR_2^2}{R_2^2 - R_1^2}\left(1 - \frac{R_1^2}{r^2}\right) \tag{12-2}$$

$$\sigma_{\theta\theta} = \frac{pR_2^2}{R_2^2 - R_1^2}\left(1 + \frac{R_1^2}{r^2}\right) \tag{12-3}$$

由离心力作用引起的应力计算公式:

$$\sigma_{rr} = \frac{3+V}{8}\rho\omega^2\left(R_2^2 + R_1^2 - \frac{R_1^2 R_2^2}{r^2} - r^2\right) \tag{12-4}$$

$$\sigma_{\theta\theta} = \frac{3+V}{8}\rho\omega^2\left(R_2^2 + R_1^2 + \frac{R_1^2 R_2^2}{r^2} - \frac{1+3\mu}{3+\mu}r^2\right) \tag{12-5}$$

综合以上公式,得到

$$\sigma_{rr} = \frac{3+V}{8}\rho\omega^2\left(R_2^2 + R_1^2 - \frac{R_1^2 R_2^2}{r^2} - r^2\right) + \rho_1\omega^2\frac{(R_3^3 - R_2^3)}{3(R_2^2 - R_1^2)}\left(1 - \frac{R_1^2}{r^2}\right) \tag{12-6}$$

$$\sigma_{\theta\theta} = \frac{3+V}{8}\rho\omega^2\left(R_2^2 + R_1^2 + \frac{R_1^2 R_2^2}{r^2} - \frac{1+3\mu}{3+\mu}r^2\right) + \rho_1\omega^2\frac{(R_3^3 - R_2^3)}{3(R_2^2 - R_1^2)}\left(1 + \frac{R_1^2}{r^2}\right) \tag{12-7}$$

其中:

$$V = \frac{\mu}{1-\mu}$$

$$\rho = 7.85 \times 10^{-3}/980 \text{ kg} \cdot \text{s}^2/\text{cm}^4 \text{ (钢)}$$

$$\rho_1 = 9 \times 10^{-3}/980 \text{ kg} \cdot \text{s}^2/\text{cm}^4 \text{ (铜)}$$

$$\omega = \frac{2\pi \times 3600}{60} = 3.77 \times 10^2 \text{ rad/s}$$

$$\mu = 0.3$$

$$R_1 = 5 \text{ cm}$$

$$R_2 = 28.3 \text{ cm}$$

$$R_3 = 42.6 \text{ cm}$$

将各缺陷处的半径 r 代入,即可求得各缺陷处的应力 σ_{rr} 和 $\sigma_{\theta\theta}$,其值如表 12-2 所列。

表 12-2　　　　　　　　　　　　　应力强度因子计算结果

缺陷编号	缺陷所在处的半径 /mm	σ_{rr} /MPa	$\sigma_{\theta\theta}$ /MPa	K_{I}(按圆盘状裂纹算) /(MPa$\sqrt{\mathrm{m}}$)		按圆盘状裂纹算 /(MPa$\sqrt{\mathrm{m}}$)			$\dfrac{K_{\mathrm{I}c}}{(K_{\mathrm{I}})_{\max}}$
				$K_{\mathrm{I}r}(\sigma=\sigma_{rr})$	$K_{\mathrm{I}\theta}(\sigma=\sigma_{\theta\theta})$	K_{I}	K_{II}	$K^{(T)}$	
1	98	143	209	18	26	24.2	2.5	24.4	2.94
2	193	153	177	31	36	30	1.5	30	2.17
3	203	152	174	26	22	—	—	—	3.00
4	203	152	174	22	24	—	—	—	3.24

注:3、4 号缺陷因轴向长度小于周长度,不宜作穿透性裂纹计算。

2. 应力强度因子

对于缺陷形状采用两种简化模型,一种是把缺陷看成穿透性唇形裂纹,另一种是把缺陷视为三维圆盘状裂纹。

(1) 穿透性唇形裂纹的应力强度因子

这里假设裂纹的取向与径向成 45°,即 $\Omega = \pi/4$,可得:

$$\begin{cases} K_{\mathrm{I}} = \dfrac{\sqrt{\pi a}}{2}(p_1 + p_2)\left(1 - \dfrac{9\alpha^3}{16}\right) \\ K_{\mathrm{II}} = \dfrac{\sqrt{\pi a}}{2}(p_1 + p_2)\left(1 - \dfrac{\alpha^2}{2}\right) \end{cases} \tag{12-8}$$

其中 $\alpha = h/a$,并且认为 $p_1 = \sigma_{\theta\theta}$,$p_2 = \sigma_{rr}$。

由于裂纹为复合型受力,该文采用椭圆律复合型判据(本书中未介绍),即:

$$\frac{K_{\mathrm{I}}{}^2}{K_{\mathrm{I}c}{}^2} + \frac{K_{\mathrm{II}}{}^2}{K_{\mathrm{II}c}{}^2} = 1$$

并且取 $K_{\mathrm{II}c} \approx 0.9K_{\mathrm{I}c}$。

据此假定进行折算,可得相当应力强度因子 $K^{(r)}$ 为:

$$K^{(r)} \simeq \sqrt{K_{\mathrm{I}}{}^2 + 1.25K_{\mathrm{II}}{}^2} \tag{12-9}$$

(2) 圆盘状裂纹应力强度因子

考虑张开型裂纹:

$$K_{\mathrm{I}} = \frac{2}{\pi}\sigma\sqrt{\pi a} \tag{12-10}$$

当取 $\sigma = \sigma_{rr}$,则记 $K_{\mathrm{I}} = K_{\mathrm{I}r}$;

当取 $\sigma = \sigma_{\theta\theta}$,则记 $K_{\mathrm{I}} = K_{\mathrm{I}\theta}$。

3. 采用判据 $K^{(r)} = K_{\mathrm{I}c}$ 或 $K_{\mathrm{I}} = K_{\mathrm{I}c}$

因为大轴中的缺陷尺寸与大轴的尺寸相比,一般是十分小的,其内部裂纹前塑性区尺寸比裂纹的长度小得多,用 K 判据足够精确。

4. 测得材料的 $K_{\mathrm{I}c} = 77.5\ \mathrm{MPa}\sqrt{\mathrm{m}}$

各缺陷应力强度因子计算列于表 12-2。

5. 疲劳寿命估计

采用圆盘状裂纹计算公式,得到:

$$N = \frac{\pi^{m/2}}{(m-2)\cdot C\cdot 2^{m-1}\cdot(\Delta\sigma)^m}\cdot\left(\frac{1}{a_0^{(m-2)/2}} - \frac{1}{a_c^{(m-2)/2}}\right) \tag{12-11}$$

其中

$$a_c = \frac{(\pi K_{\mathrm{I}c})^2}{\pi(2a)^2} \tag{12-12}$$

并且测得

$$C = 1.32\times 10^{-9},\quad m = 2.5$$

通常把起动-运行或运行-停机作为一个应力循环,$\sigma_{\max} = \sigma$,$\sigma_{\min} = 0$,所以 $\Delta\sigma = \sigma$。

计算得到的临界裂纹尺寸和寿命如表 12-3 所列。

表 12-3　　　　　　　　　　　　　　　a_c 和 N 的计算结果

缺陷编号	初始裂纹尺寸 a_0 /mm	$\Delta\sigma = \sigma$ /MPa	临界裂纹尺寸 a_c /mm	N/(10^4 次)	$\dfrac{a_c}{a_0}$
1	12.5	209.0	98.7	6.75	7.9
2	35	176.5	136	6.33	3.9
3	12.5	173.6	141	10.0	11.3
4	15	173.6	141	11.9	9.4

由上面的计算,可知 2 号缺陷最危险:

$$(K_{\mathrm{I}})_{\max} = 35.6 \text{ MPa} \sqrt{\text{m}}, \ a_c = 136 \text{ mm}, \ N = 6.33 \times 10^4 \text{ 次}$$

12.1.3　铣床主轴断裂分析

北京第一机床厂制造的 X62W 铣床 326 主轴,材料为球墨铸铁,设计允许最大扭矩为 980 kN·m,在使用中陆续出现几起断裂事故,断裂面由拨块槽根部开始成 20°～45°,试用断裂力学进行分析。

原来该轴用 45 号钢制成,后来改成用球墨铸铁代替,因而有人怀疑,事故是由于球墨铸铁性能不好而引起的。经过调查得知,事故的发生绝大部分是由于使用不当,致使主轴承受冲击载荷而引起;而同时在有的断轴断口附近的金相组织发现宏观尺寸的类裂纹缺陷。因此用断裂力学进行分析评价,很有必要。断裂静力学分析工作按以下步骤进行:

(1) 槽根处的应力分析

主轴的实际受力是三维应力状态,很复杂,分析较困难。这里把它简化成二维问题来处理,并且假设裂纹体为无限大。

假设裂纹位于图 12-2 所示与主轴轴线成 45°的 x 轴方向上。

这里应力由以下两部分组成:

a. 在稳定范围的工作动载荷谱下,缺口根部应力分布的近似公式为[①]:

$$\sigma = \sigma_{\max} \left(\frac{\rho_0}{\rho + 4x} \right)^{1/2} \tag{12-13}$$

式中,ρ_0 为张角 $\omega = 0$ 时的缺口半径(图 12-3),$\sigma_{\max}$ 为根部最大应力。

由于主轴槽根张角 $\omega = \pi/2$,所以按照脚注[②]对 ρ_0 进行修正。即 $\omega = \pi/2$ 时,其有效缺口半径 $\rho = 4\rho_0$。将 ρ 代替式(12-13)中的 ρ_0,得到:

$$\sigma = \sigma_{\max} \left(\frac{\rho}{\rho + x} \right)^{1/2} \tag{12-14}$$

用电测法,测得当铣床在设计允许最大扭矩为 980 kN·m 下工作时,主轴外圆离槽根 $x = 5$ mm 处的平均交变应力峰值约为 7.85 MPa。

同时量得主轴槽根缺口半径 ρ 约为 0.6～0.8 mm。

将 $\sigma = 7.85$ MPa 及 $\rho = 0.6$ mm 代入式(12-14),求出:

---

① WEISS V. Fracture[M]. Vol. Ⅱ (ed, by LIEBOWITZ H). New York:Academic Press, 1972.

② NEUBER H Z. 应力集中[M]. 赵旭生,译. 北京:科学出版社,1958.

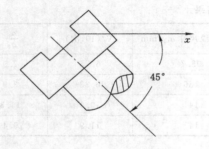

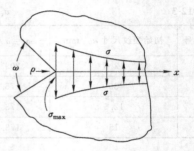

图 12-2 铣床主轴示意图   图 12-3 缺口应力分布

$$\sigma_{max} = 7.85 \times \left(\frac{0.6}{0.6+5}\right)^{1/2} = 2.57 \ (\text{MPa}) \tag{12-15}$$

因而式(12-14)应为：

$$\sigma = 2.57 \left(\frac{\rho}{\rho+x}\right)^{1/2} \tag{12-16}$$

此式即为铣床在 980 kN·m 扭矩下工作时，主轴外圆槽根处 z 轴上正应力分布的近似表达式。

为便于计算，将 x 轴上从外圆到内孔整个槽厚度上正应力分布视为与外圆上的分布一样，由于外圆承受的应力最大，这样处理是偏于安全的，同时把三维问题简化成二维问题。

b. x 轴上的残余应力分布

热处理的残余应力，用 X 射线法测得淬火-回火后，在外圆槽根处 x 轴上 0～6 mm 区域内平均值残余拉应力为 +78.5～+98 MPa，并且假定从外圆到内孔整个槽厚度 x 轴上 6 mm 深层内残余拉应力分布与外圆上分布一样。

(2) 槽根处裂纹尖端应力强度因子 K_I 的计算

a. 残余应力产生的应力强度因子 K'_I

由于残余应力 σ_0 是均匀分布的，由手册[①]查得，当拨块槽根张角为直角，即 $\theta = 135°$ 时（图 12-4）：

$$K'_I = 0.924\sigma_0\sqrt{\pi a} = 1.635\sigma_0\sqrt{a} \tag{12-17}$$

这里 $\sigma_0 = 98$ MPa。

b. 工作应力产生的应力因子 K''_I

工作应力不是均匀分布，故按图 12-5 所示阴影线分为上、下两个部分，分别求其所产生的应力强度因子，再叠加起来，以求得 K''_I。

下部分为均布载荷，所以其所产生的应力强度因子与式(12-17)相仿，即为：

$$K''_{I下} = 1.635\sigma_0\sqrt{a} \tag{12-18}$$

上部分，根据 $\theta=135°$ 的修正因子，求得其所产生的应力强度因子表达式为：

$$K''_{I上} = 0.823\sqrt{\pi a}\int_0^a f\left(\frac{a-x}{a}\right)\frac{d\sigma}{dx}dx = 1.456\sqrt{a}\int_0^a f\left(\frac{a-x}{a}\right)\frac{d\sigma}{dx}dx \tag{12-19}$$

① TADA H，PARIS P C，IRWIN G R. The Stress Analysis of Cracks Handbook[M]. Pennsylvania：Del Research Corporation Hellertown，1973.

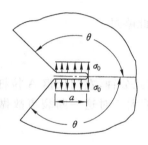

图 12-4　均匀分布应力

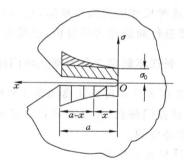

图 12-5　非均匀分布应力

其中，

$$f\left(\frac{a-x}{a}\right) = 0.8\left(\frac{a-x}{a}\right) + 0.14\left(\frac{a-x}{a}\right)^2 + 3.62\times10^{-6}\exp\left\{11.8\left(\frac{a-x}{a}\right)\right\}$$

$$(12\text{-}20)$$

由式(12-18)与式(12-19)，得到：

$$K''_{\mathrm{I}} = 1.635\sigma_{\mathrm{a}}\sqrt{a} + 1.465\sqrt{a}\cdot\int_0^a f\left(\frac{a-x}{a}\right)\frac{\mathrm{d}\sigma}{\mathrm{d}x}\mathrm{d}x \qquad (12\text{-}21)$$

将式(12-17)及 $\rho = 0.6$ mm 代入式(12-21)，得到：

$$K''_{\mathrm{I}} = 1.635\sigma_{\mathrm{a}}\sqrt{a} + 1.383\sqrt{a}\cdot\int_0^a f\left(\frac{a-x}{a}\right)(0.6+a-x)^{3/2}\mathrm{d}x \qquad (12\text{-}22)$$

由式(12-17)和式(12-22)，得到：

$$K_{\mathrm{I}} = K'_{\mathrm{I}} + K''_{\mathrm{I}} \qquad (12\text{-}23)$$

当 $a = 6$ mm 时，由式(12-23)，计算得到：

$$(K_{\mathrm{I}})_{\max} = 13.6 \text{ MPa}\sqrt{\mathrm{m}} \qquad (12\text{-}24)$$

当 $a > 6$ mm 后，残余应力为压应力，K_{I} 只能更低，故不予考虑。

（3）断裂韧性 K_{Ic} 测定

测得 K_{Ic}（取其下限）为 21.7 MPa $\sqrt{\mathrm{m}}$。

（4）球墨铸铁主轴可靠性的评价

因为 $K_{\mathrm{I}} < K_{\mathrm{Ic}}$，裂纹不会失稳扩张，在设计允许最大载荷作用下，球墨铸铁主轴不会因裂纹导致断裂，即球墨铸铁主轴是可靠的。

（5）对改进工艺的建议

残余拉应力产生的应力强度由于大大超过工作应力所产生的，如果能改进工艺以消除残余拉应力，则更安全。

（6）断轴事故分析

个别主轴断裂，经查明主要是使用不当，致使主轴系统在工作时被"咬住"，突然停止而承受较大冲击载荷。例如北京某厂的断轴，经计算，主轴承受的冲击扭矩相当于设计允许最大扭矩的 10 倍。即使不计残余应力，这时槽根处最大正应力约为 252 MPa，如果取 $K_{\mathrm{Ic}} = 21.7 \sim 24.8$ MPa $\sqrt{\mathrm{m}}$，槽根处存在 3.5～5 mm 裂纹，主轴即发生脆性断裂。从断轴断口的观察可知，这种尺寸的类裂纹缺陷是存在的。而在 980 kN·m 扭矩作用下稳定工作的主轴,虽有这种尺寸的类裂纹缺陷,也不会脆断。

需要进行断裂动力学分析,已超出本书讨论范围,在此略过。

12.1.4 长江葛洲坝 2 号船闸人字门拉杆断裂分析

1982 年 3 月 8 日长江葛洲坝 2 号船闸人字门全关后几分钟,左门顶枢 A 拉杆突然断为两段,致使左门倾斜,并且造成长江航运断航 9 天,损失重大。对这一断裂事故做一中肯分析是很有必要的。

1. 顶枢及杆结构

人字门顶枢由顶枢轴,A、B 拉杆,调整楔块和拉架等组成,见图 12-6。在门叶顶部旋转轴处起支承作用。A 杆的一端通过铜衬套同顶枢铰接,另一端靠两个斜面用一对楔块同埋入闸墙混凝土中的拉架相连。B 杆连接情况同 A 杆类似。顶枢旋转中心的位置用这两对楔块调整和固定。

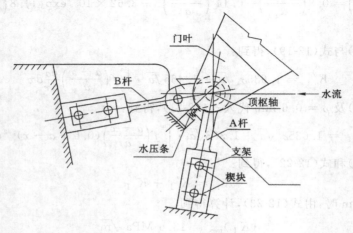

图 12-6 顶枢平面图

A 杆的结构见图 12-7,其材料为 45# 锻钢,重 2.01 t。事故断口距顶枢轴孔中心 550 mm。

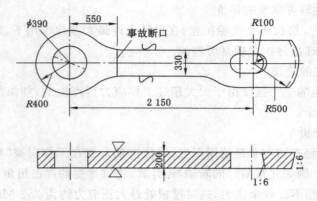

图 12-7 A 杆及断口位置

2. 事故原因分析

（1）A 杆制造与运行情况

A 杆制造时首先在水压机上锻打成 840 mm×235 mm×310 mm 短形。锻后经热处理，然后气割成设计尺寸。割后缓冷，焊连接板，焊前预热，焊后就地加热至 300 ℃，保温 10 h 以上缓冷。两侧面气割后来加工。

事故发生之前，下闸门共开关 2 400 次。由于全关时 A 杆受拉，全开时受压，这样每开关一次，A 杆就承受一次交变载荷。在近 9 个月运行期间下闸门关门时多次出现响声和振动。1981 年 7 月 1 日，第一次出现关门接近到位时突然剧烈跳动并且发生巨响，后来闸门在将近关闭或泄水完毕时，常发生巨响。据不完全统计，从 1981 年 7 月 1 日到 10 月 23 日，发生较大声响和振动 28 次，特大声响 3 次。1982 年 1 月 20 日至 3 月 8 日发生声响 10 次。说明在接近全关时，有振动和冲击加载发生。

（2）A 杆的材料测试结果

① 化学成分与力学性能

化学成分与力学性能分别由表 12-4 和表 12-5 列出。

表 12-4　　　　　　　　　　　　　　A 杆材料化学成分

化学成分	C/%	Si/%	Mn/%	P/%	S/%
实测值	0.46	0.30	0.59	0.015	0.006
规定值（Q/ZB 60—1973）	0.42～0.50	0.17～0.37	0.50～0.80	<0.04	<0.045

表 12-5　　　　　　　　　　　　　　A 杆材料的力学性能

力学性能	σ_b /MPa	σ_s /MPa	δ /%	ψ /%	α_k /(J/cm²)	HB
实测值	579	299	26～28	43～48	≥9.8	167～171
规定值（Q/ZB 60—1973）	≥569	≥284	≥15	≥35	≥24.5	162～217

由此可见，材料化学成分与力学性能完全符合国家标准。

② 金相组织

组织状态不均匀，有 3 级带状组织，由铁素体和珠光体组成，这与一般大截面尺寸锻件相比，无特殊差异。但锻件经气割之后，组织成分发生了很大变化，含磷量上升，表层出现莱氏体、硬化相马氏体以及有害魏氏组织。

③ 断裂力学性能

a. 室温下的断裂韧性值

在紧靠事故断口处取 5 英寸紧凑拉伸试样 1 个和三点弯曲试样 6 个，分别用 K_{Ic} 法和 J_{Ic} 法测定，5 英寸试样测量结果基本上呈线性弹性断裂，反映在 P（外载）-V（裂纹口张开位移）曲线上，基本上没有偏离线性弹性阶段。在 30 ℃下测得 $K_{Ic} = 89.6 \text{ MPa} \sqrt{m}$。两种试样测得的 K_{Ic} 值与一般合格厚断面试样 45# 钢的 K_{Ic} 值无显著差别。

b. 温度对断裂韧性的影响

考虑 A 杆断裂时环境温度为 10 ℃,冬天的温度更低,研究温度对 K_{Ic} 的影响是必要的。用 4 个三点弯曲试样,针对 15～30 ℃ 范围内,测 K_{Ic},它随温度呈线性变化,在 10 ℃ 时,$K_{Ic} = 62$ MPa $\sqrt{m}$。

c. 疲劳裂纹扩展速率

鉴于 A 杆受交变应力作用,需要进行疲劳裂纹扩展速率研究。

用前述 Paris-Erdagan 疲劳裂纹扩展速率公式:

$$\frac{\mathrm{d}a}{\mathrm{d}N} = A(\Delta k)^m$$

在疲劳裂纹扩展的不同阶段,A 与 m 不同。

原文缺第一阶段的数据。在第二阶段(稳定扩展阶段),测得

$$A = 2.48 \times 10^{-11}, m = 3.40$$

在三阶段(加速阶段)

$$A = 2.63 \times 10^{-18}, m = 7.05$$

④ 无损探伤

对与断口相连的一大料块进行超声波探伤和表面荧光探伤。超声波探伤发现 A 杆内部有许多分散缺陷,大部分缺陷尺寸在当量 $\phi 5$ mm 以下,个别在 $\phi 5 \sim \phi 6.5$ mm 之间,还有个别夹杂区。荧光探伤表明,两侧气割面均有长度不等的细裂纹,裂纹走向大部分沿拉杆厚度方向,最长达 120 mm。

⑤ 低周疲劳试验

在紧接事故断口处,取了 4 根 38 mm×48 mm×240 mm 四点弯曲试样,加载时使气割表面处于受拉侧,同拉杆实际受载状况相近。试验结果表明,其中 3 根试样在气割表面最大弯曲应力 579 MPa(等于材料强度极限 σ_b)、应力幅 521 MPa 下,经 5000 次载荷循环未产生可观察到的宏观裂纹。但取自拉杆上游侧面的 4 根试样,情形则不同。在相同的加载条件下,经 5 000 次循环加载,在相当应力 392 MPa 时,气割表面产生 4 mm 深、15 mm 长的角裂纹(后来打开断口,发现该处存在初始缺陷),继续加载至 30 000 次循环,在试样中央断面处出现 6.5 mm×19 mm 角裂纹,加载至 32 250 次循环时试样中央断裂。

由此可见,若无初始裂纹源,拉杆可以承受循环载荷上万次,但是气割产生的宏观裂纹使得拉杆在循环载荷作用下的疲劳强度降低了。

⑥ 断口分析

事故断口上游侧有 4 mm×75 mm 的初始缺陷,呈现黑锈色。在初始缺陷前缘存在大约 12 mm 的平坦区。断口上有 2 个放射状撕裂棱,从其走向可以判断拉杆是在拉伸与双向弯曲作用下断裂的。

在断口的不同部位取样用扫描电镜直接观测发现:a. 裂纹起源于上游侧 4 mm×75 mm 锈区,其断口形貌为塑性断裂,属于气割引起的裂纹;b. 断口表面的沿气割面具有贝壳状花纹,在原始缺陷前缘有弧形条带并与贝壳状花纹的前沿连接。这些特征表明,断口经历过疲劳裂纹扩展过程;c. 裂纹扩展约 12 mm(从表面算起)以后为脆性断裂区,具有解理断裂特点。

(3) A 杆设计应力

按原设计,顶枢受载来自叶门自重(600 t),门中泥沙淤积(按门重 10% 计),动水阻力

（80.8 t）和风阻力（8 t），使杆受拉伸与弯曲，最大设计应力：

$$\sigma = \frac{P}{F} + \frac{M}{W} = 89 \text{ MPa}$$

（由材料力学计算得到，细节从略。）

（4）A 杆应力实测

由实测得到的应力是上述设计计算应力的 3 倍（细节从略），它由拉伸应力 126.5 MPa ＋弯曲应力 120 MPa ＋振动应力 44.9 MPa ＝ 291.4 MPa。

3. A 杆疲劳断裂分析验证

（1）应力强度因子计算

设 A 杆中的裂纹为半椭圆表面裂纹（见第 3 章），并且考虑小范围屈服修正之后：

$$K_{\mathrm{I}} = 1.1\sigma\sqrt{\frac{\pi a}{Q}}, \; Q = \varphi^2 - 0.212\left(\frac{\sigma}{\sigma_0}\right)^2$$

其中最大工作应力 $\sigma = 291$ MPa，裂纹深度 $a = 4$ mm，$\sigma_0 = 299.1$ MPa，φ 为第二类椭圆积分，$\varphi = 1.02$（因为椭圆长半轴 $c = 75/2 = 37.5$ mm，短半轴 $a = 4$ mm，查表得到），所以 $Q = 0.84$。最后得到

$$K_{\mathrm{I}} = 39 \text{ MPa}\sqrt{m} < K_{\mathrm{I}c} = 62 \text{ MPa}\sqrt{m}$$

此结果表明，即使存在超载和裂纹，但不会发生静断裂（即 A 杆中的裂纹不会在静载荷下失稳扩展），其破坏可能因为循环加载或冲击加载所引起。

（2）临界尺寸和临界应力的推断

令 $K_{\mathrm{I}} = K_{\mathrm{I}c}$，可以估算 a_c，即

$$a_c = \frac{K_{\mathrm{I}c}^2}{(1.1\sigma_{\max})^2} \cdot \frac{Q}{\pi} = 13.34 \text{ mm}$$

又

$$K_{\mathrm{I}} = Y\sqrt{\pi a}\sigma, \; Y = 1.1\sqrt{\frac{\pi}{Q}} = 2.13$$

$\Delta K = (K_{\mathrm{I}})_{\max} - (K_{\mathrm{I}})_{\min}$，可以有

$$N = \int \mathrm{d}N = \int_{a_0}^{a_c} \frac{\mathrm{d}a}{A\,(\Delta K)^m}$$

由于疲劳裂纹扩展 3 个阶段的 A 与 m 为 3 组不同的值，积分应该分成 3 个不同的阶段计算（因为在这三个阶段被积函数不同），这样才能得到合理的 N 值。但原作者没有这样做，而只是对第三阶段进行计算，这实质上等于取消了前两个阶段。这样计算出来的 N 与真实值会相差很大。

由于其 N 的计算有问题，该文对 A 杆寿命的分析也就值得商榷。

尽管存在以上缺陷，但该工作用断裂力学理论与方法对上述重大工程事故进行仔细分析，无疑是有启发的。该文所得临界裂纹尺寸 $a_c = 13.34$ mm，同实测结果 $a_c = 12$ mm 很接近。

该文指出事故的原因之一是气割工艺使拉杆金相组织恶化，表面产生许多裂纹，这些初始裂纹在较大交变载荷作用下，使裂纹在不长的时间内长大到临界尺寸，导致疲劳断裂。事故的另一个原因是实际应力远远超过设计应力。

4. 改进措施与建议

采取措施降低应力,例如减小摩擦力以降低振动应力,被采纳后达到良好效果。为了降低应力,该文还建议采取一些其他改进的措施。

对拉杆设计,建议改进气割后的表面加工工艺,减少可能产生的裂纹。

12.2 断裂力学的有限元方法

12.2.1 结构断裂分析过程

求解断裂力学问题的步骤,是先进行弹性分析或弹塑性静力分析,然后再用特殊的后处理命令,或宏命令计算所需的断裂参数。下面详细讨论两个主要的处理断裂力学的过程:裂纹区域的模拟和计算断裂参数。

1. 裂纹区域的模拟

在断裂模型中最重要的区域是围绕裂纹边缘的部位,通常将 2D 模型的裂纹尖端作为裂纹的边缘,将 3D 模型的裂纹前缘作为裂纹的边缘,如图 12-8 所示。

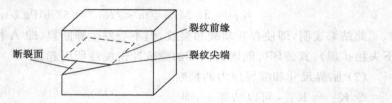

图 12-8　裂纹尖端和裂纹前缘示意图

在线弹性问题中,裂纹尖端或裂纹前缘附近某点的位移随 $r^{1/2}$ 的变化而变化,r 是裂纹尖端到该点的距离。裂纹尖端处的应力和应变是奇异的,随 $r^{1/2}$ 变化,因此围绕裂纹尖端的有限元单元应是二项式的奇异单元,即把单元边上的中点放到 1/4 边上。

(1) 2D 断裂模型

适用于 2D 断裂模型的单元,是 PLANE183,8 节点四边形单元或 6 节点三角形单元,围绕裂纹尖端的第一行单元必须具有奇异性,ANSYS 采用 KSCON 命令指定单元围绕关键点分割排列,自动产生奇异单元。

Command:KSCON

GUI:Main Menu | Preprocessor | Meshing | Size Cntrls | Concentrat KPs | Create

该命令还具有控制单元第一行的半径、控制周围单元数目等功能。图 12-9 为采用该命令产生的断裂模型。

在创建 2D 断裂模型的过程中应注意以下问题:

① 尽可能利用对称条件,在许多条件下根据对称[图 12-10(a)]或反对称条件[图 12-10(b)],只需模拟裂纹区域的一半。

② 为获得理想的计算结果,围绕裂纹尖端的单元第一行,其半径应该是 1/8 裂纹长度或更小。裂纹周围的单元角度应在 $30°\sim40°$ 之间。

③ 裂纹尖端的单元不能有畸变,最好选择等腰三角形。

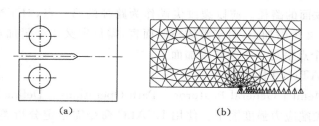

图 12-9　断裂试件及其 2D 断裂模型
（a）断裂试件；（b）2D 断裂模型

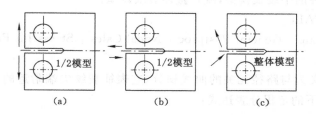

图 12-10　利用对称条件建立模型
（a）对称载荷；（b）反对称载荷；（c）一般载荷

（2）3D 断裂模型

三维模型推荐使用单元类型为 SOLID95,20 节点块体单元,围绕裂纹前缘的第一行单元应为奇异单元。这种单元是模型生成的,是将 KLPO 面合并成 KO 线。产生三维断裂模型要比二维模型复杂,命令 KSCON 不能用于三维模型。在建模时必须确定裂纹前缘是沿着单元的 K 边。

三维模型划分网格时应注意以下问题：

① 推荐使用的单元尺寸与二维模型一样,单元边上节点应在边的 1/4 处。

② 所有裂纹边都应是直线。

③ 对曲线裂纹沿裂纹前缘的大小取决于局部曲率的数值,大致使裂纹前缘中每个单元只有 $15°\sim30°$。

2．计算断裂参数

在静态分析完成之后,就可以使用通用后处理器 POST1 来计算断裂参数,如应力强度因子、J 积分、能量释放率等。

（1）应力强度因子

用 POST1 中的 KCALC 命令计算复合型断裂中的应力强度因子 K_{I}、K_{II}、K_{III}。该命令仅适用于在裂纹区域附近具有各向同性材料的线弹性问题。使用 KCALC 命令的步骤如下：

① 定义描述裂纹尖端的局部坐标系。要求 X 坐标轴平行于裂纹面,Y 坐标轴垂直于裂纹面。

Command：LOCAL（CLOCAL、CS、CSKP）

GUI：Utility Menu | WorkPlane | Local Coordinate Systems | Create Local CS | At Specified Loc

② 定义沿裂纹面的路径。应以裂纹尖端作为路径的第 1 点，对于半个裂纹模型而言，沿裂纹面需再定义 2 个附加点，对于整体模型而言，需再定义 4 个附加点，其中 2 个点沿一个裂纹面，另外 2 个点沿另一个裂纹附加面。

Command：PATH，PPATH

GUI：Main Menu | General Postproc | Path Operations | Define Path

③ 计算裂纹尖端应力强度因子。使用 KCALC 命令需指定分析类型是平面应力或平面应变，对于薄板的分析，可定义为平面应力，对于其他分析，在裂纹尖端附近和它的渐近位置，其应力一般考虑为平面应变。同时还需指定模型是具有对称边界条件的半裂纹模型或具有反对称边界条件的半裂纹模型，或是整体裂纹模型。

Command：KCALC

GUI：Main Menu | General Postproc | Nodal Calcs | Stress Int Factr

（2）J 积分

J 积分可以定义为与路径无关的曲线积分，它表征裂纹尖端附近的奇异应力和应变方程，下式为 2D 情况下的定积分表达式：

$$J = \int \gamma \omega \mathrm{d}y - \int \left(t_x \frac{\partial \pmb{u}_x}{\partial x} + t_y \frac{\partial \pmb{u}_y}{\partial y} \mathrm{d}s \right) \tag{12-25}$$

式中　γ——围绕裂纹尖端的积分路径；

　　　ω——应变能密度（单位体积的应变能）；

　　　t_x——X 轴的引力向量，$t_x = \sigma_x \pmb{n}_x + \sigma_{xy} \pmb{n}_y$；

　　　t_y——Y 轴的引力向量，$t_y = \sigma_y \pmb{n}_y + \sigma_{xy} \pmb{n}_x$；

　　　σ——应力分量；

　　　n——路径 γ 的单位外法线向量；

　　　u——位移向量；

　　　s——路径 γ 的距离。

下面列出了计算 J 积分的具体步骤：

① 读入结果。

Command：SET

GUI：Main Menu | General Postproc | Last Set

② 存储每个单元的应变能和体积。

Command：ETABLE

GUI：Main Menu | General Postproc | Element Table | Define Table

③ 计算每个单元的应变能密度。

Command：SEXP

GUI：Main Menu | General Postproc | Element Table | Exponentiate

④ 定义线积分路径。

Command：PATH，PPATH

GUI：Main Menu | General Postproc | Path Operations | Define Path

⑤ 将应变能密度映射到路径上。

Command：PDEF

GUI：Main Menu | General Postproc I Path Operations | Map Onto Path

⑥ 对 Y 轴积分。

Command：PCALC

GUI：Main Menu | General Postproc | Path Operations | Intergrate

⑦ 将积分结果赋值给参数，该计算结果为式(12-25)中的第一项。

Command：* GET,Name,PATH,,LAST

GUI：Utility Menu | Parameters | Get Scalar Data

⑧ 将应力分量 SX、SY、SXY 映射到路径上。

Command：PDEF

GUI：Main Menu | General Postproc | Path Operations | Map Onto Path

⑨ 定义路径单位法向量。

Command：PVECT

GUI：Main Menu | General Postproc | Path Operations | Unit Vector

⑩ 计算式(12-25)中 t_x 和 t_y。

Command：PCALC

GUI：Main Menu | General Postproc | Path Operations | Operation

⑪ 计算位移向量的导数 $\dfrac{\partial \boldsymbol{u}_x}{\partial x}$ 和 $\dfrac{\partial \boldsymbol{u}_y}{\partial y}$。

Command：PCALC

GUI：Main Menu | General Postproc | Path Operations | Operation

⑫ 计算 J 积分的第二项。

Command：PCALC

GUI：Main Menu | General Postproc | Path Operations | Operation

⑬ 将上述操作写入宏文件。

12.2.2　结构断裂分析实例详解——二维断裂问题

1. 问题描述

图 12-11 为一断裂试样结构示意图，厚度为 5 mm，试计算其应力强度因子。试样材料参数：弹性模量 $E=220$ GPa，泊松比 $\mu=0.25$，载荷 $P=0.12$ MPa。

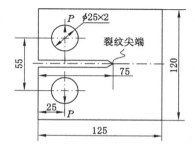

图 12-11　断裂试样结构示意图

2. 问题分析

由于长度和宽度方向的尺寸远大于厚度方向的尺寸,且所承受的载荷位于长宽方向所构成的平面内,所以该问题满足平面应力问题的条件,可以简化为平面应力问题进行求解。

根据对称性,取整体模型的 1/2 建立几何模型;选择 6 节点三角形单元 PLANE183 模拟加载过程。

先进行普通结构分析求解,再采用特殊的后处理命令计算断裂参数。

3. 命令流

/FILNAME,PLANE CRACK	! 定义工作文件名
/TITLE, ANALYSIS OF THE STRESS INTENSITY FACTOR	! 定义工作标题
/PREP7	! 进入前处理器
ET, 1, PLANE183	! 指定单元类型
KEYOPT, 1, 3, 3	! 设置单元关键字
R, 1, 5	! 定义单元实常数
MP,EX, 1, 2.2E5	! 输入弹性模量
MP,PRXY, 1, 0.25	! 输入泊松比
/PNUM, KP, 1	! 显示关键点编号
/PNUM, LINE, 1	! 显示线段编号
/PNUM, AREA, 1	! 显示面编号
K, 1, 50	! 生成关键点
K, 2, 100	
K, 3, 100, 60	
K, 4, −25, 60	
K, 5, −25	
L, 1, 2	! 生成线段
L, 2, 3	
L, 3, 4	
L, 4, 5	
L, 5, 1	
AL, 5, 1, 2, 3, 4	! 生成线段

```
CYL4, 0, 27.5, 12.5                          ! 生成圆面
ASBA, 1, 2                                    ! 面相减操作
NUMCMP, AREA                                  ! 压缩面编号
KSCON, 1, 5, 1, 10, 0.75                      ! 定义裂纹尖端
ESIZE, 3, 0                                   ! 定义单元尺寸
MSHKEY, 0                                     !
AMESH, 1                                      ! 对面进行网格划分
/TITLE, ELEMENTS IN MODEL
EPLOT                                         ! 显示单元
FINISH
/SOLU                                        ! 进入求解器
ANTYPE, STATIC LPLOT                          ! 显示线段
LSEL, S,,,1                                   ! 选择线段
NSLL, S, 1                                    ! 选择线段上的所有节点
D, ALL, UY                                    ! 施加位移载荷
LSEL, S,,,2                                   ! 选择线段
NSLL, S, 1                                    ! 选择线段上的所有节点
D, ALL, UX                                    ! 施加位移载荷
ALLSEL                                        ! 选择所有实体
SFL,6, PRES, 0, 0.12                          ! 在线段上施加压力载荷
SFL, 7, PRES, 0.12, 0
LOCAL, 11, 0, 50,0,0, , ,,,1                  ! 创建局部坐标系
SOLVE                                         ! 开始求解计算
FINISH
/POST1                                       ! 进入 POST1 后处理器
PLNSOL, U, SUM                                ! 绘制合位移等值线图
PLNSOL, S, EQV                                ! 绘制等效应力等值线图

PRRSOL                                        ! 列表显示支反力求解
                                               结果
```

```
PATH, DF, 3, 30, 20                          ! 定义路径
PPATH, 1, 2
PPATH, 2, 35
PPATH, 3, 33
PDEF, STAT                                   ! 显示当前路径
KCALC, 1, 1, 0, 0                            ! 计算应力强度因子
FINISH
/EXIT, ALL                                   ! 退出 ANSYS
```

12.2.3 结构断裂分析实例详解——含中心裂纹的板状试样三维断裂分析

1. 问题描述

图 12-12 为一具有中心裂纹的板状拉伸试样。试计算其应力强度因子。

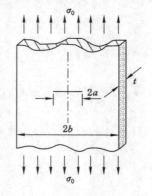

图 12-12 试样结构示意图

试样几何参数：$a=1$ mm，$b=5$ mm，$t=0.25$ mm。试样材料参数：弹性模量 $E=210$ GPa；泊松比 $\mu=0.3$。载荷 $\sigma_0=3\,000$ Pa。

2. 问题分析

根据对称性，取整体模型的 1/4，沿宽度方向取 5 mm 建立几何模型。

选择 SOLID95 单元模拟加载过程。

采用两种方法计算应力强度因子：采用 KCALC 后处理命令直接计算；通过 J 积分进行计算。

3. 命令流

```
/FILNAME, 3-D CRACK                          ! 定义工作文件名
/TITLE, FRACTURE MECHANIC STRESS
INTENSITY-CRACK  IN  A  FINITE               ! 定义工作标题
WIDTH PLATE
```

```
/PREP7                                    ! 进入前处理器
ET, 1, PLANE42                            ! 定义单元类型
ET, 2, SOLID45
ET, 3, SOLID95
MP, EX, 1,2.1E5                           ! 输入弹性模量
MP, PRXY, 1, 0.3                          ! 输入泊松比

* CREATE, FRACT, MAC                      ! 创建宏文件,对裂纹前缘单元进
                                            行奇异化处理
NSEL, ALL
* GET, N, NODE, , NUM, MAX
CMSEL, S, CRACKTIP                        ! 选择组元
ESLN
* GET, ELMAX, ELEM, , NUM, MAX
* DO, IEL, 1, ELMAX                       ! 开始循环
ELMI = IEL
* IF, ELMI, LE, 0, EXIT
*  GET,  ELTYPE,  ELEM,  ELMI,
ATTR, TYPE
* IF, ELTYPE, NE, ARG1, CYCLE
N3 = NELEM(ELMI, 3)
* IF, NSEL(N3), LE, 0, CYCLE
N7 = NELEM(ELMI, 7)
* IF, NSEL(N7), LE, 0, CYCLE
N1 = NELEM(ELMI, 1)
N2 = NELEM(ELMI, 2)
N5 = NELEM(ELMI, 5)
N6 = NELEM(ELMI, 6)
X3 = 0.75 * NX(N3)
Y3 = 0.75 * NY(N3)
```

$Z3 = 0.75 * NZ(N3)$

$X = 0.25 * NX(N2) + X3$

$Y = 0.25 * NY(N2) + Y3$

$Z = 0.25 * NZ(N2) + Z3$

$N = N+1$

$N10 = N$

$N, N10, X, Y, Z$

$X = 0.25 * NX(N1) + X3$

$Y = 0.25 * NY(N1) + Y3$

$Z = 0.25 * NZ(N1) + Z3$

$N = N + 1$

$N12 = N$

$N, N12, X, Y, Z$

$X7 = 0.75 * NX(N7)$

$Y7 = 0.75 * NY(N7)$

$Z7 = 0.75 * NZ(N7)$

$X = 0.25 * NX(N6) + X7$

$Y = 0.25 * NY(N6) + Y7$

$Z = 0.25 * NZ(N6) + Z7$

$N = N+1$

$N14 = N$

$N, N14, X, Y, Z$

$X = 0.25 * NX(N5) + X7$

$Y = 0.25 * NY(N5) + Y7$

$Z = 0.25 * NZ(N5) + Z7$

$N = N+ 1$

$N16 = N$

$N, N16, X, Y, Z$

$N4 = N3$

```
N8 = N7                                      ! ...
NSEL, ALL
TYPE, 3
EN, ELMI, N1, N2, N3, N4, N5, N6,
N7, N8                                       ! 生成单元
EMORE, 0, N10, 0, N12, 0, N14, 0, N16
EMORE,
*ENDDO                                       ! 结束循环
CMSEL, U, CRACKTIP
NUMMRG, NODE
NSEL, ALL
ESEL, ALL
/GOPR
*END                                         ! 结束创建宏文件
*CREATE, JIN1, MAC                           ! 创建宏文件，求解 J 积分
STINFC                                       ! 定义数据块名称
SEXP, W, SENE, VOLU, 1, −1                    ! 计算应变能密度
PATH, JINT, 4, 50, 48                        ! 定义路径
PPATH, 1, ARG1                               ! 定义路径点
PPATH, 2, ARG2
PPATH, 3, ARG3
PPATH, 4, ARG4
PDEF, W, ETAB, W                             ! 将应变能密度映射到路径上
PCALC, INTG, J, W, YG                        ! 应变能密度积分计算
*GET, JA, PATH, , LAST, J
PDEF, CLEAR                                  ! 删除路径变量
PVECT, NORM, NX, NY, NZ                      ! 定义路径单位向量
PDEF, INTR, SX, SX                           ! 将 X 轴应力映射到路径上
PDEF, INTR, SY, SY                           ! 将 Y 轴应力映射到路径上
```

```
PDEF, INTR, SXY, SXY                    ! 将 XY 面应力映射到路径上
PCALC, MULT, TX, SX, NX                 ! 路径相乘操作
PCALC, MULT, Cl, SXY, NY
PCALC, ADD, TX, TX, Cl                  ! 路径相加操作
PCALC, MULT, TY, SXY, NX
PCALC, MULT, Cl, SY, NY
PCALC, ADD, TY, TY, Cl
* GET, DX, PATH, , LAST, S
DX = DX/100
PCALC, ADD, XG, XG, , , , -DX/2
PDEF, INTR, UX1, UX
PDEF, INTR, UY1, UY
PCALC, ADD, XG, XG, , , , DX
PDEF, INTR, UX2, UX
PDEF, INTR, UY2, UY
PCALC, ADD, XG, XG, , , , -DX/2
C = (1/DX)
PCALC, ADD, Cl UX2, UX1, C, -C
PCALC, ADD, C2, UY2, UY1, C, -C
PCALC, MULT, Cl, TX, Cl
PCALC, MULT, C2, TY, C2
PCALC, ADD, Cl, Cl, C2
PCALC, INTG, J, C1, S
* GET, JB, PATH, , LAST, J
JINT = 2 * (JA-JB)
PDEF, CLEAR                             ! 删除路径变量
* END                                  ! 结束创建宏文件
RECTNG, -1, 4, 0, 5                     ! 生成矩形面
PCIRC, 0.6, 0.06, 90                   ! 生成 1/4 圆面
```

```
PCIRC, 0.6, 0.06, 90, 180
AOVLAP, ALL                                          ! 面叠加操作
NUMCMP, ALL                                          ! 压缩实体编号
LPLOT                                                ! 显示线段
LSEL, S, , , 4, 8                                    ! 选择线段
LSEL, A, , , 9, 11, 2
LESIZE, ALL, , , 8                                   ! 设置线段等份数
AMESH, 1, 3, 2                                       ! 对面进行网格划分
ALLSEL                                               ! 选择所有实体
LPLOT
LSEL, S, , , 1, 2
LESIZE, ALL, , , 8
ALLSEL
LESIZE, 3, , , 8, 0.2                                ! 设置线段单元数量和间距系数
LESIZE, 12, , , 2
LESIZE, 13, , , 10, 0.2
/NERR, 0                                             ! 关闭信息提示
AMAP, 4, 4, 9, 5, 2                                  ! 对面进行映射网格划分
EPLOT                                                ! 显示单元
CSYS, 1                                              ! 将当前坐标系转换为柱坐标系
N, 2000                                              ! 生成节点
N, 2001, 0.06
N, 2021, 0.06, 11.25
N, 2100, , , 0.25
N, 2101, 0.06, , 0.25
N, 2120, 0.06, 11.25, 0.25
TYPE, 2
EN, 500, 2001, 2021, 2000, 2000, 2101,              ! 由节点生成单元
2120, 2100, 2100
```

```
EGEN, 16, 200, 500, , , , , , , , , 11, 25        ! 复制单元
ESEL, S, TYPE, , 2                                 ! 选择单元
/VIEW, 1, 1, 2, 3                                  ! 设置视图显示方向
EPLOT ALLSEL
CSYS, 0                                             ! 将当前坐标系转换为直角坐
                                                     标系
ESIZE, , 1                                          ! 设置单元数量
VOFFST, 1, 0.25                                     ! 拖拉面生成体
APLOT                                              ! 显示面
VOFFST, 3, 0.25
VOFFST, 4, 0.25
ACLEAR, ALL                                         ! 清除面网格
APLOT
ADELE, 2
NUMMRG, NODE                                        ! 合并节点
NUMMRG, KP                                          ! 合并关键点
NUMCMP, ALL                                         ! 压缩实体编号
NSEL, S, LOC, X, 0                                  ! 选择节点
NSEL, R, LOC, Y, 0
CM, CRACKTIP, NODE                                  ! 生成节点组元
FRACT, 2                                            ! 执行宏文件
/NERR, DEFA
ESEL, S, TYPE, , 3                                  ! 选择单元
EPLOT
ALLSEL
/TITLE, FINITE ELEMENT MODEL
EPLOT
FINISH
```

```
/SOLU                                    ! 进入求解器
ANTYPE, STATIC                           ! 指定分析类型
OUTPR, ALL, ALL
NSEL, S, LOC, X, -1                      ! 选择节点
DSYM, SYMM, X                            ! 施加对称位移约束
NSEL, S, LOC, X, 0, 4
NSEL, R, LOC, Y, 0
DSYM, SYMM, Y
ALLSEL
D, ALL, UZ                               ! 施加位移约束
NSEL, S, LOC, Y, 5
SF, ALL, PRES, -3000                     ! 施加压力载荷
ALLSEL
LOCAL, 11, 0, 0, 0, 0, , , , 1, 1        ! 创建局部坐标系
SOLVE                                    ! 开始求解计算
FINISH
/POST1                                   ! 进入 POST1 后处理器
PLNSOL, U, X                             ! 绘制 X 方向位移等值线图
PLNSOL, U, Y                             ! 绘制 Y 方向位移等值线图
PLNSOL, U, SUM                           ! 绘制合位移等值线图
PLNSOL, S, EQV                           ! 绘制等效应力等值线图
ETABLE, SENE, SENE                       ! 存储应变能到单元列表中
ETABLE, VOLU, VOLU                       ! 存储体积到单元列表中
NSEL, S, LOC, Y, 0                       ! 选择节点
NSEL, R, LOC, X, 0                       ! 二次选择节点
* GET, NODE1, NODE, , NUM, MIN           ! 获取节点编号
NSEL, S, LOC, Y
NSEL, R, LOC, X, -0.3, -0.4
* GET, NODE2, NODE, , NUM, MIN
```

```
NSEL, S, LOC, Y
NSEL, R, LOC, X, −0.5, −0.6
*GET, NODE3, NODE, , NUM, MIN
ALLSEL
PATH, KI1, 3, , 48                          ! 定义路径
PPATH, 1, NODE1                             ! 定义路径点
PPATH, 2, NODE2
PPATH, 3, NODE3
KCALC, , , 1                                ! 计算应力强度因子
*GET, KI1, KCALC, , K, 1
CON1 = 2.1E5/(1−(0.3 * 0.3))
CSYS, 1                                     ! 将当前坐标系转换为柱坐标系
NSEL, S, LOC, X, 0.5, 0.8                   ! 选择节点
NSEL, R, LOC, Y, −1, 1                      ! 二次选择节点
*GET, NODE4, NODE, , NUM, MAX              ! 获取节点编号
NSEL, S, LOC, X, 0.5, 0.8
NSEL, R, LOC, Y, 35, 55
*GET, NODE5, NODE, , NUM, MAX
NSEL, S, LOC, X, 0.5, 0.8
NSEL, R, LOC, Y, 120, 145
*GET, NODE6, NODE, , NUM, MAX
NSEL, S, LOC, X, 0.5, 0.8
NSEL, R, LOC, Y, 179, 181
*GET, NODE7, NODE, , NUM, MIN
ALLSEL                                      ! 选择所有实体
CSYS, 0                                     ! 将当前坐标系转换为直角坐标系

*ULIB, JIN1, MAC
```

```
* USE，STINFC，NODE4，NODE5，NODE6，      ! 调用宏文件
NODE7

CON1 =2.1E5/(1－(0.3 * 0.3))

K I 2 = SQRT(CON1 * JINT)                ! 由 J 积分计算应力强度因子

* STATUS，K I 1                          ! 显示 $K_{I1}$

* STATUS，K I 2                          ! 显示 $K_{I2}$

FINISH

/EXIT                                    ! 退出 ANSYS
```

附　录

附录Ⅰ　复变函数的基本知识

Ⅰ.1　复变量与复变函数

1. 复数的概念

形如 $z = x + iy$ 的数，称为复数，其中：i 称为虚数单位，x、y 是实数，分别称为复数 z 的实部和虚部。

2. 复数的表示方法

(1) 代数表示：$z = x + iy$。其中：实部 $x = \mathrm{Re}(z)$，虚部 $y = \mathrm{Im}(z)$。

(2) 几何表示：用复平面上的点表示，如图 Ⅰ-1 所示。

模 $|z| = \sqrt{x^2 + y^2}$，辐角 $\theta = \arg z = \theta_1 + 2k\pi$，$\tan\theta = \dfrac{y}{x}$

三角表示法：$z = r(\cos\theta + i\sin\theta)$

指数表示法（欧拉公式）：$z = re^{i\theta}$

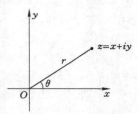

图 Ⅰ-1　复数 z 的几何表示

(3) 复函数 $f(z)$：通过变量建立函数关系 $f(z) = p(x, y) + iQ(x, y)$

其中：实部 $\mathrm{Re}f(z) = P(x, y)$，虚部 $\mathrm{Im}f(z) = Q(x, y)$

Ⅰ.2　区域

1. 邻域

平面上以 z_0 为中心，δ（任意正数）为半径的圆内部的点的集合，即 $|z - z_0| < \delta$ 的区域称为 z_0 的邻域[图 Ⅰ-2(a)]。可以包含或不包含 z_0，不包含 z_0 的邻域称为去心邻域。

2. 区域

复平面由无数个点构成,平面内点的集合 D,若满足 D 为开集且连通,称 D 为一个区域,如图 Ⅰ-2(b) 所示。

开集:D 中每一个点至少有一个邻域,这个邻域内的所有点都属于 D。

连通:D 中任何两点都可以用完全属于 D 的一条折线连接起来。

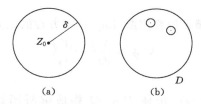

(a)　　　　(b)

图 Ⅰ-2　邻域与区域

(a) 领域;(b) 区域

3. 边界

平面内不属于 D 的点 P,若在 P 的任意小的邻域内总包含有 D 中的点,则 P(边界点)的连线就是边界。

4. 有界域与无界域

对点集 D,若存在一个正数 k,使得对任意的点 $p \in D$ 与某一定点 A 间的距离 $|Ap|$ 不超过 k,即 $|Ap| \leqslant k$,对一切 $p \in D$ 都成立,则 D 为有界域,否则为无界域。类似于有限函数与无限函数。

5. 单连域与复连域

一个区域 B,如果在其中任意作一条简单闭曲线,而曲线的内部总属于 B,就称为单连域,否则称为复连域,如图 Ⅰ-3 所示。

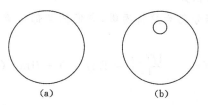

(a)　　　　(b)

图 Ⅰ-3　单连域与复连域

(a) 单连域;(b) 复连域

Ⅰ.3　解析函数

Ⅰ.3.1　解析函数的基本概念

1. 定义

如果一个复函数 $f(z)$ 在 z_0 及 z_0 的邻域内处处可导,则称 $f(z)$ 在 z_0 解析。如果 $f(z)$ 在区域 D 内处处解析,那么称 $f(z)$ 在区域 D 内解析,或称 $f(z)$ 为 D 内的一个解析函数。

2. C-R 条件(Cauchy-Riemann 条件)

即 $f(z) = P(x,y) + iQ(x,y)$ 在 D 内解析的充要条件是:$P(x,y)$,$Q(x,y)$ 在 D 内任一

点 $z = x + iy$ 可微（连续一阶偏导数），且满足

$$\frac{\partial P}{\partial x} = \frac{\partial Q}{\partial y}, \quad \frac{\partial P}{\partial y} = -\frac{\partial Q}{\partial x} \tag{I-1}$$

注：解析函数的导数和积分仍为解析函数。

3. 解析函数的调和性质

（1）调和函数

具有二阶连续偏导数且满足拉普拉斯（Laplace）方程的二元函数，即

$$\nabla^2 \phi = \frac{\partial^2 \phi}{\partial x^2} + \frac{\partial^2 \phi}{\partial y^2} \tag{I-2}$$

（2）共轭调和函数

对给定的调和函数 $P(x, y)$，把使 $P + iQ$ 构成解析函数的调和函数 $Q(x, y)$ 叫作 $P(x, y)$ 的共轭调和函数。

（3）解析函数的虚部为实部的共轭调和函数，且在实、虚轴对称。

$$\nabla^2 \mathrm{Re} f(z) = \left(\frac{\partial^2}{\partial x^2} + \frac{\partial^2}{\partial y^2} \right) \mathrm{Re} f(z) = 0 \tag{I-3}$$

$$\nabla^2 \mathrm{Im} f(z) = \left(\frac{\partial^2}{\partial x^2} + \frac{\partial^2}{\partial y^2} \right) \mathrm{Im} f(z) = 0 \tag{I-4}$$

（4）双调和函数

满足：$\nabla^2 \nabla^2 \mathrm{Re} f(z) = 0, \nabla^2 \nabla^2 \mathrm{Im} f(z) = 0$

调和函数必然为双调和函数。

（5）调和函数的线性组合

调和函数的线性组合仍为调和函数，且一定为双调和函数。

若 $\varphi_1, \varphi_2, \varphi_3$ 为调和函数，则 $\varphi = \varphi_1 + x\varphi_2 + y\varphi_3$ 为双调和函数。

Ⅰ.3.2 解析函数的导数和积分

1. 解析函数的导数或积分仍为解析函数，它们的实部与虚部都满足柯西 - 黎曼条件

（1）导数

$$f'(z) = \frac{\mathrm{d} f(z)}{\mathrm{d} z} = \mathrm{Re} f'(z) + i\mathrm{Im} f'(z) \tag{I-5}$$

其实部和虚部满足：

$$\begin{cases} \dfrac{\partial \mathrm{Re} f'(z)}{\partial x} = \dfrac{\partial \mathrm{Im} f'(z)}{\partial y} \\[3mm] \dfrac{\partial \mathrm{Im} f'(z)}{\partial x} = \dfrac{\partial \mathrm{Re} f'(z)}{\partial y} \end{cases} \tag{I-6}$$

（2）积分

$$\widetilde{f}(z) = \int f(z) \mathrm{d} z = \mathrm{Re} \widetilde{f}(z) + i\mathrm{Im} \widetilde{f}(z) \tag{I-7}$$

其实部和虚部满足：

$$\begin{cases} \dfrac{\partial \mathrm{Re} \widetilde{f}(z)}{\partial x} = \dfrac{\partial \mathrm{Im} \widetilde{f}(z)}{\partial y} \\[3mm] \dfrac{\partial \mathrm{Im} \widetilde{f}(z)}{\partial y} = \dfrac{\partial \mathrm{Re} \widetilde{f}(z)}{\partial x} \end{cases} \tag{I-8}$$

根据解析函数的调和性,导数 $\mathrm{Re}f'(z),\mathrm{Im}f'(z)$ 及积分 $\mathrm{Re}\widetilde{f}(z),\mathrm{Im}\widetilde{f}(z)$ 也为调和函数。

2. 解析函数的实部与虚部对复数 z 的导数与对 x,y 的偏导之间存在如下重要关系

(1) 导数

$$\begin{cases} \mathrm{Re}f'(z) = \dfrac{\partial \mathrm{Re}f(z)}{\partial x} = \dfrac{\partial \mathrm{Im}f(z)}{\partial y} \\ \mathrm{Im}f'(z) = \dfrac{\partial \mathrm{Im}f(z)}{\partial x} = \dfrac{\partial \mathrm{Re}f(z)}{\partial y} \end{cases} \qquad (\mathrm{I}\text{-}9)$$

(2) 积分

$$\begin{cases} \mathrm{Re}\widetilde{f}(z) = \dfrac{\partial \mathrm{Re}\widetilde{\widetilde{f}}(z)}{\partial x} = \dfrac{\partial \mathrm{Im}\widetilde{\widetilde{f}}(z)}{\partial y} \\ \mathrm{Im}\widetilde{f}(z) = \dfrac{\partial \mathrm{Im}\widetilde{\widetilde{f}}(z)}{\partial y} = \dfrac{\partial \mathrm{Re}\widetilde{\widetilde{f}}(z)}{\partial x} \end{cases} \qquad (\mathrm{I}\text{-}10)$$

I.3.3　解析函数的性质

1. 柯西(Cauchy) 积分

若函数 $f(z)$ 在单连域 D 内解析,则 $f(z)$ 沿 D 中任一封闭曲线 C 的积分为零,即有 $\oint_C f(z)\mathrm{d}z = 0$,$C$ 为 D 内任一条简单闭合曲线。

2. 级数展开

(1) 泰勒(Taylor)级数

若 $f(z)$ 在 D 内解析,则它在 D 内任意一点邻域内可以展成 $(z-z_0)$ 的非负整数的幂级数,即

$$f(z) = \sum_{n=0}^{\infty} a_n (z - z_0)^n \qquad (\mathrm{I}\text{-}11)$$

式中,$a_n = \dfrac{1}{n!}f^{(n)}(z_0),(n = 0,1,2,\cdots),\ |z - z_0| \leqslant R$。

(2) 罗伦级数

若 $f(z)$ 在圆环域 $R_1 < |z - z_0| < R_2$ 内处处解析,则 $f(z)$ 可以展成罗伦级数,即

$$f(z) = \sum_{n=-\infty}^{\infty} C_n (z - z_0)^n \qquad (\mathrm{I}\text{-}12)$$

式中,$C_n = \dfrac{1}{2\pi i}\oint_C \dfrac{f(\xi)}{(\xi - z_0)^{n+1}}\mathrm{d}\xi,(n = 0,\pm 1,\pm 2\cdots)$。$C$ 为在圆环域内绕 z_0 的任一条正向简单闭合曲线。

I.4　柯西(Cauchy) 公式

(1) 若 $f(z) \in$ 某一复区域 $A,z \in$ 复数域 D,且在 $\Gamma + D$ 上连续,而 z 为 D 的内点,如图 I-4 所示,则

$$\begin{cases} f(z) = \dfrac{1}{2\pi i}\oint_\Gamma \dfrac{f(t)}{t - z}\mathrm{d}t \\ \widetilde{f}(z) = \dfrac{1}{2\pi i}\oint_\Gamma \dfrac{\widetilde{f}(t)}{t - z}\mathrm{d}t \end{cases} \qquad (\mathrm{I}\text{-}13)$$

式中，$f(t)$ 为 $f(z)$ 在 Γ 上 t 点之值。通过上式就可以将一个函数在 D 内部的值用它在边界上的值来表示。

（2）$f(z)$ 在圆域内解析，且在 $D+\Gamma$ 上连续，而 z 是区域外的点 $(z \notin D)$，如图 I-5 所示，则

$$\frac{1}{2\pi i}\oint_\Gamma \frac{f(t)}{t-z}\mathrm{d}t = 0 \qquad (\text{I}-14)$$

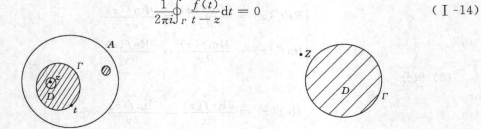

图 I-4　复区域与内点　　　　　　　　　图 I-5　域外点

（3）$f(z)$ 在圆域外解析，且在 $D+\Gamma$ 上连续，z_0 是圆外的点（域内点），如图 I-6 所示，则

$$\frac{1}{2\pi i}\oint_\Gamma \frac{f(t)}{t-z}\mathrm{d}t = 0 \qquad (\text{I}-15)$$

圆外解析函数其共轭函数在圆内解析，在应用中利用保角变换，将裂纹变换为单位圆，利用以上公式计算。

I.5　留数

1. 极点的概念

若函数 $f(z)$ 在 z_0 不解析，但在 z_0 的某一个邻域 $0 < |z-z_0| < \delta$ 内处处解析，则称 z_0 为 $f(z)$ 的一个孤立奇点，如图 I-7 所示。存在孤立奇点的区域 D 可看成是去心 (z_0) 的环域，表示为：$0 < |z-z_0| < \delta$，而在区域 D 内 $f(z)$ 可展开成罗伦级数 $f(z) = \sum\limits_{n=-\infty}^{\infty} C_n(z-z_0)^n$（$n$ 为整数）。

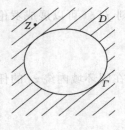

图 I-6　域内点　　　　　　　　　　图 I-7　孤立奇点

若罗伦级数中的负幂项是有限的，且关于 $(z-z_0)^{-1}$ 的最高幂为 $(-t)$，即

$$f(z) = C_{-l}(z-z_0)^{-l} + \cdots + C_{-1}(z-z_0)^{-1} + C_0 + C_1(z-z_0) + \cdots (l \geqslant 1, C_{-l} \neq 0)$$

$$(\text{I}-16)$$

则称孤立奇点 z_0 为函数 $f(z)$ 的 l 级极点。

式（I-16）也可以写成

$$f(z) = \frac{1}{(z-z_0)^l} g(z) \qquad (\text{I}-17)$$

式中，$g(z) = C_{-l} + C_{-l+1}(z-z_0) + C_{-l+2}(z-z_0)^2 + \cdots + C_0(z-z_0)^l + C_1(z-z_0)^{l+1} + \cdots$

在 $0 < |z-z_0| < \delta$ 内是解析函数，$g(z_0) \neq 0$。反之，当任何一个函数 $f(z)$ 能表示为式（I-17）形式时，则 z_0 是 $f(z)$ 的 l 级极点。

2. 留数的定义与计算

定义：设 z_0 是函数 $f(z)$ 的孤立奇点，C 为在 z_0 的足够小邻域内且包含 z_0 于其内部的任何一条正向简单闭曲线，那么积分 $\oint_C f(z)\mathrm{d}z$ 为与闭曲线 C（包含 z_0 正向）无关的定值，以 $2\pi i$ 除这个积分的值，所得的数就称为 $f(z)$ 在 z_0 处的留数，如图 I-8 所示。

$$\mathrm{Res}[f(z), z_0] = \frac{1}{2\pi i} \oint_C f(z)\mathrm{d}z \qquad (\text{I}-18)$$

留数定理：若函数 $f(z)$ 在区域 D 内除有限个奇点 $z_1, z_2, \cdots, z_n$ 外处处解析，C 是 D 内包含各奇点的一条正向简单闭合曲线（图 I-9），则 $f(z)$ 沿 C 的积分就等于曲线 C 中极点留数的代数和乘以 $2\pi i$，即

$$\frac{1}{2\pi i} \oint_C f(z)\mathrm{d}z = \sum_{i=1}^{n} \mathrm{Res}[f(z), z_i] \qquad (\text{I}-19)$$

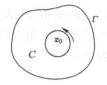

图 I-8　留数

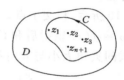

图 I-9　留数定理描述

留数的计算：

(1) 若 z_0 是 $f(z)$ 的 l 级极点，则

$$\mathrm{Res}[f(z), z_0] = \frac{1}{(l-1)!} \lim_{z \to z_0} \frac{\mathrm{d}^{l-1}}{\mathrm{d}z^{l-1}} \{(z-z_0)^l f(z)\} \qquad (\text{I}-20)$$

若 $l = 1$，则

$$\mathrm{Res}f(z_0) = \lim_{z \to z_0}(z-z_0)f(z) \qquad (\text{I}-21)$$

(2) 若 $f(z) = \dfrac{P(z)}{Q(z)}$，且 $P(z), Q(z)$ 在 z_0 解析。若 $P(z_0 \neq 0)$，$Q(z_0) = 0$，$Q'(z_0) \neq 0$，那么 z_0 是 $f(z)$ 的一级极点，并且

$$\mathrm{Res}f(z_0) = \frac{F(z_0)}{Q'(z_0)} \qquad (\text{I}-22)$$

例 I-1　求 $\oint_C \dfrac{z\mathrm{e}^z}{z^2-1}\mathrm{d}z$，$C$ 为正向圆周 $|z| = 2$。

解　因为 $f(z) = \dfrac{z\mathrm{e}^z}{z^2-1}$，故 $z = \pm 1$ 为 $f(z)$ 的两个一级极点，且在圆 $|z| = 2$ 内。

所以　　　　$\oint_C \dfrac{z\mathrm{e}^z}{z^2-1}\mathrm{d}z = 2\pi i\{\mathrm{Res}f(1) + \mathrm{Res}f(-1)\}$

由留数的计算式（I-16），可得

$$\text{Res}[f(1)] = \frac{z\mathrm{e}^z}{2z}\Big|_{z=1} = \frac{\mathrm{e}}{2},\ \text{Res}[f(-1)] = = \frac{z\mathrm{e}^z}{2z}\Big|_{z=-1} = \frac{\mathrm{e}^{-1}}{2}$$

所以

$$\oint_C \frac{z\mathrm{e}^z}{z^2-1}\mathrm{d}z = 2\pi i\left(\frac{\mathrm{e}}{2} + \frac{\mathrm{e}^{-1}}{2}\right) = 2\pi i\mathrm{ch}1$$

I.6 保角映射

1. 映射

复变函数：设有一复数 $z = x + iy$ 的集合 G，如果有一确定的法则存在，按照这一法则，对于集合 G 中的每一个复数 z，就有一个或几个相应的复数 $\omega = u + iv$ 随之而定，那么称复数 w 是 z 的函数：$\omega = f(z)$，相当于两个关系

$$u = y(x, y), v = v(x, y) \tag{I-23}$$

映射：若用 Z 平面上的点表示自变量 z 的值，而用另一个平面 w 上的点表示函数 ω 的值，那么函数 $\omega = f(z)$ 在几何上就可看作是把 Z 平面上的一个点集 G 变到 w 平面上的一个点集 G^* 的映射（或变换），该映射通常简称为由函数 $\omega = f(z)$ 所构成的映射。

2. 保角映射

（1）保角性。

如图 I-10 所示，相交于点 z_0 的任何两条曲线 C_1 与 C_2 之间的夹角，在其大小和方向上都等于经过 $\omega = f(z)$ 映射后和 C_1 与 C_2 对应的曲线 Γ_1 与 Γ_2 之间的夹角。亦即这种映射具有保持两曲线间夹角大小与方向不变的性质。这种性质称为保角性。

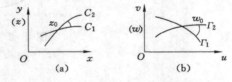

图 I-10 保角性

（2）伸缩率不变性。

如图 I-11 所示，设 C 为 Z 平面上通过点 z_0 的曲线，映射 $w = f(z)$ 将曲线 C 映射成 w 平面上通过点 $\omega_0 = f(z_0)$ 的一条曲线 Γ，且 $z - z_0 = r\mathrm{e}^{i\theta}$，$\omega - \omega_0 = \rho\mathrm{e}^{i\varphi}$，用 ΔS 表示 C 上的点 z_0 与 z 之间的一段弧长，$\Delta\sigma$ 表示 Γ 上的对应点 ω_0 与 ω 之间的弧长，则 $|f'(z_0)| = \lim\limits_{z \to z_0} \frac{\Delta\sigma}{\Delta S}$ 这个极限值称为曲线 C 在 z_0 的伸缩率。

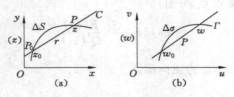

图 I-11 伸缩率不变性

进一步有，$|f'(z_0)|$ 是经过映射 $\omega = f(z)$ 后通过点 z_0 的任何曲线 C 在 z_0 的伸缩率，

它与曲线 C 的形状与方向无关。具有这种性质的映射又具有伸缩率不变性。

（3）第一类保角映射：凡具有保角性和伸缩率不变性的映射称为第一类保角映射。

（4）第二类保角映射：仅保持角度的绝对值不变而方向相反的映射称为第二类保角映射。

（5）定理：若函数 $\omega = f(z)$ 在 z_0 处解析，且 $f'(z_0) \neq 0$，那么映射 $\omega = f(z)$ 在 z_0 是保角的，而且 $\mathrm{Arg} f'(z_0)$ 表示这个映射在 z_0 的转动角，$|f'(z_0)|$ 表示伸缩率。

（6）保角映射中比较简单而重要的映射 —— 分式线性映射：

$$\begin{cases} \omega = \dfrac{az+b}{cz+d} & (ad-bc \neq 0) \\ \dfrac{\mathrm{d}\omega}{\mathrm{d}z} = \dfrac{ad-bc}{(cz+d)^2} = 0 \end{cases} \qquad （Ⅰ-24）$$

这时 w 恒为常数，它将整个 Z 平面映射成 w 平面上的一个点。

几种特例：

① $\omega = z+b$ 平移变换；

② $\omega = az$ 旋转与伸缩变换；

③ $\omega = \dfrac{1}{z}$ 对称变换，保圆变换。

分式线性映射的性质：保圆性；保角性；保对称性；一一对应变换。

（7）几个初等函数的映射。

① 幂函数 $\omega = z^n$（n 为不小于 2 的自然数）：把以原点为顶点的角形区域映射成以原点为顶点的角形域，但张角变成了原来的 n 倍。

② 指数函数 $\omega = \mathrm{e}^z$：把水平的带形域 $0 < \mathrm{Im}(z) < \alpha (\alpha \leqslant 2\pi)$ 映射成角形域 $0 < \arg \omega < \alpha$。

③ 儒可夫斯基函数 $w = \dfrac{1}{2}\left(z + \dfrac{a^2}{z}\right)(a > 0)$：将一个通过点 $z = a$ 与 $z = -a$ 的圆周 C 的外部一一对应地、保角地映射成除去一个连接点 $w = a$ 与 $w = -a$ 的圆弧 δ 的平面。特别地，当 C 边圆周 $|z| = a$ 时，δ 将退化为线段 $-a \leqslant \mathrm{Re}(\omega) \leqslant a$，如图 Ⅰ-12 所示。

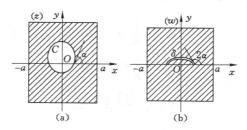

图 Ⅰ-12　儒可夫斯基函数描述

附录 Ⅱ　弹性力学平面问题基础知识

Ⅱ.1　弹性力学问题的求解思路

弹性力学是固体力学的一个分支学科，它研究物体在弹性变形时的力学性质，即在外载荷作用下或温度影响时物体内应力、应变的规律,为工程结构和机器零件的设计提供理论基础。

任何一个弹性体都是空间物体,一般来说在外力作用下,弹性体内各点的应力、应变和位移是坐标 x,y,z 的函数,这就是弹性力学的空间问题。这种问题共有 15 个独立的未知函数:

6 个应力分量:$\sigma_x,\sigma_y,\sigma_z,\tau_{yz}=\tau_{zy},\tau_{zx}=\tau_{xz},\tau_{xy}=\tau_{yx}$;

6 个形变分量:$\varepsilon_x,\varepsilon_y,\varepsilon_z,\gamma_{xy}=\gamma_{yx},\gamma_{yz}=\gamma_{zy},\gamma_{zx}=\gamma_{xz}$;

3 个位移分量:u,v,w。

这 15 个未知函数应当满足 15 个基本方程:3 个平衡微分方程,6 个几何方程,6 个物理方程。此外还应当满足应力、位移的单值条件和边界条件。

但实际上按正解法很难得到精确的理论解。所以在工程实际中,尽可能将弹性力学问题简化成平面问题来处理,这样既能极大地简化数学推演,又能得到满意的结果。但只有物体具有特殊的几何形状同时又受到某种特殊外力时才可近似。例如:等厚度薄板受有平行于板面且不沿厚度变化的面力、体力时,可视为平面应力问题;很长的柱形体,受到平行于横截面且不沿长度变化的体力、面力时,可视为平面应变问题。

弹性力学平面问题共有 8 个基本方程:

① 2 个平衡微分方程:

$$\begin{cases} \dfrac{\partial \sigma_x}{\partial x}+\dfrac{\partial \tau_{yx}}{\partial y}+X=0 \\[3mm] \dfrac{\partial \sigma_y}{\partial y}+\dfrac{\partial \tau_{xy}}{\partial x}+Y=0 \end{cases} \tag{II-1}$$

② 3 个几何方程:

$$\begin{cases} \varepsilon_x=\dfrac{\partial u}{\partial x} \\[3mm] \varepsilon_y=\dfrac{\partial v}{\partial y} \\[3mm] \gamma_{xy}=\dfrac{\partial v}{\partial x}+\dfrac{\partial u}{\partial y} \end{cases} \tag{II-2}$$

③ 3 个物理方程:

a. 平面应力

$$\begin{cases} \varepsilon_x=\dfrac{1}{E}(\sigma_x-\mu\sigma_y) \\[3mm] \varepsilon_y=\dfrac{1}{E}(\sigma_y-\mu\sigma_x) \\[3mm] \gamma_{xy}=\dfrac{2(1+\mu)}{E}\tau_{xy} \end{cases} \tag{II-3}$$

b. 平面应变

$$\begin{cases} \varepsilon_x=\dfrac{1-\mu^2}{E}\left(\sigma_x-\dfrac{\mu}{1-\mu}\sigma_y\right) \\[3mm] \varepsilon_y=\dfrac{1-\mu^2}{E}\left(\sigma_y-\dfrac{\mu}{1-\mu}\sigma_x\right) \\[3mm] \gamma_{xy}=\dfrac{2(1+\mu)}{E}\tau_{xy} \end{cases} \tag{II-4}$$

这 8 个基本方程中包含 8 个未知函数(坐标的未知函数):

3 个应力分量:$\sigma_x,\sigma_y,\tau_{xy}=\tau_{yx}$;

3 个形变分量:$\varepsilon_x,\varepsilon_y,\gamma_{xy}=\gamma_{yx}$;

2 个位移分量 u, v。

基本方程的数目恰好等于未知函数的数目,因此在适当的边界条件下,从基本方程中求解未知函数是可能的。边界条件表示为:

$$\begin{cases} l(\sigma_x)_s + m(\tau_{yx})_s = X \\ m(\sigma_y)_s + l(\tau_{xy})_s = Y \end{cases}$$ （Ⅱ-5）

弹性力学求解问题有三种基本方法:位移法、应力法和混合求解法。常用应力求解法,应用时先由 3 个几何方程(Ⅱ-2)得到用形变分量表示的相容方程:

$$\frac{\partial^2 \varepsilon_x}{\partial y^2} + \frac{\partial^2 \varepsilon_y}{\partial x^2} = \frac{\partial^2 \gamma_{xy}}{\partial x \partial y}$$ （Ⅱ-6）

再将 3 个物理方程代入式(Ⅱ-6),得到用应力表示的相容方程:

平面应力　　　　$$\left(\frac{\partial^2}{\partial x^2} + \frac{\partial^2}{\partial y^2} \right)(\sigma_x + \sigma_y) = -(1 + \mu)\left(\frac{\partial X}{\partial x} + \frac{\partial Y}{\partial y} \right)$$ （Ⅱ-7）

平面应变　　　　$$\left(\frac{\partial^2}{\partial x^2} + \frac{\partial^2}{\partial y^2} \right)(\sigma_x + \sigma_y) = -\frac{1}{1 - \mu}\left(\frac{\partial X}{\partial x} + \frac{\partial Y}{\partial y} \right)$$ （Ⅱ-8）

然后,从平衡方程式(Ⅱ-1)得到应力函数 φ 的概念及应力与 φ 的关系:

$$\sigma_x = \frac{\partial^2 \varphi}{\partial y^2} - Xx, \quad \sigma_y = \frac{\partial^2 \varphi}{\partial x^2} - Yy, \quad \tau_{xy} = -\frac{\partial^2 \varphi}{\partial x \partial y}$$ （Ⅱ-9）

再将用应力函数表示的应力表达式(Ⅱ-9)代入用应力表示的相容方程(Ⅱ-7),最后得到用应力函数表示的相容方程:

$$\frac{\partial^4 \varphi}{\partial x^4} + 2\frac{\partial^4 \varphi}{\partial x^2 \partial y^2} + \frac{\partial^4 \varphi}{\partial y^4} = 0$$ （Ⅱ-10）

即

$$\nabla^4 \varphi = 0$$ （Ⅱ-11）

如不计体力,即 $X = 0, Y = 0$,可以将相应公式进行简化。

所以应力函数是双调和函数,最后得到的相容方程式(Ⅱ-11)已经包含了 3 个几何方程、3 个物理方程、2 个平衡方程。但相容方程是一个偏微分方程,它的通解不能写成有限项数的形式,一般不能直接求解问题,而只能采用逆解法或半逆解法。

以逆解法为例,先设定应力函数 φ,它必须满足双调和条件,为进一步满足边界条件,设定应力函数时可加系数调节。根据应力函数 φ 依托式(Ⅱ-9)求出应力 $\sigma_x, \sigma_y, \tau_{xy}$,然后根据边界条件式(Ⅱ-5)确定待定系数。

平面问题有直角坐标解答、极坐标解答、复变函数解答。孔口问题最能显示复变函数解法的优越性。有些比较复杂的孔口问题,如果不用这种解法,几乎无法求解。断裂力学中的贯穿裂缝(也称裂隙)可看作是椭圆形孔口命 y 方向的短轴趋于 0 时,退化成为 x 方向、长度为 $2a$ 的裂隙。

Ⅱ.2　平面问题的复变函数解法

1. 复应力函数

由上述分析可知,对于弹性力学的平面问题,在不计体力的情况下,复变函数解法在引进应力函数 $\Phi(x, y)$ 后得到

$$\sigma_x = \frac{\partial^2 \Phi}{\partial y^2}, \quad \sigma_y = \frac{\partial^2 \Phi}{\partial x^2}, \quad \tau_{xy} = -\frac{\partial^2 \Phi}{\partial x \partial y}$$ （Ⅱ.12）

这就归结为在一定边界条件下求解双调和方程：$\nabla^2\nabla^2\Phi=0$，关键在于构造应力函数。设 $\varphi_1(z)$ 为一复变函数，其中 $z=x+iy,\bar{z}=x-iy$ 是两个复数。若 $\varphi_1(z)$ 在所讨论的区域内任一点 $z_0=x_0+iy$ 的邻域内可以展成 $(z-z_0)$ 的非负整数幂级数，则 $\varphi_1(z)$ 是该区域的解析函数。设 $\psi_1(z)$ 为另一解析函数。不难证明 $\Phi(x,y)=\text{Re}[\bar{z}\varphi_1(z)+\psi_1(z)]$ 是双调和函数，可作为复应力函数，满足相容方程 $\dfrac{\partial^4\Phi}{\partial z^2\partial\bar{z}^2}$。

则常体力平面问题中，应力函数 Φ 总可以用两个解析函数 $\varphi_1(z)$ 和 $\psi_1(z)$ 来表示。

2. 应力分量的复变函数表示

根据应力分量与应力函数的关系式（Ⅱ-12），有

$$\begin{cases}\sigma_y+\sigma_x=2[\varphi'_1(z)+\overline{\varphi'_1(z)}]=4\text{Re}\,\varphi'_1(z)\\ \sigma_y-\sigma_x+2i\tau_{xy}=2[\bar{z}\varphi''_1(z)+\psi'_1(z)]\end{cases}\tag{Ⅱ-13}$$

3. 位移分量的复变函数表示

由物理和几何方程（Ⅱ-3）及方程（Ⅱ-2），有

$$\frac{E}{1+\mu}(u+iv)=k\varphi_1(z)-z\overline{\varphi'_1(z)}-\overline{\psi_1(z)}\tag{Ⅱ-14}$$

式中，k 为弹性常数。平面应力时，$k=\dfrac{3-\mu}{1+\mu}$；平面应变时，$k=3-4\mu$。

4. 边界条件的复变函数表示

用应力函数表示的应力边界条件为：

$$\frac{\partial\Phi}{\partial y}=\int_0^s T_x\mathrm{d}s+C_1,\frac{\partial\Phi}{\partial x}=-\int_0^s T_y\mathrm{d}s+C_2\tag{Ⅱ-15}$$

式中，T_x 及 T_y 为在有表面力作用边界上的 x,y 方向分量。

由于应力函数为复函数，则可将式（Ⅱ-15）合并为：

$$\frac{\partial\Phi}{\partial x}+i\frac{\partial\Phi}{\partial y}=[\varphi_1(z)+z\overline{\varphi'(z)}+\overline{\psi_1(z)}]_s=i\int_0^s(T_x+iT_y)\mathrm{d}s=f_1+f_2+C\tag{Ⅱ-16}$$

位移边界条件：

$$\frac{E}{1+\mu}(\bar{u}+i\bar{v})=[k\varphi_1(z)-z\overline{\varphi'_1(z)}-\overline{\psi_1(z)}]_s\tag{Ⅱ-17}$$

根据边界上应力和位移的单值性，于是要求 $\varphi_1(z)$ 和 $\psi_1(z)$ 为单值函数。

附录 Ⅲ　塑性力学基础

Ⅲ.1　概述

Ⅲ.1.1　任务与研究对象

物体受力发生变形，当所受外力较大时，外力卸除后，物体的变形不能完全消失，而保留一部分永久变形，这种不可逆的变形称为塑性变形。

塑性力学的主要任务是研究物体处于塑性变形状态下的应力和变形。塑性力学以弹性力学为基础，使用弹性力学基本概念和方法，如认为材料均匀连续，使用其平衡方程和连续

条件等。

　　弹性力学与塑性力学根本区别在于:材料在塑性状态下,其应力应变关系一般已属于非线性,且这种非线性的特征又与所研究的具体材料有关。非线性的应力应变关系导致塑性变形规律的复杂性以及描述塑性问题的数学困难。

　　常用的解决方法有实验研究、简化模型、数值方法、近似方法等。

Ⅲ.1.2　两种基本实验

　　1. 单向拉伸实验

　　常温下缓慢加载时材料简单拉伸应力 - 应变曲线如图 Ⅲ-1 所示。加载超过屈服点 B,材料便进入塑性状态,表现为应力、应变呈现非线性关系,变形不可逆。若从 C 点卸载至应力零点 E,则试样留有永久变形(塑性变形),相应的塑性应变为 OE。C 点的总应变为: $\varepsilon = \varepsilon^e + \varepsilon^p$(其中 : ε^e、ε^p 分别为 C 点的弹性应变和塑性应变)。若从 E 点重新加载,则应力应变基本上沿卸载线 CE 上升,并在 C 点屈服。可见,由于产生塑性变形,材料的屈服极限提高了,这种现象称为强化。一般把 B 点称为初始屈服点,C 点称为后继屈服点。

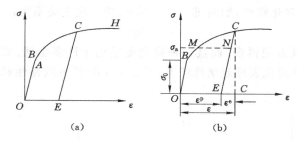

图 Ⅲ-1 单向拉伸实验 $\sigma\varepsilon$ 关系

　　由上述简单拉伸实验,可看出塑性力学问题所具有的主要特点:① 应力应变关系成非线性,其比例系数不仅与材料有关且与塑性应变大小有关;② 应力应变关系呈非唯一性,即应力应变非单值对应,它与加载历史有关;③ 加载过程与卸载过程遵循不同的规律:加载服从塑性规律,卸载服从弹性规律。

　　2. 静水压力实验

　　Bridgman 曾对几种材料进行了各向均匀受压实验,得出如下结论:对一般金属材料,在普通大小压力作用下,可以认为其体积变化是弹性的,即卸除各向压力后,材料恢复原有体积。而材料进入塑性变形阶段,体积变形与塑性变形相比甚小,可以忽略不计,故认为塑性变形时,材料是不可压缩的。

Ⅲ.1.3　弹塑性材料应力 - 应变曲线简化模型

　　为减少求解塑性力学问题的数学困难,对弹塑性材料的应力应变非线性关系曲线提出简化模型。

　　1. 理想弹塑性材料模型

　　材料具有明显的塑性流动,但不显示应变强化或强化程度很小,如图 Ⅲ-2(a) 所示。该模型的应力应变关系为:

$$\begin{cases} \sigma = E\varepsilon & (\varepsilon \leqslant \varepsilon_0) \\ \sigma = \sigma_0 = E\varepsilon_0 & (\varepsilon \geqslant \varepsilon_0) \end{cases} \tag{Ⅲ-1}$$

2. 理想刚塑性模型

若材料在屈服前产生的弹性变形 ε_e 很小,可视为绝对刚体,如图 Ⅲ-2(b) 所示。则理想弹塑性模型可进一步简化为理想刚塑性模型。

3. 线性强化弹塑性材料模型

材料屈服后,考虑材料的强化性质,认为应力与应变间近似为直线关系,可采用本简化模型,如图 Ⅲ-2(c) 所示。此时,弹性阶段与塑性阶段的直线斜率不同,分别为 E 和 E_1,则

$$\begin{cases} \sigma = E\varepsilon & (\varepsilon \leqslant \varepsilon_0) \\ \sigma = \sigma_0 + E_1(\varepsilon - \varepsilon_0) & (\varepsilon \geqslant \varepsilon_0) \end{cases} \qquad (\text{Ⅲ-2})$$

4. 线性强化刚塑性材料模型

认为材料在屈服前弹性变形很小时,线性强化弹塑性模型可进一步简化为本模型,如图 Ⅲ-2(d) 所示。

5. 幂强(硬)化材料模型

采用上述几种简化模型求解问题,确定弹塑性交界面往往是困难所在,如果应力应变曲线采用连续的幂函数强化模型,如图 Ⅲ-2(e) 所示。应力应变关系为:

$$\sigma = A\varepsilon^n \qquad (\text{Ⅲ-3})$$

这样,处理问题就方便得多,而且这种简化更适用于许多金属。式中,A 为强化系数;n 为强化指数,当 $n = 0$ 时代表理想塑性状态,当 $n = 1$ 时代表线弹性状态。实际 n 的取值在 $0 \sim 1$ 之间。

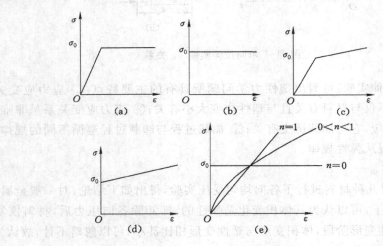

图 Ⅲ-2 弹塑性材料的简化模型

(a) 理想弹塑性;(b) 理想刚塑性;(c) 线形强化弹塑性;(d) 线形强化刚塑性;(e) 幂强化材料

Ⅲ.2 应力张量与应变张量

将弹性力学中所建立的应力状态与应变状态理论作必要的延伸与补充,以适应塑性力学的需要。

1. 应力张量及其分解

空间一点的应力状态可由 9 个应力分量表示,将其总体为一个"二阶对称张量",记为

σ_{ij}，为便于研究并将其分解为两部分。

$$\sigma_{ij} = \begin{bmatrix} \sigma_x & \tau_{xy} & \tau_{xz} \\ \tau_{yx} & \sigma_y & \tau_{yz} \\ \tau_{zx} & \tau_{zy} & \sigma_z \end{bmatrix} = \begin{bmatrix} \sigma_x & 0 & 0 \\ 0 & \sigma_y & 0 \\ 0 & 0 & \sigma_z \end{bmatrix} + \begin{bmatrix} S_x & \tau_{xy} & \tau_{xz} \\ \tau_{yx} & S_y & \tau_{yz} \\ \tau_{zx} & \tau_{zy} & S_z \end{bmatrix} \qquad (\text{III-4})$$

采用张量符号缩写为：

$$\sigma_{ij} = \sigma_m \delta_{ij} + S_{ij} \qquad (\text{III-5})$$

式中，$\sigma_m = \dfrac{1}{3}(\sigma_x + \sigma_y + \sigma_z)$ 称为平均应力；

$\delta_{ij} = \begin{bmatrix} 1 & 0 & 0 \\ 0 & 1 & 0 \\ 0 & 0 & 1 \end{bmatrix}$ 称为单位张量；

$S_{ij} = \begin{bmatrix} S_x & \tau_{xy} & \tau_{xz} \\ \tau_{yx} & S_y & \tau_{yz} \\ \tau_{zx} & \tau_{zy} & S_z \end{bmatrix}$ 称为应力偏张量，且 $S_x = \sigma_x - \sigma_m, S_y = \sigma_y - \sigma_m, S_z = \sigma_z - \sigma_m$。

这样原来的应力张量分解为两部分：第一部分 $\sigma_m \delta_{ij}$ 称应力球张量，它表示各向等拉（压）的应力状态[图 III-3(b)]，由静水压力实验可知，各向等值静水压力只引起微分单元弹性体的体积变化，而不改变其形状；第二部分 S_{ij} 称应力偏张量，是原应力张量减去静水压力而得到[图 III-3(c)]。应力偏张量则只改变弹性体的形状而不改变它的体积。故对塑性变形起作用的是应力偏张量。

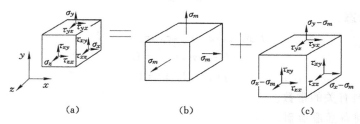

图 III-3　应力张量及其分解

为减少描述塑性应力状态主要参数的个数，常引入应力张量不变量。类似于应力不变量，可写出应力偏张量的 3 个不变量，即

$$\begin{cases} J_1^* = S_x + S_y + S_z = S_1 + S_2 + S_3 = 0 \\ J_2^* = -(S_x S_y + S_y S_z + S_z S_x) + \tau_{xy}^2 + \tau_{yz}^2 + \tau_{xz}^2 \\ \quad\quad = -(S_1 S_2 + S_2 S_3 + S_1 S_3) = \dfrac{1}{2}(S_1^2 + S_2^2 + S_3^2) \\ \quad\quad = \dfrac{1}{6}[(\sigma_1 - \sigma_2)^2 + (\sigma_2 - \sigma_3)^2 + (\sigma_3 - \sigma_1)^2] \\ J_3^* = \begin{vmatrix} S_x & \tau_{xy} & \tau_{xz} \\ \tau_{yx} & S_y & \tau_{yz} \\ \tau_{zx} & \tau_{zy} & S_z \end{vmatrix} = S_1 S_2 S_3 \end{cases} \qquad (\text{III-6})$$

式中，J_1^*, J_2^*, J_3^* 分别称为应力偏张量的第一、第二、第三不变量，S_1, S_2, S_3 为与主应力 σ_1，σ_2，σ_3 对应的应力偏量。

应力偏张量的 3 个不变量也用张量表示为：

$$\begin{cases} J_1^* = 0 \\ J_2^* = \dfrac{1}{2} S_{ij} S_{ij} \\ J_3^* = \dfrac{1}{3} S_{ij} S_{jk} S_{ki} \end{cases} \qquad (\text{Ⅲ}-7)$$

式中，$i,j,k=1,2,3$。

2. 应变张量及其分解

与应力张量对应，应变张量也分解为应变球张量和应变偏张量两部分，采用张量符号缩写为：

$$\varepsilon_{ij} = \varepsilon_m \delta_{ij} + e_{ij} \qquad (\text{Ⅲ}-8)$$

式中，ε_m 为平均应变，$\varepsilon_m = \dfrac{1}{3}(\varepsilon_x + \varepsilon_y + \varepsilon_z)$，$e_x = \varepsilon_x - \varepsilon_m$，$e_y = \varepsilon_y - \varepsilon_m$，$e_z = \varepsilon_z - \varepsilon_m$。

应变偏张量的 3 个不变量为 I_1^*，I_2^*，I_3^*。

Ⅲ.3　屈服条件

屈服条件为物体内某一点开始产生塑性变形时其所受应力必须满足的条件。一般情况下，屈服条件可表示为以下形式。

单向应力状态：

$$\sigma = \sigma_0 \qquad (\text{Ⅲ}-9)$$

复杂应力状态：

$$f(\sigma_x, \sigma_y, \sigma_z, \tau_{xy}, \tau_{yz}, \tau_{zx}) = C \qquad (\text{Ⅲ}-10)$$

$$f(\sigma_1, \sigma_2, \sigma_3) = C \qquad (\text{Ⅲ}-11)$$

$$f(J_2^*, J_3^*) = C \qquad (\text{Ⅲ}-12)$$

式中，C 为与材料有关的常数。

1. 应力空间与屈服曲面

以应力分量（如以主应力 σ_1、σ_2、σ_3）作为参考坐标系所构成的空间称为应力空间。在应力空间中，每一点代表一个应力状态，应力的变化在相应空间中所绘出的一条曲线称为应力路径。根据不同应力路径进行实验，可得到从弹性阶段进入塑性阶段的一些屈服应力点，在应力空间把这些分界点连接起来形成一个曲面，即为弹、塑性区的分界面，称为屈服曲面，描述这个屈服曲面的数学表达式就是屈服条件。

2. 常用的屈服条件

在一般应力状态下，有以下两个常用的屈服条件。

(1) 特雷斯卡（Tresca）屈服条件

该屈服条件又称八面体剪应力理论。若主应力大小已知，即 $\sigma_1 > \sigma_2 > \sigma_3$，则 Tresca 屈服条件（最大剪应力理论）表示为：

$$\sigma_1 - \sigma_3 \leqslant |\sigma| \qquad (\text{Ⅲ}-13)$$

屈服时：$\sigma_1 - \sigma_3 = \sigma_0$

(2) 米塞斯（Mises）屈服理论

该屈服条件又称最大歪形能理论。若主应力大小已知，即 $\sigma_1 > \sigma_2 > \sigma_3$，则 Mises 屈服条件(形状改变比能理论)表示为：

$$(\sigma_1 - \sigma_2)^2 + (\sigma_2 - \sigma_3)^2 + (\sigma_3 - \sigma_1)^2 \leqslant 2[\sigma]^2 \qquad (\text{Ⅲ-14})$$

屈服时：$(\sigma_1 - \sigma_2)^2 + (\sigma_2 - \sigma_3)^2 + (\sigma_3 - \sigma_1)^2 = 2\sigma_0^2$

式中，σ_0 为材料在单向拉伸时的屈服极限。

实验表明：Mises 屈服条件比 Tresca 更接近于实验结果。

Ⅲ.4　应力-应变塑性本构关系

当受力物体中一点的应力状态满足屈服条件进入屈服阶段后，弹性应力-应变关系(即广义 Hooke 定律)对该点不再适用，必须建立塑性本构方程来描述塑性应力-应变关系。塑性应力应变关系的主要特点是它的非线性和不唯一性。前者指应力与应变间不呈线性关系，后者指应变状态不能由应力状态唯一确定。应变状态不仅与应力状态有关，而且还与加载途径有关。因此应变是应力和加载历史的函数。

塑性应力-应变关系大致可分为以下两类。

1. 增量理论(流动理论)

描述材料在塑性状态下应力与应变增量之间的关系，认为塑性区内的应变增量不单单取决于瞬时应力状态，还与以前的塑性应变历史有关。此理论适用于任何加载方式，常用有以下两种理论。

(1) Lévy-Mises 增量理论

对于理想刚塑性材料模型，该理论的要点如下：

① 假定材料屈服后，总应变等于塑性应变，即略去了弹性应变部分，$\varepsilon = \varepsilon^p (\varepsilon^e = 0)$；

② 材料为不可压缩；

③ 材料满足 Mises 屈服条件；

④ 认为材料的应变增量(即塑性应变增量)与应力偏量成比例，即

$$\frac{\mathrm{d}\varepsilon_{ij}^p}{S_{ij}} = \mathrm{d}\lambda \qquad (\text{Ⅲ-15})$$

式中，$\mathrm{d}\lambda$ 为比例因子，随荷载、变形程度以及材料中质点位置而变化。

(2) Prandtl-Reuss 增量理论

Prandtl-Reuss 理论与 Lévy-Mises 理论的区别在于：在总应变中记入弹性应变部分，考虑的是理想弹塑性材料模型。此时，总应变增量可以写成弹性应变增量与塑性应变增量之和的形式，即

$$\mathrm{d}\varepsilon_{ij} = \mathrm{d}\varepsilon_{ij}^p + \mathrm{d}\varepsilon_{ij}^e \qquad (\text{Ⅲ-16})$$

当略去材料的弹性体积应变增量时，因弹性体积应变只与应变球张量即平均应变 ε_m 有关，则式(Ⅲ-16)可表示为应变偏量形式：

$$\mathrm{d}e_{ij} = \mathrm{d}e_{ij}^p + \mathrm{d}e_{ij}^e \qquad (\text{Ⅲ-17})$$

增量理论能够反映加载历史对塑性变形的影响，故能较好地反映塑性变形规律。然而数学形式较复杂，给求解带来困难。

2. 全量理论(形变理论)

该理论描述材料在塑性状态下应力与应变全量之间的关系，认为在塑性区中，应力与应变之间存在着一一对应关系，但必须是简单加载(或比例加载)。所谓简单加载是指：① 加载

过程中外力与各应力分量按某一参数成比例地单调增长；② 材料在单向拉伸时，应力与应变呈幂函数关系；③ 材料不可压缩，泊松比 $\mu = 0.5$。

全量理论的应用要受到限制，但由于其数学上的简便而仍被广泛应用。工程中不少场合的加载形式属于比例加载，此时直接建立与加载路径无关的全量形式的塑性应力－应变关系是有益的。全量理论可视为增量理论在比例加载下的特殊情况。常用的有：

（1）Hencky 全量理论

$$e_{ij} = \frac{1+\phi}{2\mu} S_{ij} \tag{Ⅲ-18}$$

它表示应变偏量与应力偏量成正比。比例因子中包含了线弹性比例项 $\frac{1}{2\mu}$ 及与塑性变形、材料性质有关的非线性比例项 $\frac{\phi}{2\mu} = \frac{3\varepsilon_e^{\mathrm{p}}}{2\sigma_e}$。

（2）ИЛЬЮШИН（伊柳辛）全量理论

该理论提出了适用于强化材料在小变形时的塑性应力、应变关系，它是全量理论中实用性最大的理论，假设应力偏量与应变偏量成正比，即

$$S_{ij} = \psi e_{ij} \tag{Ⅲ-19}$$

式中，$\psi = \dfrac{2\sigma_e}{3\varepsilon_e}$ 为比例因子，随各点的 σ_e、ε_e 而变，是点的位置和荷载的函数，但在同一点同一荷载下是常数，此时，各方向上的应变偏量分量与应力偏量分量之间的比值相同。

ИЛЬЮШИН 方程与 Hencky 方程的区别在于：前者将弹性应变与塑性应变作为总应变反映在本构方程中，而后者则分别加以考虑。

现总结两类本构方程如图Ⅲ-4 所示。

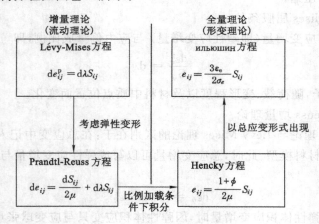

图Ⅲ-4　两类本构方程总结

习题参考答案

第 1 章习题

1.1 断裂力学又称为裂纹体力学,是研究带缺陷或裂纹的物体或构件强度的学科

1.3 有 3 类:基础性的连续介质假设;关于介质物理性质的假设;关于变形的假设

1.6 当 $\sigma_0 = 1\,780$ MPa 时,$K = 77.6$ MPa $\sqrt{\text{m}} > K_{\text{I}c}$,不安全

当 $\sigma_0 = 1\,500$ MPa 时,$K = 65.4$ MPa $\sqrt{\text{m}} < K_{\text{I}c}$,安全

第 2 章习题

2.3 $K_{\text{I}} = \dfrac{2P}{\sqrt{\pi}}\sqrt{\dfrac{a}{a^2 - b^2}}$

2.4 $K_{\text{I}} = \dfrac{P}{\sqrt{\pi a}}$

2.5 $K_{\text{I}} = \dfrac{1}{2}\left[(\sigma_1 + \sigma_2)\sqrt{\pi a} + \dfrac{P}{\sqrt{\pi a}}\right]$

2.6 $K_{\text{I}} = \dfrac{\sigma\sqrt{\pi a}}{\pi}\left[\arcsin\dfrac{c}{a} - \arcsin\dfrac{b}{a} + \sqrt{1 - \left(\dfrac{b}{a}\right)^2} - \sqrt{1 - \left(\dfrac{c}{a}\right)^2}\right]$

$K_{\text{II}} = \dfrac{\tau\sqrt{\pi a}}{\pi}\left[\arcsin\dfrac{c}{a} - \arcsin\dfrac{b}{a} + \sqrt{1 - \left(\dfrac{b}{a}\right)^2} - \sqrt{1 - \left(\dfrac{c}{a}\right)^2}\right]$

2.7 因为 $t/D_0 \ll 1$,可近似看作中心裂纹无限大板

按断裂力学中的断裂准则:$p_c = 65.6$ MPa

按材料力学中的强度理论(第四强度理论):$p_c = 323.3$ MPa

第 3 章习题

3.2 $G_{\text{I}} = \dfrac{E(1-\mu)}{(1+\mu)(1-2\mu)}\dfrac{v_0^2}{h}$,$K_{\text{I}} = \dfrac{E}{(1+\mu)\sqrt{1-2\mu}}\dfrac{v_0}{\sqrt{h}}$

3.3 $G_{\text{I}} = \dfrac{3Eh^3\delta^2}{16a^4}$

3.4 $G_{\text{I}} = \dfrac{12}{Eh}\left(\dfrac{P}{B}\right)^2\left[\left(\dfrac{a+a_0}{h}\right)^2+\dfrac{1+\mu}{5}\right]$ （适用范围：$L-a>2h,a\gg 2h$）

第 4 章习题

4.1 $G_{\text{I}} = \dfrac{1-\mu^2}{E}K_{\text{I}}^2 = \dfrac{P^2}{4\pi b}\dfrac{\mathrm{d}c}{\mathrm{d}b}$

4.2 $a_c = 0.74\sim 2.2$ cm，与实际裂纹尺寸相近。因此，该转子在动平衡试验时，可能发生断裂

4.3 $K_{\text{I}} = 40.56$ MPa$\sqrt{\text{m}}$，裂纹失稳断裂

第 5 章习题

5.1 按 Irwin 的表面裂纹应力强度因子修正公式：
当 $\sigma_0 = 1\,961$ MPa 时，$\sigma_c = 1\,137$ MPa $<\sigma$，发生失稳。但此时，$n = \sigma_0/\sigma = 1.4$。
当 $\sigma_0 = 1\,667$ MPa 时，$\sigma_c = 1\,781$ MPa $>\sigma$，不发生失稳。但此时，$n = \sigma_0/\sigma = 1.2$

5.2 $r_p = \left[1-\dfrac{1}{\sqrt{1-\left[\dfrac{(1-2\mu)\sigma}{\sigma_0}\right]^2}}\right]a$

5.3 $p_c = 57.6$ MPa

5.4 当回火温度为 257 ℃ 时，$K_{\text{I}c}/K_{\text{I}} = 0.95$；500 ℃ 时，$K_{\text{I}c}/K_{\text{I}} = 1.53$；600 ℃时，$K_{\text{I}c}/K_{\text{I}} = 2.15$。
因此，回火温度为 600 ℃时最好

5.5 平面应力情况，提高 6.9%；平面应变情况，提高 2.3%

5.6 $K_{\text{I}} = Y\sigma\sqrt{\pi a}\Big/\left[1-\dfrac{Y^2}{2}\left(\dfrac{n-1}{n+1}\right)\left(\dfrac{\sigma}{\sigma_0}\right)^2\right]^{\frac{1}{2}}$

   $r_y = 1.2$ mm，$K_{\text{I}} = 600$ MPa$\sqrt{\text{m}}$，提高 8%

5.7 裂纹不发生失稳

5.8 当 $a>\dfrac{\sigma_0^2}{\pi K_R{}'(a)}$ 时，裂纹是稳定的

   失稳扩展的临界状态：$a_{cc} = \dfrac{\sigma_0^2}{\pi K_R{}'(a)}$

第 6 章习题

6.2 $\delta = 8.2\times 10^{-3}$ mm $<\delta_c$，安全

6.3 $a_c = 89.35$ mm

6.4 $a_c = 49$ mm $<a_0$，断裂由失稳扩展所致

6.5 $\delta = 0.002$ mm，$[\delta_c] = \dfrac{\delta_c}{n_\delta} = 0.03$ mm，所以 $\delta<[\delta_c]$，该容器安全

第 7 章习题

7.5 $\quad J_{\mathrm{I}} = E\dfrac{v_0^2}{h}$

7.6 $\quad J_{\mathrm{I}} = \dfrac{E(1-\mu)}{(1+\mu)(1-2\mu)}\dfrac{v_0^2}{h}$

7.10 裂纹是稳定的

第 9 章习题

9.1 当 a 一定时，$M_c = \dfrac{2\pi R^2 t K_{\mathrm{I}c}}{\sqrt{\pi a}\,(\sin 2\beta + \cos 2\beta/\alpha)}$

当 M 一定时，$a_c = \dfrac{1}{\pi}\left[\dfrac{2\pi R^2 t K_{\mathrm{I}c}}{M(\sin 2\beta + \cos 2\beta/\alpha)}\right]$

9.2 $\quad n = 1.57$

9.3 $\quad n = 1.66$

9.5 $\tan^2\beta\sin^2\beta\sin\theta_0\left[\cos\theta_0 - (1-2\mu)\right] + 2\tan\beta\sin^2\beta\left[\cos 2\theta_0 - (1-2\mu)\cos\theta_0\right] +$
$\tan^2\beta\sin\theta_0\left[(1-2\mu) - 3\cos\theta_0\right] = 0$

$\sigma_c = \sqrt{\dfrac{4(1-2\mu)}{(\pi a)\cdot F(\beta,\theta_0)}}\,K_{\mathrm{I}c}$

$F(\beta,\theta_0) = \cos^2\beta\left\{\begin{array}{l}\tan^2\beta\sin^2\beta(3-4\mu-\cos\theta_0)(1+\cos\theta_0)+\\ 4\tan\beta\sin^2\beta\sin\theta_0\left[\cos\theta_0 - (1-2\mu)\right]\end{array}\right\}$

第 10 章习题

10.1 对 4340 钢：$B, a, (W-a) \geqslant 1.64$ mm

对 A533B 钢：$B, a, (W-a) \geqslant 735$ mm

第 11 章习题

11.1 剩余寿命 $N = 5\,090$ 次

11.2 经过 10 万次应力循环后，裂纹长度为 $a = 48$ mm $< a_c$，安全

11.3

$$N_c = \begin{cases} \dfrac{2}{(2-n)C\,(\Delta\sigma\sqrt{\pi})^n}\left\{\left[\dfrac{(1-r)K_c}{\Delta\sigma\sqrt{\pi}}\right]^{2-n} - a_0^{\frac{2-n}{2}}\right\}, & n \neq 2 \\[4mm] \dfrac{1}{C\,(\Delta\sigma\sqrt{\pi})^2}\ln\left\{\dfrac{1}{a_0\pi}\left[\dfrac{(1-r)K_c}{\Delta\sigma}\right]^2\right\}, & n = 2 \end{cases}$$

11.4

$$a_c = \begin{cases} \left[a_c^{\frac{2-n}{2}} - \left(\dfrac{2-n}{2} \right) C \left(Y \Delta\sigma\sqrt{\pi} \right)^n N_0 \right]^{\frac{2}{2-n}}, & n \neq 2 \\[4mm] \dfrac{a_c}{\exp\left[N_0 C \left(Y \Delta\sigma\sqrt{\pi} \right)^2 \right]}, & n = 2 \end{cases}$$

断 裂 力 学

参 考 文 献

[1] 白秉三.断裂力学[M].沈阳:辽宁大学出版社,1992.

[2] 程靳,赵树山.断裂力学[M].北京:科学出版社,2006.

[3] 丁遂栋.断裂力学[M].北京:机械工业出版社,1997.

[4] 范天佑.断裂理论基础[M].北京:科学出版社,2003.

[5] 高庆.工程断裂力学[M].重庆:重庆大学出版社,1986.

[6] 航空航天工业部科学技术研究院.弹塑性断裂力学工程应用指南[M].西安:陕西科学技术出版社,1991.

[7] 洪超超.工程断裂力学基础[M].上海:上海交通大学出版社,1987.

[8] 胡传炘.断裂力学及其工程应用[M].北京:北京工业大学出版社,1989.

[9] 黄维扬.工程断裂力学[M].北京:航空工业出版社,1992.

[10] 贾乃文.塑性力学[M].重庆:重庆大学出版社,1992.

[11] 赖祖涵.断裂力学原理[M].北京:冶金工业出版社,1990.

[12] 李灏.断裂力学与复合材料力学[M].武汉:华中理工大学出版社,1989.

[13] 李贺,尹光志,许江.岩石断裂力学[M].重庆:重庆大学出版社,1988.

[14] 李洪升,朱元林.冻土断裂力学及其应用[M].北京:海洋出版社,2002.

[15] 李庆芬.断裂力学及其工程应用[M].哈尔滨:哈尔滨工程大学出版社,2007.

[16] 郦正能,张纪奎.工程断裂力学[M].北京:北京航空航天大学出版社,2012.

[17] 郦正能.应用断裂力学[M].北京:北京航空航天大学出版社,2012.

[18] 刘宝琛.实验断裂、损伤力学测试技术[M].北京:机械工业出版社,1994.

[19] 陆毅中.工程断裂力学[M].西安:西安交通大学出版社,1987.

[20] 沈成康.断裂力学[M].上海:同济大学出版社,1996.

[21] 王敏中.弹性力学教程[M].北京:北京大学出版社,2011.

[22] 王仲仁,苑世剑,胡连喜,等.弹性与塑性力学基础[M].哈尔滨:哈尔滨工业大学出版社,2007.

[23] 徐振兴.断裂力学[M].长沙:湖南大学出版社,1987.

[24] 徐芝纶.弹性力学(上)[M].第4版.北京:高等教育出版社,2008.

[25] 薛世峰.工程断裂力学[M].青岛:中国石油大学出版社,2012.

[26] 杨广里.断裂力学及应用[M].北京:中国铁道出版社,1990.

[27] 余同希,薛璞.工程塑性力学[M].北京:高等教育出版社,2010.

[28] 袁懋昶.断裂力学理论及其工程应用 第1卷(上)线弹性断裂力学[M].重庆:重庆大

学出版社,1989.

[29] 袁懋昶.断裂力学理论及其工程应用 第 1 卷(下) 线弹性断裂力学[M].重庆:重庆大学出版社,1989.

[30] 张朝晖.ANSYS 12.0结构分析工程应用实例解析[M].第 3 版.北京:机械工业出版社,2010.

[31] 张晓敏.断裂力学[M].北京:清华大学出版社,2012.

[32] 张行.断裂力学中应力强度因子的解法[M].北京:国防工业出版社,1992.

[33] 赵祖武.塑性力学导论[M].北京:高等教育出版社,1989.

[34] 庄茁,蒋持平.工程断裂与损伤[M].北京:机械工业出版社,2010.